DOMAINE DU POSSIBLE

La crise profonde que connaissent nos sociétés est patente. Dérèglement écologique, exclusion sociale, exploitation sans limites des ressources naturelles, recherche acharnée et déshumanisante du profit, creusement des inégalités sont au cœur des problématiques contemporaines.

Or, partout dans le monde, des hommes et des femmes s'organisent autour d'initiatives originales et innovantes, en vue d'apporter des perspectives nouvelles pour l'avenir. Des solutions existent, des propositions inédites voient le jour aux quatre coins de la planète, souvent à une petite échelle, mais toujours dans le but d'initier un véritable mouvement de transformation des sociétés.

LE SYNDROME DE L'AUTRUCHE

Crédits de citation :

P. 344 : Sigmund Freud, *Huit études sur la mémoire et ses troubles*, nouvelle traduction de Denis Messier, © Éditions Gallimard.

Ouvrage publié sous la direction
de Cyril Dion

Titre original : *Don't Even Think About It*
Première publication par Bloomsbury Publishing Inc.
ISBN 978-2-330-08029-7
www.actes-sud.fr

GEORGE MARSHALL

LE SYNDROME DE L'AUTRUCHE

POURQUOI NOTRE CERVEAU VEUT IGNORER LE CHANGEMENT CLIMATIQUE

TRADUIT DE L'ANGLAIS (ROYAUME-UNI) PAR AMANDA PRAT-GIRAL

PRÉFACES DE
JACQUES MIRENOWICZ ET CYRIL DION

DOMAINE DU POSSIBLE
ACTES SUD | COLIBRIS

à Annie, Ned et Elsa

UN CADEAU À LA RAISON, PAR JACQUES MIRENOWICZ 12
PRÉFACE, PAR CYRIL DION 18

1. QUESTIONS 22

2. NOUS VERRONS ÇA UN AUTRE JOUR 28
Pourquoi les victimes de catastrophes refusent de parler du changement climatique

3. PAROLES DE PROFANES 36
Pourquoi nous estimons que les phénomènes climatiques extrêmes prouvent que nous avions raison sur toute la ligne

4. ON NE CONNAÎT JAMAIS TOUS LES TENANTS ET LES ABOUTISSANTS 46
Comment le Tea Party est incapable de prendre en compte ce qui menace le plus ses valeurs

5. LA POLLUTION DU MESSAGE 54
Comment la science est contaminée par les perceptions sociales

6. JUGÉS PAR NOS PAIRS 60
Comment nous imitons les gens qui nous entourent

7. LE POUVOIR DU NOMBRE 70
Comment les brutes se fondent dans la foule

8. DE L'AUTRE CÔTÉ DU MIROIR 74
Le monde étrange qui se reflète dans les yeux des climato-négationnistes

9. UN SECRET DE POLICHINELLE 80
Pourquoi nous sommes toujours en quête d'ennemis

10. LES DEUX CERVEAUX 90
Pourquoi l'évolution nous a si mal préparés à affronter le changement climatique

11. ASSIMILÉ, MAIS INIMAGINABLE 98
Pourquoi le changement climatique ne donne pas un sentiment de danger

12. DES COÛTS INCERTAINS À LONG TERME 104
Pourquoi nos biais cognitifs font barrage au changement climatique

13. EUX, LÀ-BAS, DANS LONGTEMPS 108
Comment nous écartons loin de nous la question climatique

14. ESTIMER LE COÛT DE LA TERRE 116
Pourquoi nous voulons dans le même temps gagner le monde et perdre la vie

15. UNE INCERTITUDE CERTAINE 126
Comment nous utilisons l'incertitude pour justifier notre inaction

16. PATAUGER DANS UN BASSIN D'INQUIÉTUDE 134
Comment nous choisissons ce à quoi nous ne voulons pas penser

17. N'EN PARLEZ MÊME PAS ! 142
Le champ de force invisible du silence climatique

18. UNE NON-TEMPÊTE NON PARFAITE 156
Pourquoi le changement climatique nous paraît insurmontable

19. DES CAFARDS POUR GUIDES 166
Comment les musées peinent à raconter l'histoire du climat

20. RACONTE-MOI UNE HISTOIRE 176
Pourquoi nous nous laissons si facilement berner par des mensonges

21. LE POUVOIR DES MOTS 184
Comment les mots que nous utilisons influencent notre ressenti

22. LA FIABILITÉ DU COMMUNICANT 196
Pourquoi le messager est plus important que le message

23. SI LA THÉORIE EST TROP DIFFICILE À COMPRENDRE, RÉPÉTEZ-LA ENCORE ET ENCORE 204
Pourquoi la climatologie n'émeut personne

24. PROTÉGER, BANNIR, SAUVER, ARRÊTER 214
Comment le changement climatique est devenu une question environnementale

25. POLARISATION 226
Pourquoi les ours polaires sont un obstacle supplémentaire à l'acceptation du changement climatique

26. ÉTEINS LA LUMIÈRE OU LE CHIOT Y PASSE 232
Comment on a dédramatisé le jour du Jugement dernier

27. LA VIE EN ROSE 242
Les dangers des rêves positifs

28. SORTIR GAGNANT DE LA DISCUSSION 250
Comment le discours scientifique s'est transformé en un concours de logorrhées

29. DEUX MILLIARDS DE TÉMOINS 258
Comment le Live Earth a tenté de construire un mouvement, et a échoué

30. CARTE POSTALE DE HOPENHAGEN 264
Comment les négociations autour du climat ne font que préparer le drame à venir

31. PRÉCÉDENTS ET PRÉSIDENTS 270
Comment les politiques climatiques ont perdu le nord

32. TÊTE DE PUITS ET POT D'ÉCHAPPEMENT 280
Pourquoi nous nous obstinons à mettre de l'huile sur le feu que nous cherchons à éteindre

33. CE MACHIN NOIR GLUANT 290
Pourquoi les compagnies pétrolières attendent notre permission pour cesser leur activité

34. IMPÉRATIFS MORAUX 300
Comment nous nous racontons que le changement climatique n'est pas notre faute

35. TU AS FAIT QUOI PENDANT LA GRANDE GUERRE CLIMATIQUE, PAPA ? 308
Pourquoi ce que pensent nos enfants nous indiffère

36. LE POUVOIR DE L'INDIVIDU 316
Comment le changement climatique, c'est votre faute

37. DEGRÉS DE DISTANCIATION 326
Comment les experts du changement climatique arrivent à trouver le sommeil malgré tout

38. NOUS SOMMES MORTELS 336
Pourquoi l'avenir est sombre

39. DE LA TÊTE AU CŒUR 346
L'artificielle division entre science et religion

40. CONVICTION CLIMATIQUE 356
Ce que l'équipe des verts peut apprendre de la brigade des croyants

41. POURQUOI NOUS SOMMES PROGRAMMÉS POUR IGNORER LE CHANGEMENT CLIMATIQUE… ET POURQUOI NOUS SOMMES PROGRAMMÉS POUR AGIR 370

42. EN RÉSUMÉ 378
Quelques idées personnelles et hautement subjectives sur les solutions pour nous tirer d'affaire

QUATRE DEGRÉS 390
Pourquoi ce livre est important

RÉFÉRENCES, SOURCES ET SUGGESTIONS DE LECTURES 395

REMERCIEMENTS 404

UN CADEAU À LA RAISON

Le coup de tonnerre du 1er juin 2017, la décision de Donald Trump de retirer les États-Unis de l'accord de Paris sur le climat, donne une résonance toute particulière au *Syndrome de l'autruche*, l'un des ouvrages les plus originaux et captivants publiés ces dernières années sur le climat. Comment une telle aberration est-elle possible ? Comment le président de la première puissance mondiale peut-il oser afficher une telle démission à la face du monde au nom des intérêts nationaux lésés des États-Unis, ce pays si démuni dans le concert international, par cet accord ?

Pour répondre à cette question et comprendre une telle décision, il faut saisir ce qu'est le noyau dur du climato-scepticisme, ses fondements cognitifs, ses origines psychologiques. C'est à cette tâche que George Marshall, activiste britannique de longue date du climat et fin connaisseur de la communication sur ce thème, s'emploie avec brio dans ce livre. Son enquête bouillonnante, souvent menée au pays de Donald Trump, et la succession d'analyses qu'il en tire sont un cadeau fait à la raison.

L'auteur du *Syndrome de l'autruche* ne défend pas l'idée, qui serait absurde, que tout le problème gît dans la psyché, mais il montre que l'appareil psychique et cognitif joue un tour pendable aux humains confrontés à la menace inédite du changement climatique, en les encourageant à l'occulter, à ne pas y voir le danger mortel qu'elle constitue et, dès lors, à écarter leur responsabilité personnelle. Face à cette vulnérabilité qui met la raison et la morale en échec, il propose une voie pour agir à la source.

Premier point important : George Marshall souligne que les causes les plus profondes du climato-scepticisme sont les mêmes chez tout le monde, chez les dirigeants, y compris des pays les plus puissants, comme chez les simples citoyens : les mêmes biais cognitifs, les mêmes failles psychologiques, les mêmes mécanismes universels cérébraux de défense y accomplissent le même travail souterrain qui mène au déni.

Pour le montrer, George Marshall met ensemble des données issues d'une myriade de disciplines académiques, de la psychologie sociale aux sciences des religions en passant par les neurosciences et les sciences cognitives, des anecdotes révélatrices, des témoignages de climato-sceptiques notoires, de victimes d'événements climatiques extrêmes qui ne font pas le lien entre leur malheur et le réchauffement du climat, ou encore d'observateurs des négociations sur le climat menées sous l'égide des Nations unies, durant lesquelles les diplomates réussissent le tour de force d'évoquer – cela fera bientôt trente ans que cela dure – le changement climatique sans jamais prononcer les mots "énergies fossiles", "charbon", "pétrole" ni "gaz naturel".

Le résultat est un livre surprenant, drôle malgré son sujet, chatoyant comme une bande dessinée, souvent imprévisible d'un chapitre à l'autre. George Marshall y explore un nombre ébouriffant de mauvaises pistes dans le dédale plus ou moins infini des actions possibles pour affronter un problème auquel des millions d'années d'évolution ont tragiquement mal préparé l'appareil cognitif humain.

Au terme de ce parcours semé d'embûches, George Marshall parvient finalement à cette piste : malgré tous les travaux du Groupe intergouvernemental d'experts sur l'évolution du climat, malgré les preuves qui s'accumulent, malgré les risques insensés d'une non-prise en charge et les coûts humains et économiques exorbitants de l'inaction, la conviction que le changement climatique est réel et très dangereux ressemble à un acte de foi, à un phénomène proche de la croyance.

Plutôt que de le déplorer, George Marshall se tourne en conséquence vers les religions. Car, avec leurs traditions de prosélytisme, elles ont d'importants enseignements à livrer aux militants du climat : elles ont élaboré des méthodes très efficaces pour faciliter les conversions et accompagner les convertis, et savent aussi convaincre les croyants d'agir en conformité avec leur foi en s'appuyant sur des valeurs sacrées et des rites. Associés à une culture de clémence et de pardon plutôt que de menace vengeresse, ces savoir-faire sont, selon George Marshall, transposables à la cause du changement climatique.

La difficulté, avec le réchauffement climatique, n'est de loin pas uniquement due à sa nature physique, qui échappe pour l'essentiel aux cinq sens. Elle est, bien plus encore, de parvenir à surmonter tout ce qui, dans le champ socioéconomique, s'oppose puissamment à sa reconnaissance : avec l'idéologie néolibérale qui refuse toute contrainte étatique au marché et le lobbying intense de l'industrie des énergies fossiles en coulisse, les conditions-cadres sont beaucoup trop désavantageuses pour que les individus puissent agir comme il le faudrait, et les normes dominantes continuent de faire croire à la vaste majorité que, malgré l'accord de Paris, le réchauffement du climat n'est pas de taille à remettre en cause le culte d'une consommation débridée et de l'immédiateté au détriment du lendemain.

Dans ces conditions, les discours purement scientifiques sur la catastrophe climatique sont incapables de déclencher un mouvement social tourné vers l'action. Et les récits conçus par les militants ou à forte teneur politique pour inciter à tempérer le réchauffement du climat par l'action individuelle et/ou collective sont en général trop fortement associés à des valeurs écologistes et de gauche dans lesquelles l'essentiel du public ne se reconnaît absolument pas et auxquelles il reste donc insensible. Il est ainsi très facile de tenir la donne climatique suffisamment éloignée de soi pour pouvoir la nier dans ses choix de vie les plus structurants et ses actes quotidiens.

Dès lors, le travail personnel nécessaire pour construire progressivement la conviction que le climat se réchauffe, que cela est très grave, qu'on peut et qu'il faut faire quelque chose à son niveau et par son action publique, à rebours des incitations et des normes dominantes, est très difficile. Des structures d'accueil, des lieux où trouver de l'écoute et de la compréhension à l'égard de ses doutes, ainsi qu'un accompagnement faciliteraient les différentes étapes d'un tel parcours.

George Marshall ne va pas plus loin. Il laisse la suite ouverte. Cependant, ce ne sont bien sûr pas des prêtres, des gourous, des églises et/ou des temples qui peuvent incarner cette présence attentive et compréhensive, ces structures d'accueil et cet accompagnement.

Ce qui peut offrir ces services et les offre déjà en partie, ce sont toutes les initiatives propices à une authentique transition écologique que *LaRevueDurable* met en avant dans ses pages depuis 2002, que tant d'autres supports documentent désormais et que les Artisans de la transition cherchent à promouvoir : projets de territoire en agroécologie, écoquartiers participatifs, approches low-tech, recherche d'autonomie technique, énergie citoyenne, campagne de désinvestissement de l'industrie des énergies fossiles, éducation informelle qui intègre pleinement l'écologie et la durabilité, etc.

Ces initiatives doivent inclure une forte dose de savoir-faire en termes relationnels, de gestion des émotions, d'apprentissage mutuel, de gouvernance horizontale pour coopérer au mieux. Les Conversations carbone[1], en particulier, sont une puissante méthode qui va dans le sens de ces préconisations en proposant, en six ateliers de deux heures chacun, d'affronter les conflits internes et les risques de désaveu ou de déloyauté à l'égard de ses convictions et valeurs qui traversent quiconque commence à regarder un tant soit peu en profondeur ce que signifie pour sa vie personnelle le réchauffement du climat en cours. C'est certainement dans la combinaison de ces actions, de ces lieux, du soutien qu'on y cultive et d'une telle méthode qu'on peut puiser la force, le courage, les ressources et même la joie d'aller à contre-courant des incitations encore très majoritaires à faire fi de la déstabilisation du climat, qui subordonne et aggrave tous les autres fléaux auxquels l'humanité est confrontée.

Ces initiatives, ces lieux et ce type de méthode sont les ferments d'une métamorphose sociale, les fondements d'une renaissance. Plus ils se multiplieront, plus ils contribueront à faire advenir une société plus humaine, capable d'engendrer une économie de la durabilité

1. "Conversations intimes avec soi-même et le carbone", *LaRevueDurable*, nº 57, avril-mai-juin 2016, p. 59-67, www.larevuedurable.com.

et apte à lutter contre la fatigue démocratique qui fait déferler une vague de leaders autoritaires et antiécologiques au pouvoir : en Russie, en Israël, en Turquie, en Inde, aux Philippines, sur le Vieux Continent et, bien sûr aussi, désormais aux États-Unis.

Un dernier mot. Malgré l'importance extrême du sujet, les livres sur le climat se vendent en général très mal. Ce qui est, en soi, un signe. C'est pourquoi il faut savoir gré à Cyril Dion d'avoir réussi à convaincre les éditions Actes Sud de publier ce livre. Il peut faire beaucoup progresser la compréhension, en Europe francophone, des difficultés objectives à se saisir de ce sujet déterminant pour l'avenir et à comprendre que les réponses à offrir, déjà en partie à l'œuvre, tendent leurs bras à tous les futurs "convertis" et à toutes celles et tous ceux qui, bien que convaincus de la réalité du changement climatique, ont tant de peine à agir en conséquence.

JACQUES MIRENOWICZ[1]

1. Jacques Mirenowicz est codirecteur de l'association Artisans de la transition (www.artisansdelatransition.org) et corédacteur en chef de *LaRevueDurable* qui a publié plusieurs chapitres du *Syndrome de l'autruche* (n° 56, janvier-février-mars 2016, www.larevuedurable.com).

PRÉFACE

La lecture du livre de George Marshall fut pour moi une sorte de choc. J'y voyais scientifiquement théorisée une bonne partie de ce que j'avais empiriquement constaté depuis des années de militantisme écologique : annoncer la catastrophe, même à grand renfort de chiffres, de faits avérés, d'explications plus précises les unes que les autres, ne sert la plupart du temps à rien, ou à peu de chose. J'en ai particulièrement été frappé lorsque j'ai pris connaissance de la fameuse étude qui ouvre notre film *Demain*. Une vingtaine de scientifiques de tous pays y annonçaient que nous nous approchions d'un point de bascule, où la combinaison du changement climatique, de l'extinction de masse des espèces, de la pollution, de la déforestation, de l'érosion des sols, de l'augmentation de la population pourrait nous conduire à la disparition d'une partie de l'humanité d'ici à 2100. De quoi faire peur, me direz-vous. Certes. Il ne serait pas exagéré de dire que j'ai été affolé par la lecture de cet article. D'autant plus affolé que les scientifiques eux-mêmes déclaraient avoir été terrifiés par leurs résultats. Et puis ? L'étude a fait la une de *Libération* en août 2012, mais a-t-elle été reprise par d'autres médias nationaux ? Pas vraiment. A-t-elle déclenché des discussions politiques, des mobilisations, des changements de comportements ? Je ne crois pas. De mon côté, ai-je totalement arrêté de prendre ma voiture ou l'avion ? Non. Ai-je adopté un mode de vie en rupture totale avec le consumérisme, la destruction des espèces, la pollution ? Je ne peux pas vraiment répondre par l'affirmative, même si je suis végétarien, que je recycle, que je composte, que je prends majoritairement mon vélo, que je mange bio, local autant que possible, etc. La réalité est qu'avec un certain nombre d'aménagements, je continue à vivre dans ce monde, à participer à cette société qui nous conduit à la catastrophe. Or j'ai la particularité d'être un militant écologiste ! Imaginez donc le reste de la population.

Pourtant, nous sommes constamment abreuvés d'articles, de documentaires, de rapports du Groupe intergouvernemental d'experts sur l'évolution du climat (GIEC) ou d'ONG qui décrivent par le menu ce qui nous attend à trois, quatre ou même huit degrés d'augmentation de la température moyenne du globe. En juin 2017, le mercure a atteint 54 °C au Koweït, ce qui est certainement la température la plus élevée jamais relevée sur la planète[1]. Le 24 novembre 2016, la température en Arctique était de vingt degrés au-dessus des normales saisonnières. À l'été 2017, en Antarctique cette fois, un immense iceberg, cinquante fois plus grand que Paris, était sur le point de se détacher de la banquise. Nous ne pouvons pas dire que nous ne connaissons pas la nature de la situation mais, comme le dit le philosophe Jean-Pierre Dupuy, nous ne croyons pas ce que nous savons.

Nous pouvons déjà voir les conséquences du changement climatique, mais seulement si nous croyons à son existence, comme le démontre George Marshall. Si ce n'est pas le cas, nous y trouverons une autre explication, inventerons un autre récit, propre à expliquer ce phénomène. Et même si nous y croyons, l'absence d'expérience sensible dans notre quotidien, la force de l'habitude, du confort, de l'inertie sera susceptible d'amoindrir nos bonnes résolutions. Notre relation à l'écologie est, selon moi, à rapprocher de notre relation à la santé. Pourquoi tant de personnes savent qu'elles ont de fortes chances de mourir d'un cancer et continuent à fumer, à boire, à ingérer des saloperies toxiques achetées dans les hypermarchés ? Addiction, habitude, mais surtout déni. Refus de croire que nous pouvons mourir. Absence de facteur objectif, d'expérience sensible immédiate : on ne sent généralement pas les prémices du changement climatique dans sa vie, pas plus qu'on ne sent son cancer se développer.

Voilà pourquoi ce livre me paraît si précieux. Il met le doigt sur ce phénomène fascinant qui conduit nos cerveaux à réinterpréter

1. Le précédent record de 56,7 °C, observé en 1913 dans la vallée de la Mort, est aujourd'hui remis en question par de nombreux météorologues, du fait d'instruments de mesure peu précis.

la réalité comme ils l'entendent, et nous apporte pour la première fois un éclairage scientifique, culturel, sans doute à même de nous aider à le surmonter. Car que nous apprend le livre de George Marshall ? Que nos cerveaux déclenchent des mécanismes de peur, de fuite, lorsqu'un danger les menace. Se contenter d'effrayer la population avec des nouvelles catastrophiques, des images de forêts dévastées, de tornades ou d'ours polaires à la dérive sur des fragments de banquise n'est pas seulement insuffisant, c'est peut-être même contre-productif. Pour déclencher une réaction, nos cerveaux ont besoin d'une proposition concrète à mettre en regard. Ils ont besoin d'un mélange de croyance et de rationalisation, d'alerte et d'action à entreprendre. Si nos biais cognitifs sont aussi à même de conduire nos cerveaux à construire le récit qui leur convient, alors nous avons certainement besoin d'élaborer des récits de l'avenir qui soient acceptables par le plus grand nombre et impliquent de radicalement changer nos modes de vie. De trouver un moyen de rassurer en même temps que de montrer des solutions, de faire rêver... Alors peut-être pourrons-nous accepter l'inacceptable et enfin agir.

Du moins je l'espère.

CYRIL DION

1

QUESTIONS

En 1942, le résistant polonais Jan Karski livra à Felix Frankfurter, juge à la Cour suprême, le récit des rafles du ghetto de Varsovie et des assassinats systématiques des Juifs polonais du camp de Belzec, dont il avait été personnellement témoin. Après l'avoir écouté, Frankfurter, lui-même juif, et l'un des plus éminents juristes de sa génération, répondit : "Je dois être honnête. Je suis incapable de le croire." Et d'ajouter : "Je ne dis pas que ce jeune homme est un menteur. Je dis que je suis incapable de le croire. Ça n'a rien à voir."

Qu'est-ce qui explique notre capacité à distinguer ce que nous savons de ce que nous croyons, à faire abstraction de ce qui nous semble trop difficile à accepter ? Comment est-il possible, alors que nous avons toutes les preuves en main, parfois même sous nos yeux, que nous choisissions d'ignorer quelque chose – tout en en ayant parfaitement conscience ?

Ces questions me fascinent depuis mes premiers travaux sur le changement climatique[1], il y a bien longtemps. Ce sont elles qui m'ont conduit à écrire ce livre et à m'entretenir des années durant avec les experts mondiaux les plus reconnus dans les domaines de la psychologie, de l'économie, de la perception du risque, de la linguistique, de l'anthropologie culturelle et de la psychologie évolutionniste, sans même parler des centaines de non-spécialistes, c'est-à-dire tous les gens ordinaires qui ont croisé mon chemin.

À chaque étape de ce voyage, alors que je m'efforçais de comprendre comment nous donnons du sens à ces questions, j'ai mis au jour d'autres anomalies et paradoxes captivants qui demandent des réponses :

1. Le climat n'arrête pas de changer, mais je m'appuie ici sur la définition juridique internationale des changements climatiques, "attribués directement ou indirectement à une activité humaine altérant la composition de l'atmosphère mondiale et qui viennent s'ajouter à la variabilité naturelle du climat observée au cours de périodes comparables".

– pourquoi les victimes d'inondation, de sécheresse et de violentes tempêtes sont-elles ensuite *moins* enclines à parler du changement climatique ou même à accepter son existence ?

– pourquoi des personnes estimant que le changement climatique n'est pas plausible se laissent-elles, en revanche, aisément convaincre des dangers imminents que représentent les attentats terroristes, les impacts d'astéroïdes ou les invasions extraterrestres ?

– d'où viennent la méfiance, la haine et les insultes les plus injurieuses dont font l'objet les scientifiques, qui exercent l'une des professions d'ordinaire parmi les plus respectées de notre société ?

– pourquoi le musée des sciences le plus prestigieux des États-Unis annonce-t-il à son million de visiteurs annuels que le changement climatique est un cycle naturel et que nous aurons de nouveaux organes nous permettant de nous y adapter ?

– pourquoi les amateurs de science-fiction sont-ils les premiers à refuser d'imaginer à quoi pourrait ressembler l'avenir ?

– pourquoi l'inquiétude des nouveaux parents vis-à-vis du changement climatique s'estompe-t-elle ?

– comment une négociation politique rationnelle est-elle devenue une compétition de logorrhées remportée par le joueur le plus rusé, le plus batailleur ?

– comment des récits fondés sur des mythes et des mensonges ont-ils pu acquérir une force de conviction telle qu'un président choisit, en matière de climat, de suivre les conseils d'un auteur de thrillers à succès plutôt que ceux de l'Académie nationale des sciences ?

– et pourquoi les groupes pétroliers préfèrent-ils s'inquiéter des menaces que représentent leurs planchers glissants plutôt que réfléchir à celles que posent leurs produits ?

En me posant toutes ces questions, j'en suis venu à considérer le changement climatique sous un jour nouveau : non plus comme une bataille médiatique opposant sciences et intérêts personnels ou réalité et fiction, mais comme le défi ultime posé à notre capacité à donner un sens à ce qui nous entoure. Plus que tout autre, ce sujet met en évidence les rouages les plus secrets de notre cerveau et révèle notre talent inné et hors du commun pour ne voir que ce que nous voulons voir et mettre de côté ce que nous préférons ne pas savoir.

Je travaille pour une petite association à vocation éducative, qui conseille d'autres organismes à but non lucratif, des gouvernements ou des entreprises sur la façon d'aborder une question que la plupart des gens cherchent à éviter purement et simplement. Au bureau, je passe le plus clair de mon temps avec mes pairs – des écologistes progressistes, engagés, bien informés – et ce fut donc une heureuse surprise de découvrir, à l'écriture du présent ouvrage, que c'était auprès des gens les plus différents de moi que j'apprenais le plus.

Parler à des militants texans du Tea Party[1] m'a amené à réfléchir à notre incapacité flagrante, dans notre travail de sensibilisation, à prendre en compte leurs préoccupations. M'entretenir avec des évangélistes a remis en question ma conception de la frontière entre croyance et savoir. J'ai même apprécié mes rencontres avec des personnes dont le travail, auquel elles se consacrent avec dévouement et créativité, consiste à discréditer le mien.

Je ne cherche donc pas à attaquer ceux qui ne croient pas au changement climatique. Ce qui m'intéresse, c'est de comprendre comment ils parviennent à ces conclusions, tout comme je m'intéresse aux conclusions de ceux qui y croient et en restent convaincus. Je suis certain que les vraies réponses à mes questions ne résident pas tant dans ce qui nous sépare que dans ce que nous partageons tous : notre psychologie, notre perception du risque et nos instincts les plus primitifs – défendre notre famille et notre tribu.

1. Le Tea Party est un mouvement politique né en 2009 aux États-Unis, qui s'appuie sur l'imagerie d'un épisode symbolique de la révolution américaine, la Boston Tea Party, au cours de laquelle des colons s'insurgèrent contre les taxes imposées par l'Angleterre, notamment sur le thé. Mouvement hétéroclite et antifiscal, il rassemble tant des libertariens que des conservateurs, mécontents de la politique d'Obama et désireux de limiter autant que possible l'intervention de l'État fédéral. *(N.d.T.)*

Ces pulsions ancestrales ne jouent pas en notre faveur. Dans ce livre, je montre que le changement climatique n'exhibe aucun des signaux qui nous obligeraient à le considérer comme une menace et qu'il peut nous induire en erreur avec une déconcertante facilité.

Je constate que tout le monde, experts comme profanes, traduit le changement climatique en histoires qui illustrent ses propres valeurs, postulats et préjugés. Je raconte comment ces histoires en arrivent à prendre vie, à suivre leurs propres règles, évoluant et prenant de plus en plus de pouvoir à mesure qu'elles se répandent.

J'explique que le récit le plus éloquent est celui qui n'est pas formulé : la norme du silence, sociale et collective. Cette réaction au changement climatique est par trop semblable à cet autre grand tabou qu'est la mort, et je prétends que ces deux phénomènes ont bien plus en commun que nous ne voulons l'admettre.

J'affirme que, pour accepter la réalité du changement climatique, on ne peut pas se contenter de lire les bons livres, voir les bons documentaires ou cocher la case d'une liste des bons comportements à adopter : il faut être convaincu, et cette conviction est difficile à atteindre et plus difficile encore à conserver. J'ai mis des années à arriver à la conviction que le changement climatique est une réalité et qu'il menace tout ce qui m'est cher. Lourd fardeau que ce savoir qui, dans mes heures les plus sombres, m'envahit d'une peur panique. Moi aussi, j'ai appris à mettre de côté cette crainte : je sais que la menace est réelle, mais je choisis délibérément de ne pas la percevoir.

J'ai compris que je ne pourrais pas trouver de réponses en regardant trop longtemps en face la source de mon angoisse. Dans ce livre, il n'y a ni graphiques, ni données, ni statistiques complexes, et je relègue toute considération concernant les incidences possibles du changement climatique dans un post-scriptum de clôture, tout à la fin. Voilà, j'en suis certain, la bonne manière de procéder. Au fond, tous les modèles informatiques, les prévisions scientifiques et les scénarios économiques sont construits autour de la variable la plus essentielle et la plus incertaine : choisirons-nous collectivement d'accepter ou de rejeter ce que nous dit la science ? Cette question, comme vous le verrez j'espère, est troublante, fascinante et passionnante.

2

NOUS VERRONS ÇA UN AUTRE JOUR

Pourquoi les victimes de catastrophes refusent de parler du changement climatique

Wendy Escobar se rappelle son léger sentiment de nervosité au moment de partir faire les courses avec ses enfants tandis qu'au loin tournoyait une spirale de fumée. Mais elle ajoute qu'elle n'aurait jamais, au grand jamais, pu prévoir la vitesse ou l'intensité de la catastrophe qui suivit. Lorsqu'elle rentra, une heure plus tard, la police avait mis en place des barrages sur la Texas State Highway 21. Wendy n'avait rien d'autre que ses vêtements sur le dos ; sa fille, se souvient-elle, était en chaussons. Deux semaines plus tard, lorsque la route fut de nouveau accessible, le seul objet qu'elle retrouva dans les cendres de ce qui avait été sa maison fut la médaille du *Purple Heart* de son arrière-grand-père. Elle avait fondu jusqu'à en devenir presque méconnaissable.

Les feux qui ravagèrent en octobre 2011 le comté de Bastrop, au Texas, étaient exceptionnels à tout point de vue. Attisés par des vents soufflant à 50 kilomètres-heure, pendant une période de sécheresse record, l'incendie fit deux victimes, dévasta 14 000 hectares de forêt et fut visible depuis l'espace. Il détruisit 1 600 habitations, soit dix fois plus que tout autre feu de forêt au Texas.

Et pourtant, lorsque je me rendis à Bastrop un an plus tard pour aller à la rencontre de ses habitants, personne ne fut capable de se rappeler une conversation au cours de laquelle avait été évoqué le changement climatique comme cause possible de la sécheresse ou de l'incendie.

Comme on peut s'y attendre dans une région rurale du Texas, la plupart des gens se montrent sceptiques par rapport à cette question ; la plupart, mais pas tous. Wendy Escobar, par exemple, qui me dit en riant : "On est tous des *rednecks*[1] ici", est une jeune femme intelligente et réfléchie, qui a bien remarqué les évolutions du climat et en a conclu qu'il se tramait quelque chose, explicable sur le plan scientifique. Le maire de Bastrop, Terry Orr, reconnaît

1. *Redneck* (littéralement "nuque rouge") est un surnom populaire, à l'origine péjoratif, employé aux États-Unis pour désigner les habitants des campagnes du Sud et de l'Ouest, considérés comme rustres et ignares. *(N.d.T.)*

la validité scientifique de ce phénomène, bien qu'il manifeste une certaine prudence sur une question aussi politiquement délicate, ce qui est compréhensible. Ni l'un ni l'autre ne se souvient de discussions tenues à ce sujet.

Cyndi Wright, rédactrice en chef du *Bastrop Advertiser*, semble plus circonspecte et considère que ces anomalies climatiques s'inscrivent dans un cycle naturel. Selon elle, ce débat n'avait rien à faire dans son journal : "C'est un journal local, déclare-t-elle. Si le changement climatique avait une incidence directe sur nous, nous en parlerions, bien sûr, mais nous sommes plutôt axés sur le comté de Bastrop."

Si le changement climatique avait une incidence directe sur nous ? Étrange qu'une journaliste ne fasse aucun lien entre les feux qui ont détruit sa propre maison et un phénomène qui, selon vingt ans de mises en garde de la part des scientifiques, causera toujours plus de sécheresses et d'incendies. Même John Nielsen-Gammon, climatologue texan, choisissant soigneusement ses mots, a avancé la possibilité d'un tel lien et a déclaré que la sécheresse extrême à l'origine de l'incendie, associée à des températures encore jamais enregistrées, était "anormale".

Il va de soi qu'aucun scientifique ne sera jamais capable d'établir avec une certitude totale le rapport direct entre un événement météorologique particulier et le changement climatique en général. Mais pourquoi ne pas même l'envisager ? Nous ne faisons pourtant pas la sourde oreille à tous les sujets discutables. D'ordinaire, les journaux encouragent le débat, parfois même sur la base de mauvaises informations. Les opinions et les rumeurs alimentent les conversations. Comme je l'expliquerai plus loin, l'absence de certitude n'est pas la cause du silence, mais un prétexte systématique.

Les habitants de Bastrop ne manquent d'ailleurs pas de choses à dire sur l'incendie, notamment d'hypothèses particulièrement fantaisistes sur son origine. Cependant, ce qu'ils ont tenu à me raconter par-dessus tout, c'est la fierté qu'ils tirent de leur communauté et de leur capacité à surmonter ces difficultés. Ils ont témoigné des nombreux actes de bienveillance, d'altruisme et de générosité de la part de parfaits inconnus. Wendy Escobar m'a dit qu'un des clients du salon de coiffure de sa cousine à Longview lui avait envoyé par la poste un chèque de 1 000 dollars. "L'une des plus belles conséquences de l'incendie, ça a été de voir à quel point les gens se soucient les uns des autres et l'entraide fantastique qui en a découlé."

Un an plus tard, Sandy, le plus gros ouragan atlantique jamais connu, dégradait ou démolissait près de 350 000 habitations en atteignant la côte du New Jersey. Lorsque je m'y rendis, cinq mois après, les traces de destruction étaient encore visibles partout dans les petites villes qui longent l'océan.

À Seaside Heights, des montagnes russes devenues vestiges métalliques restent échouées dans la mer, là où elles sont tombées après l'effondrement de la jetée qui les soutenait. Quartier après quartier défilent les petites maisons de bois pastel, désormais sombres et abandonnées, beaucoup d'entre elles soulevées de terre ou écroulées selon des angles improbables. 50 kilomètres au nord de Seaside Heights, les habitants du lotissement de mobile homes au nom absurde de "Paradise" ont subi de plein fouet la furie de l'ouragan – l'un d'eux m'a confié qu'il avait survécu en s'asseyant sur son réfrigérateur. Il ne leur reste plus désormais que des maisons démolies, aucune indemnisation n'est prévue, et le propriétaire du lotissement cherche à les expulser pour réaménager le site.

À Sea Bright, un peu plus au sud le long de la côte, les boutiques de la rue principale gisent éventrées, et la digue est anéantie. Les deux tiers des résidents permanents de la ville n'ont toujours pas de toit au moment de ma visite, et seuls huit de la centaine de commerces recensés en ville ont rouvert.

Sans doute les habitants de cette terre démocrate qu'est le New Jersey seront-ils plus disposés à accepter la réalité du changement climatique que les républicains texans. Dina Long, la charismatique maire de Sea Bright, concède que la fréquence et la puissance des tempêtes augmentent et que le niveau de la mer monte. Mais, d'après elle, personne au sein de sa commune n'a évoqué le changement climatique comme cause de l'ouragan.

Lorsque je propose à Dina Long qu'elle forme une alliance avec les autres maires des autres villes sinistrées pour demander des mesures fédérales de lutte contre le changement climatique, elle lève les yeux au ciel. "Avez-vous bien vu ce que Sandy a provoqué ? me rétorque-t-elle. Le changement climatique, évidemment qu'il existe. Mais il nous dépasse tellement que rien de ce que nous ferons ne changera la situation. Nous voulons simplement rentrer à la maison, nous verrons ça un autre jour."

Tout comme à Bastrop, la plupart des récits qui m'ont été contés sur la côte du New Jersey font la part belle à la cohésion et à la résilience de la communauté. Alors qu'elle aborde ce sujet, Dina Long brandit sous mon nez un petit bout de plastique récupéré sur le site du Donovan's Reef, l'un des bars de plage mythiques de la ville. C'est tout ce qu'il reste de la pancarte qui était accrochée audessus de la porte, un morceau d'écriteau comportant deux lettres : DO, *do*, "fais". Elle sort ce talisman chaque fois qu'elle parle à ses concitoyens, aux journalistes et aux investisseurs. Slogan de la campagne *Sea Bright Rising*, il fleurit sur les tee-shirts et les affiches de toute la commune.

Ce fort sentiment de fierté locale dont j'ai été témoin à Bastrop et à Sea Bright correspond parfaitement à ce qui a été observé dans d'autres zones touchées par des catastrophes naturelles. Contrairement à ce qu'on pourrait croire, il est rare que les gens paniquent après ce type d'événements, et on remarque généralement une baisse importante de la criminalité et d'autres comportements antisociaux. Souvent, les victimes s'entraident dans un grand élan de générosité et manifestent un sens du devoir hors du commun.

Dans ces moments-là, nous sommes plus disposés à nous regrouper autour de ce qui nous rapproche et à éviter consciemment les sujets conflictuels et politiquement marqués comme le changement climatique. En parler semble inconvenant et impropre, comme lorsque la plupart des gens (y compris le porte-parole du président Obama) ont refusé d'évoquer la question du contrôle des armes après la tuerie de l'école Sandy Hook.

Les souffrances et les pertes endurées à la suite de tels événements font naître un désir profond de revenir à un état de "normalité", ce qui rend l'idée de futurs bouleversements majeurs d'autant plus difficile à accepter pour les victimes. La décision de rester, de reconstruire et de réinvestir dans cette normalité est par conséquent validée par la communauté.

Après avoir perdu la totalité de son stock pendant l'ouragan Sandy, Brian George, le propriétaire d'une boutique de vêtements, avait accroché sur sa vitrine une pancarte avec ces mots : "Nous aimons Sea Bright – nous reviendrons." Après la réouverture, les affaires ont très bien marché, m'a-t-il affirmé, car beaucoup d'habitants sont venus lui acheter quelque chose simplement pour le remercier d'être resté. Il admet que le dérèglement climatique pourrait provoquer de nouvelles catastrophes, mais il s'est fait une raison. "C'est chez moi ici, et je suppose que nous espérons tous qu'il n'y aura pas de nouvel ouragan sous peu."

De l'autre côté de la route, Frank Bain, qui tient la quincaillerie, a également perdu toute sa marchandise pour ensuite s'apercevoir que son assurance ne couvrait pas les inondations. "Je m'en serais mieux sorti si j'avais moi-même mis le feu au local", confie-t-il avec amertume. Bain, pilier très apprécié de sa communauté et républicain convaincu, n'est pas un "admirateur d'Al Gore ou de sa chouette tachetée[1]", et n'a donc jamais vraiment cru au changement climatique. Mais le passage de Sandy lui a donné d'autant plus de raisons de vouloir croire qu'il ne s'agissait là que d'un événement météorologique isolé : non seulement il a reconstruit sa boutique grâce à ses économies, mais il a commencé à "s'auto-assurer", c'est-à-dire

1. Al Gore, vice-président du démocrate Bill Clinton et fervent militant écologiste, avait fait du déclin de la chouette tachetée un symbole des incidences néfastes du changement climatique. *(N.d.T.)*

à mettre de l'argent de côté à la banque chaque année en espérant que la prochaine tempête se ferait attendre. Il accepte le risque que cet état de fait représente, mais, comme il le dit lui-même, se lancer dans les affaires, c'est un pari en soi : "C'est comme ça que fonctionne la libre entreprise."

Les catastrophes naturelles elles-mêmes tiennent beaucoup du pari. À Bastrop comme dans le New Jersey, le fait qu'un incendie ou une tempête détruisent certaines habitations tout en en laissant d'autres intactes laisse tout le monde perplexe. "C'est la roulette russe", me dit Sharon Jones, qui fête son anniversaire en buvant un verre avec son mari dans le seul bar encore en service de Seaside Heights. Sa maison a été totalement ravagée, alors que celle d'en face n'a subi presque aucun dommage. "Allez comprendre", conclut-elle, levant son verre aux aléas du destin.

Après des catastrophes telles que Sandy ou l'incendie de Bastrop, il ne reste plus aux habitants qu'une épineuse alternative : baisser les bras et partir ou rester et reconstruire. Dans le second cas, l'option la plus commune, ils font un pari sur l'avenir et, comme dans tout pari, ils manifestent un optimisme exagéré à propos de ce qui les attend et de leurs chances de l'emporter.

Des recherches en psychologie ont montré que les survivants de catastrophes naturelles, tout comme ceux qui réchappent à des accidents de voiture, ont tendance à avoir un sentiment illusoire d'invulnérabilité. Une grande étude de terrain menée dans une ville de l'Iowa où avait sévi un ouragan de catégorie 2 a révélé que la plupart des habitants étaient convaincus d'avoir moins de chances d'être touchés par un nouvel ouragan que ceux d'autres villes. Les résidents des régions les plus touchées par des catastrophes sont souvent les plus optimistes. Il n'est donc guère étonnant qu'après les inondations spectaculaires de 2012 dans le Queensland, en Australie, très peu d'habitants aient pris des mesures pour réduire leur vulnérabilité aux inondations, et que nombre d'entre eux aient plutôt choisi d'utiliser leurs indemnisations de secours aux sinistrés et de l'assurance pour faire des travaux chez eux, comme refaire la cuisine.

Les phénomènes météorologiques exceptionnels nous donnent donc déjà une idée des raisons pour lesquelles le changement climatique est négligé par les sinistrés. Leurs perceptions sont modifiées par les mécanismes d'adaptation qu'ils déploient individuellement et par les récits collectifs qu'ils bâtissent ensemble.

Tous ressentent un désir de normalité et de sécurité, et ne tiennent pas à ce qu'on leur rappelle la menace mondiale qui plane et s'étend au-dessus de leur tête. En reconstruisant leur vie, ils investissent leurs économies et leurs espoirs dans l'idée que la catastrophe naturelle n'était qu'une anomalie.

À l'échelle de la communauté, ils font le choix collectif de raconter des récits positifs fondés sur l'entraide et la reconstruction, et de réprimer la délicate question du changement climatique, qui impliquerait de remettre en question leurs valeurs et leur mode de vie.

À la réflexion, une communauté en train de se remettre d'une catastrophe climatique est sans doute le contexte social qui se prête le moins aux notions de responsabilité, d'austérité et d'épreuves à surmonter.

3

PAROLES DE PROFANES

Pourquoi nous estimons que les phénomènes climatiques extrêmes prouvent que nous avions raison sur toute la ligne

“Sans précédent, inconcevable. La désolation est sidérante. Je peine à trouver mes mots.” En 2013, à la séance d’ouverture de la conférence de Varsovie sur les changements climatiques, Yeb Saño, chef de la délégation philippine, retient ses larmes en racontant les dégâts causés par le typhon Haiyan, qui a ravagé son pays trois jours plus tôt. Il annonce qu’il jeûnera en solidarité avec les orphelins, les morts et son propre frère qui n’aurait toujours pas pris le temps de se nourrir et ramasserait les cadavres des victimes à mains nues. “Vous tous qui continuez de nier et d’ignorer la réalité du changement climatique, je vous somme de sortir de votre tour d’ivoire et de quitter le confort de vos fauteuils pour vous rendre aujourd’hui même aux Philippines.”

Le changement climatique peut paraître distant, incertain et incompréhensible. Yeb Saño l’a rendu réel, immédiat et bouleversant. Ces histoires personnelles et ces images fortes, renforcées par le martèlement quotidien des médias, en appellent bien plus clairement à notre empathie et à notre sentiment de menace imminente que les données abstraites des graphiques et des rapports scientifiques.

C’est pour cela que les communicants du changement climatique sont persuadés qu’on peut compter sur les phénomènes météorologiques exceptionnels pour “enseigner et sensibiliser de manière extrêmement efficace”, selon les mots d’Elke Weber, spécialiste du risque environnemental à l’université Columbia. Tony Leiserowitz, directeur du projet de Yale sur la communication dans le domaine du changement climatique, les qualifie de “supports d’apprentissage”. Michael Brune, directeur exécutif du Sierra Club, me dit les considérer comme une forme d’action directe. “Pas d’une manière organisée ou complotiste évidemment, souligne-t-il, ce sont des événements tragiques. Mais ils ont, comme l’action directe, la capacité de faire évoluer les mentalités et les décisions politiques.”

Ces phénomènes météorologiques ont déjà joué un rôle majeur dans l’élan politique qui s’est formé autour du dérèglement climatique. En 1988, une grave sécheresse et une vague de chaleur dans les États du

Midwest avaient servi à James Hansen, de la NASA, de toile de fond pour déclarer lors d'une audience du Congrès qu'il était convaincu à 99 % de la réalité du réchauffement de la planète. La sensibilisation croissante au changement climatique en Europe, qui conduisit à la signature de la Convention-cadre des Nations unies sur les changements climatiques en 1992, fut en grande partie alimentée par les violentes tempêtes du printemps 1991, librement interprétées par les médias comme un signe annonciateur des dérèglements à venir.

Les militants qui font campagne pour que soient prises des mesures de lutte contre le changement climatique font tout leur possible pour maintenir ces liens dans l'esprit du public. En tant que maire de New York, Michael Bloomberg approuva personnellement la couverture du *Bloomberg Businessweek* du 1er novembre 2012, où l'on pouvait voir une photo de l'ouragan Sandy accompagnée d'un texte en capitales : "C'EST LE RÉCHAUFFEMENT CLIMATIQUE, CRÉTIN". Évoquant Sandy, Al Gore a par ailleurs déclaré : "Ces tempêtes – c'est une sorte de randonnée nature dans le livre de l'Apocalypse qui est montrée tous les jours dans les journaux télévisés. Les gens commencent à faire le lien."

Le directeur du programme sur le réchauffement climatique d'Environment America, Nathan Wilcox, est également convaincu que "plus les Américains seront témoins de ces événements météorologiques dans leurs jardins, plus ils interpelleront les politiciens pour qu'ils prennent des mesures". Néanmoins, ses propres études tendent à indiquer que le lien entre expérience vécue et conviction est loin d'être aussi simple. De 2005 à 2012, la région des Grandes Plaines a été, année après année, et de loin, la plus touchée par des catastrophes climatiques. Pourtant, aux élections sénatoriales de 2010, tous les candidats républicains élus dans les États des Grandes Plaines avaient publiquement contesté la climatologie ou rejeté des mesures visant à réduire les émissions de gaz à effet de serre.

De tout le pays, l'État le plus touché par les phénomènes météorologiques extrêmes a été l'Oklahoma. Aux élections sénatoriales de

2008, les votants avaient le choix entre Andrew Rice, candidat démocrate qui admettait sans trop se mouiller la réalité du changement climatique, et James Inhofe, sénateur en exercice qui était aussi le climato-négationniste[1] le plus actif et le plus véhément du Sénat. À une époque où les préoccupations nationales au sujet du changement climatique étaient à leur plus haut, c'est James Inhofe qui remporta l'élection, et de loin, dans les cinq comtés de l'Oklahoma qui subissaient chaque année, en moyenne, plus d'une urgence climatique reconnue au niveau fédéral. Alors que j'écris ces lignes, le vortex polaire, comme on l'appelle, balaie le Midwest, et les températures à Nowata, en Oklahoma, ont atteint – 31 °C, trois degrés de moins que le précédent record de froid de cet État. Ils ont beau être les plus touchés, ils continuent de voter pour Inhofe.

Ce dernier, tout comme d'autres candidats en campagne, profite des événements météorologiques pour défendre ses propres convictions. En février 2010, lorsqu'un violent blizzard fit tomber un demi-mètre de neige sur la ville de Washington, Inhofe en profita pour organiser une séance de jeu avec ses petits-enfants, construisant un igloo sur l'esplanade du National Mall. Il planta à côté une pancarte qui portait ces mots : "La nouvelle maison d'Al Gore !" et "Klaxonnez si vous ♥ le réchauffement climatique".

Dans le même temps, la côte ouest était frappée d'une vague de chaleur sans précédent, obligeant les organisateurs des Jeux olympiques d'hiver à Vancouver à faire défiler nuit et jour des camions et des hélicoptères afin d'apporter de la neige pour les épreuves de ski acrobatique et de snowboard. D'un bout à l'autre de l'Amérique du Nord, il y eut des preuves suffisantes pour étayer toute la gamme de positions sur le changement climatique. Le chroniqueur

1. Dans cet ouvrage, j'appelle les personnes qui, pour des raisons idéologiques, rejettent ou sapent activement la climatologie des *négationnistes*. Ceux qui soulèvent des problématiques scientifiques valables sont qualifiés de *sceptiques*. Et j'identifie un troisième groupe d'individus qui ne sont tout bonnement pas convaincus, les *dubitatifs*. Ce sont des groupes bien distincts, avec des motivations spécifiques, qui méritent donc des noms différents.

du *New York Times* Thomas Friedman est peut-être celui qui décrivit le mieux la situation d'ensemble en parlant de *global weirding* ("aberrationnement" climatique).

Le problème est que, dans un champ d'ordinaire dominé par des spécialistes, les phénomènes climatiques semblent être à la portée de n'importe qui. Alors même que nous sommes incapables d'évaluer les concentrations de gaz à effet de serre dans l'atmosphère, d'examiner le niveau des mers ou d'estimer l'étendue des glaciers, nous nous autoproclamons experts en météo.

C'est particulièrement frappant en Grande-Bretagne où, pour de mystérieuses raisons, les variations de notre climat particulièrement maussade et humide font l'objet d'un examen minutieux de la part de mes concitoyens. Dans sa chronique hebdomadaire du *Daily Telegraph*, journal conservateur, Boris Johnson, le maire de Londres, se vantait de sa propre expertise climatologique :

> Il y a deux jours, je traversais Trafalgar Square à vélo et j'ai remarqué des glaçons sur les feux de circulation ; et même si je suis sûr que la plupart des lecteurs diront que je ne suis tout simplement pas observateur, je crois bien n'avoir jamais constaté ce phénomène auparavant. Il se passe bien quelque chose d'étrange cet hiver, mais l'appeler "réchauffement", voilà une belle erreur de langage.

Boris Johnson aime se promener dans la ville à vélo et remarquer des choses. Quelle ne fut la surprise de Franny Armstrong, réalisatrice du documentaire sur le changement climatique *L'Âge de la stupidité*, lorsque, victime d'une agression, elle vit arriver au loin la silhouette imposante et échevelée du maire de Londres qui pédalait dans sa direction, criant : "Dégagez, petits malotrus !" Boris Johnson, comme vous le voyez, est dans l'œil du public un sympathique personnage débonnaire, dont les opinions reposent sur du simple bon sens.

Faisant sans nul doute largement écho aux opinions du lectorat conservateur du *Telegraph*, Johnson concluait sa chronique par ces mots : “Je ne parle qu’en tant que profane qui se demande s’il ne serait pas temps pour le gouvernement de réfléchir plus sérieusement à la possibilité – aussi hypothétique soit-elle – que les sceptiques aient raison.”

C’est justement parce que les phénomènes météorologiques ne peuvent pas être imputés avec certitude au changement climatique que nous avons tendance à les interpréter en fonction de nos propres idées et hypothèses. Pour ceux qui n’y voient qu’une mystification, les épisodes instables et extrêmes prouvent que la météo peut être instable et extrême. Pour ceux qui sont disposés à accepter la réalité du changement climatique et la menace grandissante qu’il représente, la météo anormale est une preuve du dérèglement croissant.

En psychologie cognitive, on appelle ces processus sélectifs des *biais* car ils s’appuient sur des présupposés et des intuitions qui aiguillonnent les décisions. Le *biais de confirmation* est la tendance à privilégier les preuves qui étayent nos connaissances, idées et croyances. Elles créent une carte mentale – ce que les psychologues nomment un schéma – et, lorsque nous sommes confrontés à une nouvelle information, nous la modifions pour l’insérer au schéma existant, selon un processus appelé *assimilation biaisée*. Nous avons recours de manière systématique à ces deux biais (choix et modification) : pour confirmer le plat choisi au restaurant, l’attractivité de notre partenaire, l’intelligence de nos enfants, et pour nous prouver que nous avions “raison sur toute la ligne” ou qu’une erreur commise n’était en fait “pas si grave”. Ces deux termes sont légèrement différents dans l’usage scientifique mais, pour faciliter la lecture, j’utiliserai pour désigner ces deux phénomènes l’expression “biais de confirmation”.

Selon certains chercheurs, ces deux biais cognitifs orientent notre interprétation des phénomènes météorologiques extrêmes et même l’ensemble de la climatologie. Lorsqu’on demande aux gens quel temps il a fait récemment chez eux, ceux qui sont prédisposés à croire au changement climatique tendront à dire qu’il a fait plus chaud que d'ordinaire. Ceux qui n'en sont pas convaincus affirmeront qu'il a fait plus froid. Des fermiers de l'Illinois, invités à décrire la météo récente dans leur région, ont souligné ou au contraire minimisé des phénomènes extrêmes en fonction de leur opinion sur le changement climatique.

D'autres chercheurs ont mis en évidence des tendances semblables en Grande-Bretagne. En s'entretenant avec des victimes d'inondations en Angleterre, ils se sont rendu compte que leur interprétation de la catastrophe dépendait de leurs idées sur le changement climatique, et une enquête plus large a montré que les électeurs du Parti travailliste étaient deux fois plus nombreux que les électeurs conservateurs à attribuer ces phénomènes au dérèglement climatique. Comme j'ai pu le constater au Texas et dans le New Jersey, les personnes personnellement touchées étaient globalement moins susceptibles de les imputer au changement climatique que les autres.

Les attitudes envers le changement climatique font ressortir un clivage politique tel que ce sont les indépendants qui, sans surprise, sont les plus enclins à se fier uniquement à leur expérience directe de la météo pour se faire une idée. Des sociologues de l'université du New Hampshire ont constaté que 70 % des indépendants croient au changement climatique anthropique si on les interroge un jour où il fait chaud pour la saison ; mais, par une journée anormalement froide, le chiffre tombe à 40 %.

Ces décisions contextuelles mettent en évidence un autre biais, le *biais de disponibilité*, qui conduit à se forger une opinion par rapport aux informations les plus accessibles. Il peut induire en erreur tout autant que le biais de confirmation, car il nous mène à surestimer largement les dangers des événements récents et à mettre de côté les menaces posées par les plus lointains, qui ne sont pas encore pressentis.

Malgré ces biais, Tony Leiserowitz, de l'université Yale, reste convaincu que le support d'apprentissage que sont les variations climatiques fait évoluer les mentalités sur le long terme. Selon ses propres études, deux tiers des Américains environ estiment que le réchauffement de la planète a aggravé les phénomènes météorologiques. La plupart d'entre eux, et ce n'est guère surprenant, ont convenu que la vague de chaleur de 2011 et l'hiver particulièrement tempéré de 2010-2011 étaient liés au réchauffement climatique.

Ces enquêtes montrent que les variations climatiques extrêmes ont sur nous une influence croissante ; lorsque le sujet est mis sur la table, nous considérons désormais le changement climatique comme une cause véritable. Reste cependant une question plus large : allons-nous, parce que nous sommes de plus en plus nombreux à constater ces dérèglements, nous rapprocher les uns des autres et passer à l'action, ou notre biais de confirmation va-t-il au contraire nous éloigner davantage ? Et, si ces catastrophes continuent de s'amplifier, les victimes s'obstineront-elles à minimiser l'importance du phénomène pour ne pas avoir à y penser ?

À mesure que les variations climatiques s'accentuent, nous voyons apparaître de nouvelles possibilités de prendre le problème à bras-le-corps – ou de le nier. Nous constatons aujourd'hui fréquemment des phénomènes météorologiques d'une ampleur et d'une durée sans précédent. Les climatologues rechignent souvent à expliquer un simple phénomène par le changement climatique, mais ils conviennent volontiers qu'il est à l'origine de tendances plus générales, conduisant à des manifestations plus anormales encore.

À l'heure où je termine cet ouvrage, il grêle sur Le Caire et il neige en Israël, en Syrie et en Jordanie. Les États-Unis subissent la pire vague de froid arctique de leur histoire. Pendant ce temps, il n'a jamais fait aussi chaud en cette saison en Scandinavie, et l'Australie entre dans sa deuxième année de grande sécheresse après des pics de température tels qu'il a fallu créer une nouvelle échelle de couleurs pour les cartes météorologiques. Plus d'une centaine d'alertes aux inondations ont été lancées en Grande-Bretagne, et Oxford, ma ville natale, a connu le mois de janvier le plus pluvieux depuis 1760, année où on a commencé à consigner la météo. Le lendemain d'un séjour dans la ville où j'habite désormais, sur la côte galloise, des vagues de 9 mètres ont déferlé sur le front de mer. Les habitants ont déclaré n'avoir jamais rien vu de tel.

Mais on ne parle toujours pas de changement climatique. Que se passe-t-il donc ?

4

ON NE CONNAÎT JAMAIS TOUS LES TENANTS ET LES ABOUTISSANTS

Comment le Tea Party est incapable de prendre en compte ce qui menace le plus ses valeurs

Dans mon environnement professionnel, je passe presque tout mon temps en compagnie de gens qui comprennent et acceptent le changement climatique : j'ai donc pris la décision d'aller côtoyer ceux qui croient dur comme fer que nous avons tort sur toute la ligne. C'est ainsi que je me suis retrouvé sur la Texas State Highway 71, à quelque 50 kilomètres au sud de Bastrop, dans la plus grosse voiture qu'il m'ait été donné de voir : une Ford Excursion, véhicule si énorme qu'il faut déployer une marche pour pouvoir grimper à l'intérieur.

Les compagnons que je me suis choisis ne sont guère patients avec les écologistes de mon acabit. Nous avons l'arrogance, selon eux, de penser que nous, pauvres humains, sommes capables d'avoir une incidence sur ces magnifiques territoires, une influence telle que nous pourrions modifier les systèmes météorologiques du monde. Nos différences sont dictées par la vision sélective de nos biais de confirmation respectifs – et qui, étonnamment, correspondent à ce que nous voyons de part et d'autre du 4×4 qui file à toute allure. À droite, eux contemplent les vastes prairies et les forêts. À gauche, j'aperçois la voie de chemin de fer qui longe l'autoroute et un train de charbon en provenance du Wyoming, qui arrive au terme de son voyage de 1 600 kilomètres. Le train est si long que ni l'avant ni l'arrière ne sont visibles, même si se détachent au loin, sur fond de soleil couchant, les nuages de fumée de sa destination finale, la centrale électrique du comté de Fayette, qui rejette dans l'atmosphère autant de dioxyde de carbone que le Guatemala tout entier.

Nous nous dirigeons vers le ranch de Debra Medina, personnage haut en couleur. Mère de quatre enfants, à la fois enjôleuse et jusqu'au-boutiste, elle a remporté en 2010 un cinquième des suffrages en tant que candidate libre aux élections au poste de gouverneur du Texas. Le premier vendredi de chaque mois, une quarantaine de militants du Tea Party se retrouvent chez elle pour partager petits plats, idées et frustrations, mais aussi pour passer un bon moment. Ce n'est pas sans quelque appréhension que j'ai accepté l'invitation de Debra, qui voulait que je vienne parler avec eux du changement climatique. J'apprécie les auditoires coriaces, mais j'ai rarement affaire à des gens aux avis aussi tranchés. Ou aussi bien armés. Pendant sa campagne pour le poste de gouverneur, Debra Medina s'est affichée sur toutes les chaînes télévisées du Texas avec un semi-automatique à la main, qu'elle garde toujours chargé et prêt à l'usage. "Il est toujours à côté de moi dans la voiture, pour que je puisse l'attraper facilement", a-t-elle dit aux caméras, soulevant le rabat entre les deux sièges avant, là où les personnes ordinaires conservent leur petite monnaie.

À peine deux semaines avant mon arrivée, les républicains texans ont rendu public leur programme politique, dans lequel ils réclament une protection contre les "écologistes extrémistes", qui cherchent à déstabiliser les industries pétrolières et gazières, et où ils demandent que le changement climatique ne soit enseigné dans les écoles qu'en qualité de "théorie scientifique contestable, susceptible d'évoluer". Pour un ancien militant de Greenpeace tel que moi, fondateur d'une association pour l'éducation au climat, c'était un voyage en terre inconnue.

Je suis donc arrivé devant Debra Medina avec une offrande pour réconcilier nos tribus rivales : une boîte à thé à l'effigie du roi Édouard VII, puis je lui ai demandé de me verser, à moi qui suis britannique, deux siècles de taxes impayées. Heureusement pour moi, l'éclat de rire a été général. Sans plus de façon, je les ai lancés sur le sujet du changement climatique.

C'est simple, ils détestent absolument tout ce qui a trait au changement climatique : la climatologie, les climatologues, Al Gore (et "ses fumisteries"), les Nations unies, le gouvernement, l'énergie solaire, ces hypocrites d'écologistes.

J'ai vite compris que le changement climatique, ou plutôt l'histoire qu'ils avaient bâtie autour de ce concept, avait parfaitement sa place dans un ensemble de doléances idéologiques préexistantes sur le partage du pouvoir. Un mot revenait sans cesse dans leurs discours : “contrôle”. James a ainsi affirmé que “le carbone est un élément universel que le gouvernement cherche à contrôler”. Denise a ajouté que le changement climatique était “une crise bien pratique. Le gouvernement l'utilise comme outil de contrôle.” David, lui, a dit que tout ça avait été inventé de toutes pièces pour créer une “taxe globale pour un gouvernement mondial unique” – et plusieurs personnes ont entonné avec lui ce refrain de toute évidence familier.

Ce qui nous a rapidement conduits à l'Action 21, une longue résolution sans intérêt et depuis longtemps oubliée de la conférence de 1992 des Nations unies sur l'environnement et le développement, qui proposait des objectifs de développement durable au niveau local. Pour les militants du Tea Party, l'Action 21 forme la Constitution d'un gouvernement mondial unique et contient le programme détaillé de la problématique du changement climatique qu'“ils” créeront pour nous contrôler et réprimer nos libertés individuelles. À leurs yeux, il existe déjà forcément une Constitution, quelle qu'elle soit, pour servir de base à la domination mondiale – après tout, ils considèrent la Constitution américaine comme un texte sacré et sont capables de la citer de mémoire. À la fin de notre réunion, Dave a signé son exemplaire avant de me l'offrir. Ce petit livret a exactement la même couleur et la même forme que mon passeport britannique, et cette ressemblance a donné lieu à des scènes cocasses au cours de mes voyages ultérieurs.

Mais, même en ayant une Constitution écrite à portée de main, la vérité reste complexe et insaisissable car, ils me l'ont dit eux-mêmes, “on ne connaît jamais tous les tenants et les aboutissants – il faut de la patience pour démêler tout ça”. Ils m'assurent qu'il faut rester sur ses gardes et poser des questions : “Dans ce groupe, nous ne sommes pas anti-intellectuels. Nous voulons connaître la vérité. Nous sortons des sentiers battus pour partir en quête de nos propres réponses.”

Et des questions, ils en ont un paquet – c'est d'ailleurs la marque de fabrique de leur style discursif. Les prises de parole viraient souvent à l'avalanche de questions : de quel côté tourne la girouette ? D'où vient l'argent ? Qu'est-il arrivé aux scientifiques ? à leur opinion ? Se sont-ils eux aussi laissé berner ? Ou ont-ils tout simplement tort ? Quelle est la référence ? Qu'est-ce qui est normal ? Quand les choses étaient-elles normales ? Y a-t-il eu un jour une norme ?

Ils tirent de leur admirable volonté de tout remettre en question un sentiment de supériorité. Selon eux, si les gens croient au changement climatique, c'est qu'ils n'ont pas l'esprit logique et ne sont "plus éduqués convenablement à l'école".

Tout comme les climatologues ou les écologistes, ces militants du Tea Party soulignent l'importance capitale de l'information. Le problème, c'est qu'il est extrêmement difficile d'obtenir les bonnes informations ; ils doivent donc les chercher auprès de personnes qui partagent leurs valeurs : "Mon présentateur radio préféré, Dave Champion, dit toujours : « Le gouvernement ment. Il ne fait que mentir, et il ment même lorsque la vérité servirait davantage ses intérêts. »" Par conséquent, toutes les sources conventionnelles d'information sont corrompues et suspectes, et, d'après eux, les scientifiques ne savent que trop bien que, "quand on fait suffisamment peur aux gens, ils vous donnent des chèques pour poursuivre vos recherches".

Passion est un autre des mots qu'ils utilisent à tout bout de champ : "Certains disent que notre passion, c'est ce qui fait que nous nous bouchons les oreilles pour ne pas entendre les faits. Mais non, la passion, c'est ce qui fait que nous ne voulons pas être contrôlés." Ils ont une passion toute particulière pour leur indépendance. L'un des hommes a dit : "Je ne suis pas en faveur des écologistes. Je ne suis pas en faveur des compagnies pétrolières. Je ne suis pas là pour choisir un camp ; je veux construire mon propre camp !" Cette tirade a eu un grand succès : tous se sont mis à rire, à l'applaudir et à lancer des vivats.

Il est aisé de se limiter aux différences, et les militants du Tea Party dans le Texas rural n'ont pas grand-chose à voir avec les écologistes gauchistes et urbains. La véritable surprise a été de découvrir que je me sentais parfaitement à l'aise dans l'ambiance de ce petit groupe. Ils ont le même esprit turbulent, têtu, autodidacte et communautaire que les militants écolos pur jus avec qui j'ai travaillé sur des campagnes visant à sauver les forêts, fermer les mines de charbon à ciel ouvert, stopper la construction de nouveaux hypermarchés et, évidemment, réclamer des mesures de lutte contre le changement climatique.

Leurs intuitions politiques ressemblent elles aussi à celles des écologistes. Ce sont des marginaux mus par leurs valeurs, cherchant à défendre leurs droits, et qui éprouvent une profonde méfiance envers le gouvernement et les multinationales : la société pétrolière et gazière ExxonMobil et le géant de l'agroalimentaire Monsanto en ont tous deux fait les frais au cours de notre conversation. Il est déjà arrivé en effet que des alliances étranges se forment autour de la campagne contre l'oléoduc Keystone XL[1], auquel s'opposent à la fois les écologistes, parce qu'il contribue à une économie fondée sur le carbone, et les militants du Tea Party, parce qu'il implique des expropriations de terres.

Les activistes du Tea Party avaient de nombreuses questions, mais il ne m'en restait qu'une en les quittant : qu'est-ce qui les a conduits à rejeter la problématique qui, plus que toute autre, menace véritablement tout ce qui leur est cher, leur famille, leur propriété, leur liberté, leur patrie bien-aimée et toute la création divine ? Problématique qui, soit dit en passant, atteint un point critique à cause

1. La construction de Keystone XL – tronçon de l'oléoduc Keystone, lequel traverse le Canada et les États-Unis sur une longueur de 3 461 kilomètres – fait l'objet d'une controverse d'envergure nationale. Le projet d'extension est vivement contesté par les associations environnementales et par une partie des élus démocrates américains, qui y voient un risque de pollution des sols et de l'eau en cas de fuite d'hydrocarbures. À l'inverse, l'industrie pétrolière, l'ancien gouvernement conservateur canadien et le Parti républicain américain soutiennent vivement le projet, arguant qu'il créera de nombreux emplois, consolidera l'indépendance énergétique des États-Unis et fera baisser les prix de l'essence dans le pays, voire qu'il permettrait un acheminement des hydrocarbures plus sûr que *via* le transport ferroviaire (source : *Wikipédia*). *(N.d.É.)*

de ce qu'ils abhorrent par-dessus tout : le gouvernement et les intérêts privés des sociétés.

Est-ce parce que la menace du changement climatique semble trop lointaine ? Peut-être, quoique le Tea Party soit prêt à bondir sur n'importe quelle question complexe et mondiale si elle paraît digne de son intérêt. Est-ce parce qu'ils se sentent impuissants face à ce problème ? Je ne crois pas, étant donné qu'ils semblent au contraire s'épanouir dans des situations d'impuissance. Est-ce parce que ce thème est déprimant et effrayant ? Peu probable : leur mouvement tout entier est bâti sur la peur et sur l'annonce des catastrophes à venir.

Est-ce parce que le sujet est scientifique et technique ? Non, ces gens recherchent activement des informations. Est-ce parce qu'il s'agit d'un phénomène contesté et incertain ? Absolument pas : soyons honnêtes, les militants du Tea Party sont clairement capables de croire nombre de choses très incertaines reposant sur des fondements pour le moins fragiles.

La réponse doit se trouver ailleurs, non dans la problématique elle-même, mais dans la manière de l'aborder. Sans doute s'agit-il de la façon dont on a construit et dont on narre l'histoire du changement climatique, des gens qui la racontent et de leurs valeurs, auxquelles elle s'est retrouvée enchaînée.

5

LA POLLUTION DU MESSAGE

Comment la science est contaminée par les perceptions sociales

Dan Kahan, principal chercheur du projet de cognition culturelle à Yale, se passionne pour l'influence que peuvent avoir des valeurs culturelles contraires dans nos prises de décision. Alors, quand j'ai vu que trônait dans son sobre bureau de faculté une figurine en plastique criarde de Gene Simmons, membre du groupe de hard rock des années 1980 Kiss, je n'ai pas pu m'empêcher de demander s'il s'agissait là d'une plaisanterie d'universitaire – peut-être un commentaire sur la contradiction entre le soutien de Simmons à George Bush et le personnage anti-autoritariste qu'il incarne sur scène ? "Non, m'a répondu Kahan, c'est juste que je suis fan... Il déchire !"

C'est ainsi que parle Kahan – à toute allure, dans un savant mélange de jargon psychologique et d'argot en vogue. Je n'ai clairement pas affaire à une personne qui craint de défier les conventions ou de franchir des barrières culturelles.

Selon Dan Kahan, ce qui caractérise le changement climatique n'est pas l'absence générale de préoccupation – au contraire, dit-il, on s'en inquiète beaucoup. Il s'oppose également à l'idée, défendue par de nombreux militants, que c'est surtout la politisation de la couverture médiatique qui influence les comportements. "Faites-vous une raison, observe-t-il, même si on en parle sur MSNBC ou Fox News, il y aura toujours dix fois plus de gens qui préféreront regarder des vidéos d'animaux marrants."

Omnivore culturel, Kahan est justement fasciné par ces vidéos animalières. Il me recommande chaudement le visionnage du "blaireau teigneux complètement dingue" sur YouTube parce qu'"il déchire encore plus que Gene Simmons". Plus de soixante-cinq millions de personnes ont vu cette vidéo. Sur la chaîne du GIEC, les scientifiques peinent à attirer un public dépassant le millier d'intéressés avec des montages vidéo qui, eux, sont loin de déchirer.

D'après Kahan, la raison pour laquelle les gens n'acceptent pas la réalité du changement climatique n'est pas liée à l'information, mais aux biais culturels qu'elle renferme. Il explique que nous nous informons par l'intermédiaire de gens à qui nous faisons confiance ou, plus largement, grâce aux médias qui font écho à notre vision du monde et à nos valeurs. La plupart du temps, c'est un raccourci pratique qui fonctionne très bien, excepté lorsque, comme le formule Kahan, l'information est en plus "contaminée" par des perceptions socialement construites, devenant ainsi le signe de reconnaissance d'une identité collective.

Le contrôle des armes à feu en est selon lui l'illustration parfaite. Des sondages en Virginie-Occidentale ont montré que 65 % des habitants sont favorables à un contrôle plus strict, mais, ajoute-t-il, il faudrait être idiot pour se présenter aux élections de cet État en faisant campagne pour un encadrement plus sévère des armes. "Ce que vous ignorez – et qu'aucun sondage ne vous révélera –, c'est que 85 % des habitants de la Virginie-Occidentale savent qu'on ne peut pas faire confiance à un politicien qui dit vouloir contrôler le port d'armes."

L'attitude adoptée face à la question du changement climatique est devenue un code social, au même titre que le contrôle des armes à feu : un moyen rapide de savoir qui fait partie de notre groupe et partage nos inquiétudes. Ce n'est pas parce que les sondages montrent un haut niveau de préoccupation face à une problématique donnée que les hommes politiques qui déclarent vouloir agir sur cette question bénéficient d'un large soutien.

Les recherches approfondies de Kahan visant à comprendre la résistance à la vaccination fournissent une excellente analogie pour comprendre la formation des opinions concernant le changement climatique. Peu de sujets scientifiques se sont retrouvés aussi rapidement contaminés que la vaccination. En Grande-Bretagne, après qu'une étude scientifique isolée, parue en 1998 et affirmant que le vaccin trivalent rougeole-oreillons-rubéole (ROR) pouvait être à l'origine d'autisme chez les enfants, fut prise pour argent comptant par un quart des Britanniques, les taux de vaccination dégringolèrent. Les données scientifiques furent rapidement laissées de côté dans la féroce bataille publique qui opposa l'approche froide et mécanique des scientifiques et la réaction émotionnelle, à vif, des parents convaincus que leur enfant avait changé immédiatement après avoir été vacciné. 50 % des gens interprétèrent la tenue d'un débat médiatique comme une preuve que les doutes étaient fondés.

Aux États-Unis, une catastrophe semblable se produisit lorsque l'État de Virginie décida que la série de vaccinations obligatoires pour pouvoir s'inscrire dans un établissement scolaire de premier cycle comprendrait le vaccin contre le papillomavirus humain, une maladie sexuellement transmissible très courante, responsable du cancer du col de l'utérus.

Voilà donc le gouvernement qui vient frapper à la porte d'une communauté chrétienne conservatrice en annonçant, selon les mots de Kahan : "Vous voyez votre gamine de douze ans, là ? Eh bien, elle va avoir des relations sexuelles dans l'année et attraper une maladie vénérienne, alors on va la vacciner. Et si ça ne vous plaît pas, elle ne pourra pas aller à l'école." Mélange dangereux d'interférence gouvernementale, de mise à l'épreuve morale et d'insulte pure et simple.

Les leçons à en tirer concernant le changement climatique sont claires. Premièrement, des données scientifiques rationnelles n'ont pas forcément le dessus sur un récit convaincant qui s'écrit dans le registre de l'émotion, et dans lequel les gens retrouvent leurs valeurs fondamentales. Comme je l'explique plus loin, ces perceptions culturelles deviennent extrêmement fortes et ne peuvent être écartées par de nouveaux arguments scientifiques.

Deuxièmement, les informations communiquées par notre famille, nos amis et ceux qui, à nos yeux, nous ressemblent (nos pairs) peuvent avoir bien plus d'influence sur nos opinions que les sonnettes d'alarme tirées par les experts.

Troisièmement, les comportements adoptés face au dérèglement climatique s'inscrivent dans une matrice plus large de valeurs, de politiques et de modes de vie. Ainsi, tout comme Dan Kahan, Tony

Leiserowitz et quelques autres chercheurs de Yale affirment qu'il existe des "communautés d'interprétation" reconnaissables, des groupes qui croient ou ne croient pas au changement climatique – et il est possible de décrire avec une certaine précision qui ils sont, comment ils vivent, à qui ils accordent leur confiance et où ils vont chercher leurs informations. Au cours des dix dernières années, des profils détaillés se sont dégagés.

Les *Homo credens* (les convaincus) sont souvent des démocrates progressistes d'âge moyen, qui ont suivi un cursus universitaire. Il y a plus de femmes dans ce groupe, ce qui rejoint le constat selon lequel les femmes tendent à être plus réceptives aux risques concernant la santé, la sécurité, les finances et la morale.

Les *Homo negator* (les dubitatifs) sont presque toujours très conservateurs politiquement et appartiennent aux groupes socio-économiques les plus influents et les plus puissants. Ce sont souvent des hommes, qui ont tendance à moins percevoir les risques, tous domaines confondus. Les chercheurs qui étudient les comportements face aux risques connaissent bien ce groupe, qui est à l'origine de ce qu'ils ont surnommé l'"effet de l'homme blanc", car cette tendance est si forte qu'elle peut aller jusqu'à fausser leurs études.

En rassemblant tous ces critères, on pouvait par exemple présupposer que les motards d'âge moyen n'étaient pas très enclins à croire au changement climatique bien avant qu'une étude canadienne montre qu'en effet les deux tiers d'entre eux ne considèrent pas ce phénomène comme une réalité.

De nombreuses autres études ont identifié d'autres sous-groupes attitudinaux (une étude les appelle par exemple les prudents, les dubitatifs, les inquiets et les indifférents), qui ont chacun un profil sociopolitique spécifique et des valeurs propres.

Le fait que les comportements face au changement climatique puissent être anticipés par de telles caractéristiques culturelles apporte une nouvelle pierre à l'argument de Kahan : la science est contaminée par les perceptions sociales. Pour comprendre comment les attitudes face au changement climatique sont acquises puis restent – et comment on peut les faire évoluer –, il faut donc comprendre comment l'identité sociale d'une personne parvient à avoir une telle emprise sur ses comportements et opinions.

6

JUGÉS PAR NOS PAIRS

Comment nous imitons les gens qui nous entourent

Au petit matin du 13 mars 1964, Kitty Genovese fut agressée puis poignardée à plusieurs reprises dans une zone résidentielle densément peuplée de Queens, à New York. Trente-huit personnes déclarèrent par la suite avoir entendu ses cris, sans pour autant intervenir. L'un des hommes cria sans grande conviction : "Laissez cette fille tranquille !" depuis sa fenêtre, avant de retourner se coucher. Lorsque quelqu'un songea enfin à appeler la police, il était trop tard.

Cette absence de réaction n'est pas tant le triste témoignage d'une société disloquée (comme l'ont suggéré les journaux de l'époque) qu'une preuve de la force de la conformité sociale. Les voisins décryptèrent les codes. Ils virent que personne ne faisait rien et en conclurent qu'il valait mieux pour eux éviter cette situation potentiellement dangereuse. Sachant que d'autres avaient entendu ces hurlements, ils déléguèrent la responsabilité d'appeler la police, supposant (à tort, comme on l'a vu) que quelqu'un d'autre s'en était chargé.

La tragique histoire de Kitty Genovese est à l'origine d'un riche corpus de recherche, toujours plus volumineux, sur l'importance des codes sociaux, qui définissent les situations auxquelles les gens réagissent et celles dont ils ne tiennent pas compte. C'est l'une des caractéristiques les plus fascinantes de l'*effet du témoin*, comme on l'a appelé par la suite : plus le problème est connu par d'autres (supposons-nous), plus nous faisons abstraction de notre bon sens et observons les comportements autour de nous pour savoir comment réagir.

Une série d'expériences ont confirmé le pouvoir de l'effet du témoin. Dans l'une d'elles, particulièrement distrayante, un acteur simulait une crise nerveuse par l'interphone du laboratoire. Ses derniers mots – "J'ai vraiment... besoin d'aide, alors si quelqu'un pouvait... m'aider... Je vais mourir" – étaient suivis d'un bruit de suffocation, puis du silence. Sur les quinze participants à l'expérience, six ne quittèrent pas leur cabine, et seuls cinq intervinrent bien après l'apparente suffocation de la "victime".

Évidemment, on ne peut conduire ce type d'expériences que pendant quelques années avant que vos sujets ne commencent à se douter de quelque chose, surtout s'ils sont étudiants en psychologie. Quelque temps plus tard, lorsqu'un participant à une expérience fit une réelle crise d'épilepsie, les autres crurent qu'il faisait semblant et refusèrent de se lever de leur chaise.

Le dérèglement climatique est un problème mondial auquel il faut apporter une réponse collective, et il est donc particulièrement sujet à cet effet du témoin. Lorsque nous prenons conscience du phénomène, nous regardons autour de nous en quête des codes sociaux qui dicteront notre propre réponse : nous cherchons à voir ce que les autres font, ce qu'ils disent, mais aussi ce qu'ils ne font pas et ne disent pas. Ces codes peuvent également être érigés en règles définissant les comportements qu'il convient d'adopter et ceux qui sont à éviter : c'est la norme sociale. Si nous constatons que les autres sont inquiets ou qu'ils agissent, il est probable que nous les imiterons. S'ils semblent indifférents ou passifs, tel est le code que nous adopterons.

Cette conformité sociale n'est pas une option ou un choix. C'est un instinct comportemental puissant, niché au cœur de notre psyché, et qui œuvre la plupart du temps à notre insu. À l'origine, c'était un mécanisme de défense, apparu au cours de l'évolution, à un moment où notre survie dépendait entièrement de la protection de notre groupe social et de la sécurité qu'il apportait. Dans ces conditions, ne pas être en phase avec le groupe revenait à courir un danger mortel, celui de l'ostracisme et de l'abandon.

Exprimer des opinions différentes de celles de notre groupe social représente donc des risques réels et graves, et notre cerveau est programmé pour leur donner davantage de poids que d'autres risques, y compris des menaces plus directes. Les expériences sur la conformité sociale montrent que les participants choisissent d'adhérer à la norme même dans des situations de danger imminent et réel, par exemple si de la fumée entre par-dessous la porte.

Alors, si vos opinions sur le changement climatique diffèrent des opinions socialement admises, vous vous retrouvez à mesurer deux risques : celui, vague et hasardeux, du changement climatique et celui, certain et très personnel, de la transgression de la norme. Je le montrerai plus loin, nous finissons souvent par décider qu'il vaut mieux ne pas évoquer le sujet, même avec nos proches.

Bien que la conformité soit importante pour le fonctionnement de nos sociétés, il faut aussi un petit nombre de contestataires pour identifier les nouvelles menaces. Dans le célèbre conte de Hans Christian Andersen *Les Habits neufs de l'empereur*, seul un petit garçon est suffisamment affranchi de la norme pour faire remarquer que l'empereur est en réalité nu. Andersen fonde ce récit sur un conte espagnol populaire dans lequel un Maure a la possibilité, en vertu de son statut de marginal, de défier la norme sociale. De nos jours, même dans les sociétés dictatoriales, on permet aux organisations à but non lucratif comme les associations écologistes ou humanitaires de poser des questions subversives – tant qu'elles restent en périphérie.

Andersen livre une version astucieuse du conte espagnol. Après la révélation du garçon, répétée par la foule, "l'empereur fut honteux, car il comprit que le peuple disait vrai ; mais il décida que le cortège devait continuer à tout prix. Et les chambellans prirent grand soin de porter avec plus de respect que jamais une traîne qui, en réalité, n'existait pas."

La morale des *Habits neufs de l'empereur* peut ainsi se lire comme l'extrême résilience de ces normes sociales face au changement : même lorsque la norme a été remise en question, il est socialement plus coûteux de reconnaître son erreur, et l'effort nécessaire pour modifier un comportement est si pénible qu'il est plus facile de continuer une fois le pot aux roses découvert.

L'une des manières de s'assurer qu'il n'y aura pas de contestation est de s'entourer de personnes qui pensent comme nous. Dans notre société dispersée et dominée par les médias, il est possible de s'immerger dans un réseau social que nous avons nous-mêmes construit et dans lequel la norme correspond parfaitement à nos propres opinions. Nous limitons nos sources d'information à quelques médias, sites web, blogs et publications choisis avec soin – ce qu'on appelle la chambre d'écho –, qui viennent renforcer nos idées. Les militants du Tea Party et les écologistes nourrissent la même méfiance envers les médias dominants et s'en remettent à des sources d'information conformes à leurs intérêts et à leurs valeurs.

Des chercheurs australiens ont mis en évidence l'effet de *faux consensus* créé par ces réseaux autoconstruits au sujet du changement climatique, qui conduit chaque camp à croire que ses opinions sont plus répandues qu'elles ne le sont en réalité. Mais, parce que les négationnistes braillards se font entendre aussi dans les médias traditionnels, les deux camps ont tendance à largement surestimer le nombre des climato-sceptiques, le situant autour d'un quart de la population. En réalité, ils ne sont que 7 %.

Lorsque nous interprétons la norme sociale de manière erronée, nous pouvons être amenés à réprimer nos propres idées, creusant davantage l'écart et renforçant le faux consensus – et, si l'on pousse cette situation à l'extrême, créant une société dans laquelle la majorité reste silencieuse parce qu'elle craint d'être en minorité. Ce phénomène, appelé *ignorance pluraliste,* permet de comprendre la polarisation extrême autour de marqueurs d'identité politique clés comme l'avortement, le contrôle des armes à feu et, de plus en plus, le changement climatique.

Les communicants espèrent depuis longtemps exploiter le pouvoir des normes et la conformité sociale pour dissuader les comportements gourmands en carbone. Selon eux, cette stratégie est particulièrement adaptée aux problématiques collectives comme le changement climatique, pour lesquelles les gens ont besoin de preuves fournies par d'autres avant de passer eux-mêmes à l'action – c'est ce qu'on appelle la *coopération conditionnelle.* Au cours d'une expérience qui a fait date, Robert Cialdini, professeur de psychologie comportementale à l'université de l'Arizona, a placé des pancartes portant différents messages sur les porte-serviettes de chambres de motel, demandant aux clients de réutiliser leurs serviettes. Le message le plus efficace était de loin celui se référant à la norme sociale, affirmant que 75 % des clients aidaient par ce geste à "préserver l'environnement". Même dans ce cas cependant, moins de la moitié se plièrent à la consigne, ce qui suggère que les gens ont besoin d'une manifestation de la norme plus tangible qu'un simple message sur une pancarte.

En 2010, le cabinet de conseil Opower, s'appuyant sur l'expérience de Cialdini, eut recours à des normes sociales présupposées pour promouvoir les économies d'énergie. Il convainquit Connexus Energy, un fournisseur d'électricité du Minnesota, d'inclure dans la facture des clients un rapport comparant leur consommation avec celle de leurs cent voisins les plus proches. Afin d'encourager ceux qui consommaient moins que la moyenne, Connexus leur envoyait un rapport où figuraient des bonshommes souriants et le message "Bravo". Après tout, supposait Opower, qui aurait envie de voir ces sourires disparaître ?

Mais manipuler ainsi les normes a un coût. Cette stratégie (qui ne se solda que par une piètre économie d'énergie de 2 %) n'essayait pas de renforcer des valeurs communes. C'est ainsi que, face à toute cette propagande écologiste et à ces sourires, certains conservateurs *augmentèrent* leur consommation énergétique – par simple provocation, semble-t-il.

À ce stade, il doit déjà être clair que les normes sociales ont beau être puissantes, les gens sont aussi extrêmement conscients des codes culturels qui y sont liés. C'est pourquoi trop attirer l'attention sur une norme à éviter peut vite se retourner contre vous. Lorsque des gardes forestiers placèrent dans le parc national de Petrified Forest, en Arizona, une pancarte affichant : "Votre héritage est vandalisé tous les jours par des vols de bois fossilisé, représentant 14 tonnes par an, récupéré morceau par morceau", le taux de vol augmenta de manière spectaculaire. Même si le message cherchait à faire comprendre le comportement à éviter, il disait en substance que voler de petits morceaux de bois fossilisé était une activité tout à fait banale.

Il semblerait que les organisations écologistes n'assimilent pas cette idée. En 2007, l'Alliance for Climate Protection, fondée par Al Gore, commanda un spot publicitaire dans lequel un jeune couple, lors d'un dîner chic avec des amis, énumérait les raisons pour lesquelles il ne faut pas croire au changement climatique tout en jetant les restes de leur assiette sur la tête de leurs enfants, assis derrière eux. À la fin s'affichait le slogan "Quel monde léguons-nous à nos enfants ?" La publicité était bien sûr ironique, mais ce fut une bévue spectaculaire – pendant trente secondes étaient énumérés les arguments du camp négationniste par de jeunes et séduisants citadins.

C'est peut-être avec cette erreur en tête qu'à sa tentative suivante, dans les campagnes fondées sur les normes sociales, l'Alliance revint sur un socle de valeurs communes et un appel à l'unité nationale. Le programme publicitaire qui devait s'étaler sur trois ans, avec un budget faramineux de 300 millions de dollars, visait à recruter dix millions de militants pour faire évoluer la législation nationale sur le changement climatique. Son titre : *We can solve it (Nous pouvons le résoudre)*.

Le nom de ce programme faisait à la fois référence au slogan de campagne d'Obama, *Yes we can*, et à la formule utilisée pendant la Seconde Guerre mondiale, *We can do it !*, qui restera toujours associée à l'image emblématique de Rosie la riveteuse au biceps bandé. Les publicités de la campagne s'inspiraient d'autres images historiques bien connues rappelant des actions collectives, comme le débarquement en Normandie, les manifestations pour les droits civiques et l'atterrissage d'*Apollo 11* sur la Lune, et montraient des politiciens rivaux tels que Nancy Pelosi et Newt Gingrich, ou Al Sharpton et Pat Robertson, assis côte à côte sur un canapé, sourire aux lèvres et tout disposés à coopérer.

La trêve fut de courte durée. La fracture idéologique grandissante obligea bientôt Gingrich et Robertson à revenir sur leur participation. Mais ce fut une tentative pour le moins audacieuse de créer une norme sociale selon laquelle le changement climatique était un enjeu historique qui pouvait être relevé par l'esprit d'innovation et de témérité des Américains.

Cependant, l'emploi répété du pronom *we*, "nous", était problématique. Je l'appelle le "*nous* fuyant" parce qu'il semble exclusif et assertif lorsqu'on le lit, mais il est en réalité très ambigu et souvent vide de sens. Contrairement au "*nous* conventionnel", qui décrit une action ou une attitude communes (c'est ainsi que je l'utilise dans cet ouvrage), le "*nous* fuyant" est une tactique rhétorique visant à créer une impression de norme tout en affichant ce que les manuels de gestion se plaisent à appeler le *leadership transformationnel.*

L'utilisation politique du *nous* n'a cessé de croître, dans une sorte de surenchère rhétorique désespérée. Pendant leurs discours d'investiture, George Washington ne prononça qu'une fois le pronom *nous*, Jefferson et Lincoln une dizaine de fois, John F. Kennedy vingt-neuf fois et Barack Obama cinquante-sept fois.

Dans son allocution liminaire sur le changement climatique, prononcée à l'université de Georgetown en juin 2013, Obama se lança dans une frénésie de *nous* sans précédent, employant le mot à quatre-vingt-seize reprises, parfois dans de grandes accumulations : "Nous pouvons y arriver. Nous devons penser à nos enfants ; nous devons penser à notre avenir ; et nous devons favoriser la croissance de l'économie et créer de l'emploi. Nous pouvons y parvenir tant que nous ne craignons pas l'avenir ; au contraire, nous devons le saisir."

Mais qui est ce *nous* ? Est-ce lui et son administration, ses militants, le peuple américain, ou l'humanité tout entière ? Sans plus de précision, ces formules sont celles du spectateur qui regarde par sa fenêtre en songeant : "Nous devons vraiment intervenir."

Le *nous* fuyant peut se révéler douloureusement exclusif pour les personnes qui n'ont pas l'impression d'y être intégrées. Contrairement aux langues des cultures réellement coopératives, comme les Aborigènes d'Australie ou les sociétés amérindiennes, la nôtre n'a aucun moyen de distinguer le *nous* inclusif (moi et toi et ton groupe) du *nous* exclusif (moi et mon groupe mais pas toi).

Si vous êtes un opposant d'Obama, son grand discours pour faire front commun peut paraître extrêmement exclusif et vous l'entendez alors dire : *Moi et mes potes obsédés par le changement climatique* allons *vous* forcer à agir. En revanche, si vous êtes un partisan, vous devez éprouver un bel élan d'union. Et, dans ce cas, réfléchissez à ce que vous ressentez en entendant cet autre beau morceau rhétorique : "Nous pouvons et devons travailler main dans la main, et remettre le cap vers un avenir meilleur. Nous recommencerons à prospérer lorsque nous recommencerons à croire en nous." Si je vous dis qu'il s'agit là d'un discours de 2013 du fondateur du Tea Party et climato-négationniste convaincu, vous sentez-vous intégré à ce *nous* ou au contraire mis sur la touche ?

Si les politiciens utilisent le *nous* fuyant afin de créer une fausse norme de passage à l'action, beaucoup d'autres l'emploient pour fabriquer une fausse norme d'inaction. Par exemple, une femme d'un groupe de réflexion suisse avait expliqué l'impossibilité d'agir face au dérèglement climatique par ces mots : "Nous ne faisons que consommer. Nous sommes en quelque sorte démunis. Peu nous importe tout ceci de toute façon, puisque nous ne savons pas exactement quels effets nous provoquons. Si nous prenions tous nos problèmes au sérieux, nous serions complètement déprimés." Elle jouait de manière délibérée sur le pouvoir de la norme sociale, projetant ses propres opinions dans un "nous" présumé et admettant ainsi son incapacité à remettre en question cette norme qu'elle venait de fabriquer.

Dans les groupes de discussion, les participants qui peinent à expliquer leur propre passivité deviennent soudain très bavards lorsqu'il s'agit d'expliquer pourquoi les *autres* sont incapables d'agir, mobilisant alors le jargon de la psychologie de bas étage et employant à tout bout de champ les mots "angoisse" et "déni". En 2012, au cours d'une étude, une femme décrite comme éduquée et de classe moyenne déclara : "Je ne crois pas que les gens prennent ça au sérieux parce que ça n'a pas d'incidence sur eux maintenant, et je pense que les gens réagissent à retardement ou mal aux choses qui leur paraissent distantes."

Il y a deux strates de distanciation ici : le constat légitime que le changement climatique est un problème qui n'a pas l'air dangereux (c'est une question que j'aborderai dans un prochain chapitre), mais aussi son propre détachement, qui lui donne la possibilité de faire un constat sur le pourquoi du manque de réaction des autres. Comme par hasard, cette lecture de la norme sociale lui permet de justifier sa propre passivité.

Quelques mots d'avertissement. Même si notre instinct nous pousse à repérer autour de nous des codes sociaux avant de nous forger une opinion sur le changement climatique, ceux-ci peuvent très bien nous induire en erreur. Le tribunal que constituent nos pairs n'a rien d'impartial et, par notre biais de confirmation, nous pouvons tout à fait choisir de lire la norme de la manière la plus conforme à la position que nous avons d'ores et déjà décidé de défendre.

7

LE POUVOIR DU NOMBRE

Comment les brutes se fondent dans la foule

Non seulement nous nous assimilons à notre groupe social, mais nous sommes persuadés qu'il a une identité propre qui le rend supérieur à d'autres groupes. Selon la *théorie de l'autocatégorisation*, il y a deux procédés à l'œuvre. Premièrement, nous cherchons à établir une proximité et une ressemblance avec les personnes dont l'identité semble nous correspondre : c'est notre endogroupe. Puis nous cherchons à établir ce qui nous distingue des personnes différentes de nous : les exogroupes. Nos attitudes et comportements sont façonnés tant par les personnes à qui nous voulons ressembler que par celles dont nous voulons nous distinguer.

Les incidences de ce phénomène sur l'attitude face à l'environnement ont été mises en évidence par une expérience astucieuse menée en Grande-Bretagne. Lorsque les participants se comparaient aux Suédois – généralement considérés comme très respectueux de l'environnement –, ils avaient *moins* d'intérêt pour les économies d'énergie. Mais lorsqu'ils se comparaient aux Américains, perçus comme des gaspilleurs, ils se découvraient une fibre écologiste insoupçonnée. En d'autres termes, les membres de l'endogroupe cherchaient à s'éloigner autant que possible de l'exogroupe. Non seulement ils voulaient à tout prix ressembler à leurs compatriotes rosbifs, mais ils voulaient aussi se distinguer de ces grands blonds si exemplaires et de ces pollueurs d'Amerloques.

Ce phénomène se manifeste dans toutes les attitudes adoptées face au changement climatique. Il mène les deux camps à sous-estimer la diversité des opinions dans leurs rangs mais aussi dans ceux de leurs opposants, générant de faux stéréotypes autour des figures de l'écologiste progressiste et du climato-négationniste conservateur. Et il les conduit à exagérer leur propre valeur et à dénigrer leurs rivaux.

Internet a créé pléthore de nouveaux espaces où se forment, s'expriment et se consolident les normes sociales, les endogroupes et les exogroupes. Facebook permet de diffuser les points de vue de manière beaucoup plus large et plus ouverte que les interactions sociales conventionnelles.

Dans le sillage de commentaires qui suit le moindre article sur le changement climatique, on constate une violente remise en question de la norme sociale. Des expériences ont montré qu'intégrer des observations agressives lorsqu'on parle de questions controversées ne modifie en rien les opinions des lecteurs ; en revanche, leur identification d'endogroupe à l'opinion à laquelle ils adhèrent déjà augmente de manière significative.

Lorsque les scientifiques publient sur Internet un article sur les climato-négationnistes, les réponses âpres fournissent d'autant plus de données sur ces mêmes négationnistes, à la manière d'un surgénérateur lancé à toute vitesse. Le psychologue Stephan Lewandowsky a reçu suffisamment de réponses belliqueuses à la suite de son article sur les théories du complot écologiste pour en faire le fondement d'une autre étude. Elle porte un titre alléchant : *Idéation complotiste dans la blogosphère en réaction aux recherches sur l'idéation complotiste.*

Si l'effet du témoin naît d'un sentiment d'impuissance collective, et que le sentiment de pouvoir commun se traduit par une série d'insultes et de violence, l'anonymat de la nouvelle norme électronique permet la manifestation d'une brutalité pure et simple, notamment au travers d'e-mails violents et injurieux envoyés à des scientifiques et écologistes renommés, traités de "nazis du climat" et auxquels on conseille d'"avaler des lames de rasoir".

Stephen Schneider, qui comptait parmi les climatologues les plus éminents des États-Unis, avait trouvé son nom, et ceux d'autres scientifiques juifs, sur une liste des "personnes à abattre" publiée sur un site Internet néonazi. Il avait fait mettre son adresse sur liste rouge et installé des alarmes supplémentaires chez lui. "Que pouvais-je faire d'autre ? demandait-il. Porter un gilet pare-balles ? Apprendre à manier une arme à feu ?"

La situation atteignit son paroxysme fin 2009, lorsque, à la suite d'allégations dénuées de tout fondement, les climatologues furent accusés d'avoir faussé les données. Glenn Beck, sur Fox TV, exhorta les scientifiques à se suicider ; Andrew Breitbart, un provocateur de droite aujourd'hui décédé, tweeta : "Peine capitale pour James Hansen", et le blogueur Marc Morano appela à fouetter les climatologues sur la place publique.

Bill McKibben, le militant de la lutte contre le changement climatique le plus actif du pays et fondateur de 350.org, fait montre d'un flegme notoire : "Ma théorie, c'est que, si quelqu'un avait vraiment envie de m'abattre, il le ferait sans prendre la peine d'envoyer d'abord un e-mail." Je ne sais quel réconfort tirer de cette pensée.

Il y a ici quelque chose à l'œuvre qui est plus puissant et plus toxique que l'antagonisme habituel entre différents groupes. Les scientifiques ne travaillent pas dans une culture de l'adversité, et ils font tout leur possible pour rester en dehors des fractures politiques. Ils sont de loin, et tous les sondages d'opinion le disent, les professionnels les plus respectés et les plus fiables de la société. La manière dont sont traités les climatologues est tout à fait exceptionnelle et n'a pas d'équivalent dans l'histoire récente de la science. Louis Pasteur n'a jamais envisagé d'apprendre à se servir d'une arme ; Jonas Salk n'a pas eu besoin de transformer sa maison en bunker. Les scientifiques ne sont pas nos ennemis, et ils n'ont jamais cherché à l'être. On leur a tendu un piège en les plaçant dans un scénario où la seule manière d'agir des climato-négationnistes implique de diaboliser tous ceux qui nous mettent en garde contre le dérèglement climatique.

8

DE L'AUTRE CÔTÉ DU MIROIR

Le monde étrange qui se reflète dans les yeux des climato-négationnistes

Myron Ebell, directeur du réchauffement climatique au think tank libertarien Competitive Enterprise Institute (CEI), n'a pas son pareil pour décrire l'histoire du changement climatique comme une lutte entre le bien et le mal. Il est toujours prêt à dégainer et sa notice biographique sur le site du CEI inclut la joyeuse ribambelle de titres que lui ont décernés ses critiques. Greenpeace le qualifie ainsi de “criminel du climat”, le magazine *Rolling Stone* de “meneur qui ne mène nulle part” et la revue *Business Insider* le couronne “ennemi numéro un des experts du changement climatique”.

Lors de notre rencontre, je suis une nouvelle fois frappé par les similitudes entre les opposants à la lutte contre le changement climatique et les écologistes. Tout comme les partisans du Tea Party me rappelaient d'autres militants qui travaillent sur le terrain, Ebell me fait penser aux cols blancs des organisations environnementales qu'il méprise – tous s'alignent sur le même champ de bataille médiatique avec leurs rapports, leurs communiqués de presse, leurs procès stratégiques, leurs conférences, leurs slogans et leurs vidéos.

Pendant que j'attends l'heure de notre entretien, je jette un coup d'œil dans le bureau d'Ebell : je n'en ai qu'un bref aperçu, car il se dirige vers moi à grands pas. C'est sans doute le bureau le plus anarchique qu'il m'ait été donné de voir. On dirait qu'un ouragan (sans rapport avec le changement climatique, évidemment) a dévasté l'étage tout entier pour aller déposer tous les débris dans une seule pièce. Ebell a beau être impeccablement vêtu, son bureau est celui d'un militant en campagne.

Il tient à souligner que ses principes sont louables et détachés de tout intérêt privé. Certes, admet-il sans détour, il a reçu des financements de la part d'ExxonMobil pour ses études sur le changement climatique, mais il travaillait déjà dessus avant le versement de ces financements et il a poursuivi ses recherches une fois les fonds épuisés. Les écologistes, eux, sont des hypocrites qui dénoncent l'utilisation des énergies fossiles tout en encaissant l'argent des compagnies pétrolières et gazières quand ça leur chante.

Il cite l'histoire des baptistes et des trafiquants d'alcool qui œuvraient main dans la main puisqu'il était dans leur intérêt mutuel de demander des lois de prohibition de l'alcool. Il s'agit pourtant d'un mythe (concocté par Bruce Yandle, économiste spécialiste de la libre concurrence), très utilisé par les organisations libertariennes car il illustre l'idée que quiconque demande la mise en place de réglementations est moralement corrompu.

Ebell cherche avant tout à décrire le changement climatique comme une guerre de principes politiques. "Le mouvement écologiste n'est pas un mouvement objectif, bien intentionné, qui cherche à sauver la planète", m'explique-t-il. Il a été fabriqué par la Nouvelle Gauche et, quel que soit le problème, il propose toujours les mêmes solutions : plus de contrôle de la part de l'État, plus de pouvoir pour l'élite technocrate, et des conditions matérielles plus difficiles pour le peuple. Ses collègues et lui doivent s'engager dans un combat semblable à celui de "David contre Goliath", aux prises avec un gouvernement interventionniste et des écologistes corrompus.

David et Goliath ? Je dois sans doute faire une drôle de tête en l'entendant utiliser la métaphore biblique préférée des organisations progressistes de défense des droits sociaux. Ebell répète donc son analogie : "Oui, David et Goliath."

De plus, fait remarquer un Ebell qu'on n'arrête plus, son camp livre une bataille décente. Une bataille décente qui, visiblement, comprend des attaques personnelles constantes remettant en cause l'intégrité des climatologues. La dernière stratégie en date, défendue par le collègue d'Ebell, Christopher Horner, est de bombarder les climatologues de renom de procès agressifs exigeant l'accès à leur correspondance privée.

Ebell croit dur comme fer à sa vertu. Il martèle que son camp fait tout simplement preuve d'esprit critique et qu'il ne s'abaisserait jamais à dénigrer des individus – contrairement aux écologistes. Au moment de prononcer ces mots, il sort dans un geste théâtral une liasse de feuilles imprimée d'un blog où je me montre modérément irrévérencieux envers lui et ses collègues. Il prend un malin plaisir à me relire le tout, ligne par ligne. Je comprends maintenant pourquoi Ebell a accepté de me rencontrer.

Notre conversation est ponctuée de badineries : chaque critique que pourraient formuler les militants pour la défense de l'environnement est reprise et retournée contre eux. Les verts sont des corrompus. Les verts sont des extrémistes politiques. Les verts déforment les données scientifiques selon leurs besoins. Les sceptiques – car jamais Ebell ne se qualifierait de climato-négationniste – sont des marginaux qui luttent pour une cause juste dans un monde corrompu.

Ces récits sont dominés par des ennemis : la lutte sans merci du bien contre le mal. La problématique du changement climatique prend vie au milieu de cette bataille, et les personnages et les informations forment une toile de fond bien commode à ce scénario qui leur préexiste.

Pour les conservateurs, le problème du changement climatique est tombé à pic pour remplacer l'épouvantail du communisme qui avait si longtemps mobilisé leurs forces. Un an à peine après l'effondrement de l'Union soviétique, le Sommet de la Terre de 1992 leur procura une menace de substitution, et la scène de l'ancestral opéra de la menace idéologique internationale fut investie par une nouvelle troupe. Comme le dit l'animateur de radio et éditorialiste politique américain Rush Limbaugh, connu pour ses positions conservatrices, la climatologie "est devenue le foyer des socialistes et des communistes en quête de toit".

Les représentants de la droite dure sont particulièrement enclins à diaboliser leurs adversaires politiques. En 2011, le site Right Wing News demanda à quarante-trois blogueurs conservateurs populaires de donner les noms des "pires personnages de l'histoire américaine". Jimmy Carter, Barack Obama et Franklin D. Roosevelt se retrouvèrent à la tête du peloton, loin devant Benedict Arnold, Timothy McVeigh et John Wilkes Booth[1].

1. Personnages qui incarnent tous à leur manière la figure du traître à la nation. *(N.d.T.)*

Cette incapacité à distinguer les adversaires idéologiques de tueurs psychotiques trouve une illustration parfaite dans le célèbre panneau érigé par le Heartland Institute à Chicago, où figure le portrait du meurtrier Ted Kaczynski (surnommé Unabomber)[1] avec la légende : “Moi, je crois toujours au réchauffement climatique, et vous ?” Ce panneau grotesque a inspiré de nombreuses parodies sur Internet, notamment la photo d'Adolf Hitler accompagnée de la citation : “Moi, je crois toujours que les chatons sont mignons, et vous ?” Une bataille décente, qu'il dit.

À la fin de notre entretien, Ebell me tend un bol contenant quatre petites billes de chocolat. Une carte du monde est imprimée sur leur emballage en aluminium, ce qui leur donne des airs de petits globes. Je les regarde au fond de ce bol et je me remémore tous ces graphiques dans les publications écologistes, montrant que nous consommons chaque année l'équivalent des ressources de quatre planètes. Ebell me sourit – est-ce une mise à l'épreuve, me dis-je, un rite d'initiation ? Mais un chocolat reste un chocolat, alors j'engloutis le tout. Après tout, il y a des limites à la quantité de métaphores qu'un homme peut filer.

1. Auteur d'attentats à la bombe au mobile écologiste. *(N.d.T.)*

9

UN SECRET DE POLICHINELLE

Pourquoi nous sommes toujours en quête d'ennemis

Le changement climatique – celui qui existe pour de vrai, fondé sur des données scientifiques – ne prend pas la forme d'un ennemi facilement reconnaissable, n'a pas de mobile identifiable ; ses causes sont dispersées, ses incidences nébuleuses. Il est particulièrement malaisé de rassembler et de mobiliser les populations autour de ce genre de problèmes. Par exemple, la fumée produite par les poêles dans les foyers est l'une des premières causes de mortalité au monde : elle tue 1,6 million de personnes par an. Mais on ne se la représente pas comme une ennemie, elle ne peut être imputée à personne en particulier, personne n'en est responsable – et, donc, presque rien n'est fait pour l'empêcher.

L'absence d'ennemi clairement identifiable est un véritable problème pour les médias qui essaient de parler du dérèglement climatique. Mark Brayne, ancien correspondant de la BBC, explique que le journalisme a besoin d'événements, de causes nettement définies, et d'un "récit qui oppose gentils et méchants". Mais le changement climatique n'a rien de tout ça. "C'est un phénomène qui évolue lentement, qui est complexe et, par-dessus le marché, nous sommes les méchants de l'histoire. Ce n'est pas quelque chose que les auditeurs ou les spectateurs veulent entendre."

Dans une bataille opposant deux pôles bien établis, les deux camps se mesurent constamment l'un à l'autre, apprenant de l'autre puis adoptant ses codes. Cette inversion symétrique se retrouve souvent dans d'autres débats binaires comme l'antitabagisme, le contrôle des armes à feu et l'avortement. En relisant mes propres notes et des dizaines d'autres entretiens, j'observe l'apparition d'un modèle qui peut être utilisé indifféremment par l'un ou l'autre camp :

> Ils [le camp adverse] avaient besoin d'un ennemi après la fin de la guerre froide et d'une cause politique qui leur permettrait d'asseoir leur influence. Ils ont donc créé une histoire qui correspond à leur vision du monde, conçue pour jouer sur les peurs et les faiblesses des gens, dans laquelle nous sommes les ennemis. Ils essaient de s'ériger en défenseurs de la

> morale mais leurs motivations réelles, ce sont l'argent et l'influence politique. Ils se présentent comme faibles, mais ils sont en réalité bien plus puissants que nous parce qu'ils ont le soutien de grands donateurs dont les intérêts politiques sont évidents et parce qu'ils sont défendus par des médias paresseux et partisans. Nous nous faisons insulter et nous recevons même parfois des courriers pleins de haine et de menaces de mort, mais nous nous devons de mettre au jour ces mensonges, dans l'intérêt des gens plus pauvres et de la planète, et pour sauver la civilisation de la plus grande menace qu'elle ait jamais connue.

Et les deux camps défendent la vérité scientifique – ou, plutôt, chacun défend la sienne. Les mots utilisés par Rex Tillerson, le PDG d'ExxonMobil, pourraient tout aussi bien se retrouver dans la bouche de nombreux climatologues et militants écologistes. Il se plaint que le public ne soit pas suffisamment compétent dans les champs des sciences, des mathématiques et de l'ingénierie. Les parties concernées tirent profit de cette ignorance pour "fabriquer de la peur", soutenues par "des médias paresseux et inutiles, qui ne sont pas disposés à faire les enquêtes nécessaires".

C'est une opinion courante chez les scientifiques et la majorité des écologistes : les informations purement factuelles et précises ont une influence majeure sur les attitudes publiques et les politiques gouvernementales ; ceux qui polluent ces informations ou les empêchent d'arriver jusqu'à nous sont des ennemis. Lorsque j'ai demandé à James Hansen, qui était alors climatologue à la NASA, pourquoi les gens n'acceptaient toujours pas le changement climatique, il m'a répondu : "La réponse est très simple : l'argent. L'industrie des énergies fossiles est tellement prospère qu'elle contrôle nos gouvernements, les médias, et tout ce qu'on nous dit."

Peu de scientifiques, pas même Hansen, ont reçu autant d'insultes publiques que Michael Mann, le directeur de l'Earth System Science Center à l'université de Pennsylvanie, dont le célèbre graphique en forme de crosse de hockey fournit un instantané des évolutions de températures au cours du dernier millénaire. Il a été cloué au pilori par Fox News et devant le Sénat, montré sous les traits d'une marionnette dansante sur des vidéos de YouTube et a reçu, se souvient-il, des milliers d'e-mails d'insultes, lui demandant notamment de se suicider ou menaçant de l'abattre, de le dépecer et de le donner à manger aux porcs, lui et toute sa famille. Lorsque je lui ai proposé de trouver une métaphore pour cette bataille, il a choisi sans hésitation *Le Seigneur des anneaux* : "C'est un récit classique de lutte entre le bien et le mal, mais ici, l'enjeu c'est la Terre elle-même. Les PDG des compagnies d'énergie fossile, qui financent les campagnes de désinformation pour semer la confusion, sont les forces du Mordor. Les scientifiques sont autant de Gandalf." J'ajouterais que, avec son bouc et ses yeux perçants, Mann lui-même trouverait certainement une place dans les rangs de cette bataille, peut-être comme elfe climatologue.

Cette campagne de désinformation, souvent surnommée la "machine du déni", est orchestrée par un vaste réseau de think tanks tels que l'institut CEI, des organes de presse et des hommes politiques. Cependant, ces derniers temps, les militants anti-écologie ont misé de plus en plus sur leurs donateurs les plus éminents et les plus infâmes : David et Charles Koch, frères héritiers de la deuxième plus grande entreprise privée des États-Unis.

Les Koch consacrent volontiers une petite partie de leurs 80 milliards de dollars aux causes politiques qui leur tiennent à cœur, comme le Tea Party, les campagnes publicitaires pour des comités politiques, et les think tanks libertariens opposés à la lutte contre le changement climatique, auxquels ils ont versé quelque 67 millions de dollars depuis 1997. Il n'est donc guère étonnant que les Koch soient les personnalités les plus haïes chez les gauchistes et les écologistes, et que les deux frères au sourire figé soient souvent représentés dans la littérature militante comme les deux têtes jumelles du "Kochtopode", entouré de ses tortueux tentacules qui figurent leurs intérêts dans le gaz, le pétrole et les produits chimiques. C'est le dernier-né d'une longue lignée de caricatures de céphalopodes industriels, parmi lesquels les monopoles du chemin de fer, les escrocs de Tammany Hall, la compagnie Standard Oil, et même (au risque d'horrifier les écologistes) le "complot" international juif.

Je ne m'opposerai jamais à ceux qui prétendent que les Koch sont des acteurs politiques majeurs ou que la "machine du déni" qu'ils financent contribue à influencer l'opinion publique, comme le montrent de manière édifiante des livres récents comme *Les Marchands de doute*[1], *Heads in the Sand (Têtes dans le sable)* et *Climate Cover-Up (Camouflage climatique)*. Et il est indéniable que les compagnies pétrolières entravent l'adoption de mesures. Leur campagne, dotée de gros financements et politiquement motivée, fausse et pollue les données scientifiques.

Mais je dirais aussi que, ces vingt dernières années, les provocations constantes de quelques climato-négationnistes batailleurs ont mené les militants et les scientifiques à investir trop de leur énergie émotionnelle dans cette lutte finie et à oublier qu'il existe un nombre infini de récits encore à raconter, et que, pendant leur face-à-face, la vaste majorité des gens se retrouvent mis à l'écart.

Toutes ces histoires d'opposition semblent naturelles à ceux qui y croient. Elles se fondent harmonieusement dans leurs valeurs et leurs systèmes de croyance, se nourrissent des métaphores des batailles antérieures et de leur propre lecture de l'histoire. J'ai passé une grande partie de ma vie active dans le mouvement écologiste, menant des campagnes contre les gouvernements, les grosses entreprises et la finance internationale. J'estime que la plupart de ces questions se résument, en fin de compte, à une lutte contre des intérêts privés, distincts et identifiables.

Mais le changement climatique est différent. La vérité tue, délibérément écartée de ces histoires, est que, dans les sociétés gourmandes

1. Naomi Oreskes et Erik M. Conway, traduit en français par Jacques Treiner, Le Pommier, 2012. Les deux autres ouvrages cités (de Matthew Yglesias et de James Hoggan, respectivement) ne sont pas traduits. *(N.d.T.)*

en énergies fossiles, tout le monde contribue aux émissions à l'origine du problème ; tout le monde a donc une bonne raison d'ignorer le problème ou de s'inventer un alibi. Comme le disait Joe Friday au début des épisodes de la série policière *Dragnet* :

> Pour chaque crime commis, il y a trois millions de suspects. Les gens qui ont été témoins de ce qui s'est passé – mais pas vraiment. Les gens qui ne se souviennent de rien – ceux qui essaient d'oublier. Ceux qui disent la vérité – ceux qui mentent.

C'est la raison pour laquelle je suis de plus en plus convaincu que la vraie bataille qui débouchera sur une action de masse ne pourra pas être remportée à l'aide d'histoires de lutte et que nous devons au contraire trouver des récits fondés sur la coopération, sur nos intérêts mutuels et sur notre humanité commune.

Je ne cherche absolument pas à dire que l'on devrait laisser faire en toute impunité les responsables d'obstruction politique ou d'altération scientifique. Les compagnies pétrolières ne sont pas simplement des fournisseurs d'énergie passifs, quoi qu'elles disent. Elles interviennent activement dans le processus politique pour protéger leurs intérêts. Mais nous-mêmes, nous ne sommes pas blancs comme neige. Nous tirons volontairement profit de ce qu'elles proposent et des modes de vie incroyables qu'elles permettent.

Cet état de fait pose problème quand il s'agit d'amorcer un tournant politique. Pour faire changer les choses, il faut des mouvements sociaux. Pour qu'il y ait des mouvements sociaux, il faut des cibles physiques, ou un produit, ou un lieu qui puissent faire l'objet de boycott, de blocus, d'occupation. Et, pour qu'un récit d'opposition fonctionne, il faut un opposant. Comme l'affirme Bill McKibben, "pour mobiliser, il faut des ennemis" et, selon lui, il s'agit en l'occurrence de l'industrie des énergies fossiles, qu'il décrit comme l'"ennemi public numéro un de la survie de notre civilisation sur Terre".

Le rabbin Arthur Waskow transpose ce même conflit dans un contexte religieux. Citant les fléaux bibliques qui s'abattirent sur les Égyptiens, il affirme que "les pharaons d'aujourd'hui sont des sociétés géantes : charbon, pétrole, gaz naturel". Et d'ajouter : "La seule manière de faire face à un pharaon de notre époque, c'est de mobiliser les populations."

Mais ces cibles ne sont pas l'*ennemi*, et le champ de bataille où nous les affrontons n'est pas le lieu où sont prises les décisions. Elles sont un *obstacle*, et cette distinction a son importance. Il y a là un équilibre délicat à trouver, que les militants expérimentés tels que McKibben connaissent bien.

D'autres batailles doivent également être reconnues. Gill Ereaut, fondatrice du cabinet de conseil en communication Linguistic Landscapes, soutient que les histoires n'ont pas besoin d'ennemi – à vrai dire, nombreux sont les récits mythologiques construits autour d'une quête, d'un défi, ou même d'une joute verbale, d'une idée, d'une faiblesse ou d'une manière de voir les choses.

Elle s'inspire de la théorie psychanalytique de Carl Jung pour suggérer que, s'il y a bien un ennemi, c'est notre "ombre", notre enfant intérieur envieux dont nous refusons de reconnaître la présence et qui nous contraint à projeter sur les autres ce qui est inacceptable en nous. Si le changement climatique a fait naître quelques récits où pointe la culpabilité, il n'en existe aucun, comme je l'expliquerai plus tard, pour nous inciter à accepter pleinement notre responsabilité individuelle.

Le journaliste chevronné de la chaîne ABC Bill Blakemore, qui s'est donné plus de mal que quiconque pour porter sur les écrans américains la question du changement climatique, est lui aussi persuadé que la vraie histoire réside dans notre psychologie déficiente. Il m'a affirmé qu'il y avait "une grave faute d'imagination professionnelle quant à la manière de promouvoir cette grande histoire en évolution constante", qui n'aurait jamais dû être "cantonnée à la question environnementale".

Blakemore a travaillé principalement comme correspondant de guerre, ce qui aurait pu le disposer à voir le problème en termes de camps adverses ou d'intérêts nationaux. Mais il fait remarquer qu'"il n'y a pas de frontières dans les airs ou dans les océans", et pour lui la véritable histoire tourne autour de notre peur, de notre déni, et de nos difficultés à admettre que nous sommes responsables. Le changement climatique est un secret de Polichinelle, et nous sommes tous autant de Polichinelle.

Chaque campagne définit la langue et les lignes de front qui détermineront notre manière de voir à l'avenir. Si nos récits s'appuient sur l'existence d'ennemis, il y a de fortes chances pour que, à mesure que les incidences du dérèglement climatique s'aggravent, de nouveaux récits d'opposition bien plus vicieux les remplacent aussitôt, en se fondant sur des divisions religieuses, générationnelles, politiques, de classes ou nationales – particulièrement au Moyen-Orient, où la pénurie d'eau pourrait bien catalyser de violents conflits sous des prétextes religieux. L'histoire nous a par trop montré que les récits de batailles nous préparent à la violence, à la désignation de boucs émissaires ou aux génocides qui s'ensuivent.

*

Il est temps de faire une pause et de récapituler ce qui a été dit jusqu'ici.

J'ai expliqué que nous interprétons le monde à la lumière de notre expérience récente et de nos comportements. Notre biais de confirmation nous conduit ensuite à rechercher davantage d'informations pour confirmer ces interprétations, ou pour rejeter les données qui les mettent en doute. J'ai constaté que les défenseurs du Tea Party, qui revendiquent fièrement leur indépendance, ont développé une méfiance telle envers les points de vue extérieurs que toutes leurs sources d'information ne font que renforcer leurs positions.

Je me suis rendu compte que nous nous sentons obligés, en raison du désir que nous avons de nous intégrer à notre groupe social, de chercher des codes auprès de notre entourage pour savoir quoi penser et comment agir. Dans les communautés qui se remettent de désastres liés au climat, j'ai vu que leur compréhension de la catastrophe était modulée par les codes présents dans leurs histoires communes. Ces populations sont capables de mettre entièrement de côté le rôle du changement climatique car il ne correspond pas aux histoires qu'elles ont choisi de se raconter.

J'ai également remarqué que notre désir de conformité nous mène à exagérer les différences entre notre groupe social et les autres. Si un comportement vis-à-vis du changement climatique devient fortement associé à un groupe dont nous nous méfions, alors la science est "contaminée" par notre méfiance. J'ai lancé l'idée que les militants "pro" et "anti" étaient tous pareillement liés à ce mécanisme, et allaient jusqu'à utiliser la même langue et les mêmes métaphores pour décrire le camp adverse.

Il est d'ores et déjà clair que notre rapport au changement climatique ne peut être résumé dans une formule simple de cause à effet. Notre point de vue est sans cesse façonné par les négociations qui se tiennent entre notre propre identité, la loyauté envers notre groupe et nos relations avec la société dans son ensemble. Nous participons activement à ce phénomène, à chaque étape, influençant ceux qui nous entourent tout autant qu'ils nous influencent.

La meilleure métaphore qui me vient à l'esprit repose sur la représentation graphique des flux dans les systèmes mondiaux d'énergie et de carbone adoptée par les climatologues. Dans ces modèles, chaque segment du flux est connecté aux autres, de telle sorte qu'un infime changement se propage et amplifie ses effets par ce que les scientifiques appellent les rétroactions positives. Nombreuses sont les rétroactions sociales à l'œuvre dans nos comportements face au dérèglement climatique – comme l'effet du témoin ou celui du faux consensus –, qui accentuent les petites différences et creusent les écarts entre les gens.

Mais ce n'est qu'une partie de la réponse à la question : pourquoi avons-nous autant de mal à agir ? Ceux qui acceptent pleinement le changement climatique ont un principal point commun avec ceux qui le rejettent en bloc : ils le considèrent tous comme une menace majeure face à laquelle il faut se rassembler. Mais, au milieu de ces deux groupes adverses, la grande majorité des gens ont du mal à admettre ne serait-ce que la gravité du problème. Si on les interroge, ils répondront volontiers aux sondeurs qu'ils se préoccupent de la question mais, comme je vous le montrerai plus loin, ils n'y pensent pas plus que ça et n'en parlent que rarement, voire jamais.

Nous revenons donc à la question initiale : ce problème a-t-il une caractéristique *intrinsèque* à l'origine de sa mise à l'écart ? Comment, sinon, expliquer que tout le monde connaisse le danger que représente le changement climatique mais ne le *ressente* pas comme tel ?

10

LES DEUX CERVEAUX

Pourquoi l'évolution nous a si mal préparés à affronter le changement climatique

L'idée que l'évolution de notre psychologie ne nous prépare pas à affronter le changement climatique n'a rien de très original. Le paléoanthropologue Ian Tattersall, dans la conclusion de son ouvrage *Masters of the Planet : The Search for Our Human Origins (Les Maîtres de la planète : en quête de nos origines humaines)*, lance l'idée que "nous sommes particulièrement mauvais lorsqu'il s'agit d'évaluer un risque. Dans notre crâne cohabitent des cerveaux de poisson, de reptile et de musaraigne." Et c'est pour cela, selon lui, que nous sommes capables de négliger le changement climatique et de penser que nous n'aurons pas à subir ses conséquences. Paul Ehrlich, biologiste des populations à l'université Stanford, déclare que nous ne pouvons pas affronter le dérèglement climatique car "les forces de la sélection génétique et culturelle n'ont pas cherché à créer des cerveaux capables d'anticiper les événements sur plusieurs générations".

Le bien-fondé de la psychologie évolutionniste est souvent remis en cause, débattu et contesté pour des motifs politiques et idéologiques. Les climato-négationnistes prétendent que cette science sous-estime la rapidité de l'évolution et que les changements environnementaux et climatiques constants au cours de l'histoire ont montré notre extraordinaire faculté d'adaptation et nous ont préparés aux évolutions du monde moderne.

Daniel Gilbert, professeur de psychologie à Harvard, n'est pas d'accord. Il me confirme que le changement climatique est "une menace à laquelle notre cerveau évolué est remarquablement incapable de réagir". Gilbert y a beaucoup réfléchi : devenu expert en psychologie du bonheur (et aujourd'hui auteur à succès), il est de ces gens hyperactifs et curieux, susceptibles d'être fascinés par n'importe quel sujet.

Selon Gilbert, notre longue évolution psychologique nous a préparés à répondre avec force à quatre déclencheurs clés qu'il résume par l'acronyme PAIN :

Personal : notre cerveau est avant tout disposé à identifier les amis, les ennemis, les traîtres et ce qui signale une intervention humaine.

Abrupt : nous sommes particulièrement sensibles aux changements relativement soudains et avons tendance à ne pas considérer les menaces qui se manifestent sous la forme de lents processus.

Immoral : nous réagissons aux choses qui nous paraissent indécentes, injustes, révoltantes ou repoussantes.

Now (maintenant) : notre capacité à nous projeter dans l'avenir est l'une de nos compétences les plus impressionnantes, mais elle reste encore, selon Gilbert, "dans les premiers stades de R & D".

Pour Gilbert, le problème du changement climatique est qu'il ne correspond à aucun de ces déclencheurs. Il met surtout en avant l'absence de l'*Abrupt* et du *Now*, éléments que "même un lapin est capable de comprendre". Mais il ne veut pas sous-estimer l'importance de l'*Immoral*. Bien que nous admettions l'atrocité du changement climatique, il ne nous donne pas l'impression d'être nuisibles ou humiliés. "Si le réchauffement climatique était provoqué par le fait de manger des chiots, ajoute-t-il, des millions d'Américains battraient le pavé."

Sauf si, lui suggéré-je, les Américains consommaient déjà des chiots. Le tabou est socialement construit, et on pourrait tout à fait imaginer une société alternative dans laquelle, après un épisode impliquant des colons pèlerins affamés, il y aurait du chiot rôti au menu de Thanksgiving.

Gilbert me concède ce point mais ne distingue pas les deux concepts. "Pour moi, « socialement construit » et « évolutionniste » sont deux façons de dire la même chose. Ce qui rend l'homme intéressant en tant qu'espèce, d'un point de vue évolutionniste, ce n'est pas le pouce opposable ou le langage : c'est la vie en société." Elle détermine les codes sociaux, les normes, les ennemis et les dynamiques d'endogroupes et d'exogroupes qui, comme je l'ai expliqué, sont essentielles dans notre manière de réagir au changement climatique.

Gilbert s'appuie sur un large corpus scientifique, dont ses propres recherches. Les fondateurs de la psychologie évolutionniste moderne,

Leda Cosmides et John Tooby, aiment à dire que "notre crâne moderne abrite un cerveau de l'âge de pierre", qui s'est développé de manière à faire face à des menaces particulières dans ce qu'ils appellent l'"environnement de l'adaptation évolutive".

Dans cet environnement primitif, les principaux risques évitables se trouvaient dans les parages, et c'est pourquoi nous donnons une telle priorité à la proximité et à la certitude quand nous évaluons un risque. C'est aussi ce qui nous pousse instinctivement à être aussi conservateurs et protecteurs de notre situation présente – notre statu quo, diraient les psychologues cognitifs. Après tout, les perspectives de survie d'un animal qui ne se méfie pas de la nouveauté sont bien minces.

Cosmides et Tooby décrivent le cerveau comme un "couteau suisse" doté d'outils spécialisés conçus pour exécuter différentes tâches. Ainsi, d'après eux, nous sommes relativement mauvais pour répondre aux problèmes de grande ampleur (comme le changement climatique) et nous nous y attelons uniquement après les avoir divisés en tâches correspondant chacune à un outil.

Comme un couteau suisse, le cerveau dispose de compétences dont on ne se sert jamais ou dont on ne connaît même pas l'utilité. Les psychologues évolutionnistes les appellent des "exaptations" : des comportements ou des organes sélectionnés par le passé pour des raisons variées et qui ont été cooptés dans leur rôle actuel à la suite de modifications environnementales.

Sans entrer dans le débat houleux autour de l'exaptation, disons qu'elle contient un concept fondamental qui nous intéresse au plus haut point : nous appliquons au changement climatique les outils psychologiques qui se sont développés pour faire face à des défis plus anciens, et ils pourraient bien se révéler inadaptés à cette nouvelle menace. Les allégeances et l'attitude défensive liées à l'endogroupe, apparues pour renforcer la cohésion dans de petits groupes de chasseurs-cueilleurs, pourraient bien être un obstacle face à une menace commune universelle. Comme je le suggérerai plus loin, si nous évitons le sujet du changement climatique, c'est peut-être en raison de mécanismes plus profonds qui se sont développés pour nous aider à gérer notre peur de la mort.

Mais il y a une découverte plus pertinente encore concernant le processus décisionnel relatif au changement climatique : notre long voyage au gré de l'évolution nous a conduits à développer deux systèmes distincts de traitement de l'information. L'un est analytique, logique et traduit la réalité en symboles abstraits, en mots et en chiffres. L'autre est orienté par les émotions (notamment la peur et l'angoisse), les images, l'intuition et l'expérience. Le langage utilise les deux systèmes mais, dans le système analytique, il est employé pour décrire et définir ; dans le système émotionnel, il sert à communiquer du sens, notamment sous forme de récits.

L'imagerie optique confirme que ces deux systèmes sont intégrés dans l'architecture physique du cerveau – le premier dans le cortex et dans le cortex pariétal postérieur, le second dans l'amygdale, à la base du cerveau. Le neuroscientifique Joseph LeDoux, dans son ouvrage *The Emotional Brain (Le Cerveau des émotions)*, affirme que, tandis que notre système analytique évoluait, l'amygdale a pu asseoir sa domination dans le processus décisionnel grâce à sa capacité à évaluer rapidement les menaces. Ainsi, si le système analytique est lent et minutieux, pesant rationnellement les faits et les probabilités, le système émotionnel est automatique, impulsif, et prompt à passer par des raccourcis mentaux pour atteindre le plus vite possible des conclusions.

Ces concepts ont fait l'objet d'un vif intérêt ces dernières années, et plusieurs appellations ont été proposées. Seymour Epstein, le premier à avoir identifié les deux systèmes parallèles, leur donne le nom de traitement analytique et de traitement expérientiel. D'autres ont parlé de raison éclairée et de raison réelle, ou de système réflectif et de système automatique, ou encore de système 1 et de système 2. Pour ma part, je privilégie les termes *cerveau rationnel* et *cerveau émotionnel*. Ce n'est pas idéal, mais facile à suivre.

S'il y a eu tant de propositions d'appellations, c'est que, loin d'être distincts et isolés, ces systèmes sont en communication constante. S'efforçant de saisir au plus près cette symbiose, Jonathan Haidt, psychologue à l'université de New York, a utilisé l'image de l'éléphant et du cavalier. Le cavalier rationnel fait de son mieux pour diriger l'éléphant émotionnel, mais il est évident que, même si le cavalier semble maîtriser la situation, c'est l'éléphant de 6 tonnes qui aura le dernier mot.

C'est une métaphore sympathique, mais elle n'est pas entièrement satisfaisante, car elle sous-estime l'élément de communication entre les deux protagonistes. Des études montrent que notre cavalier rationnel essaie de persuader l'éléphant et cherchera délibérément à présenter ses arguments sous forme d'histoires ou d'images qui apprivoiseront sa monture. Mais celle-ci n'est pas dupe. L'éléphant est très fort pour créer des rationalisations intellectuelles complexes à l'intention de son cavalier, pour que celui-ci le laisse emprunter un chemin déjà choisi. L'image de Haidt implique que le cavalier tient les rênes, assis sous sa petite tente, alors qu'en réalité il s'agit plutôt d'un Tarzan qui monte sans selle et qui parle éléphant (peut-être explique-t-il à son compagnon de voyage pourquoi Hollywood perçoit la jungle africaine comme une plantation de bananiers asiatique).

Notre perception du risque reste sous la houlette de notre cerveau émotionnel, qui privilégie la proximité, s'appuie sur notre expérience personnelle, et s'attache aux images et aux histoires qui correspondent à nos valeurs. Comme je le montrerai plus tard, les menaces qui évoquent des images fortes ou qui sont communiquées au moyen d'histoires personnelles s'imposent de manière disproportionnée dans notre processus décisionnel.

Cependant, comme notre cerveau émotionnel n'est pas vraiment adapté pour réagir aux menaces incertaines et à long terme, notre cerveau rationnel prend parfois le relais, utilisant ses outils abstraits de planification et d'anticipation. En effet, il a été montré que nous enclenchons volontairement ce processus en mettant à distance un problème, de manière à le voir sous une perspective rationnelle, puis en élaborant des objectifs à court terme avant de lui donner une proximité émotionnelle. Une sorte de petite danse : on s'éloigne pour admirer son partenaire, puis on se rapproche juste assez pour lui donner un baiser.

Et c'est exactement ainsi que nous procédons avec le changement climatique, sur le plan tant culturel que personnel. Les théories, les graphiques, les projets et les données parlent presque entièrement à notre cerveau rationnel, ce qui nous aide à évaluer les preuves et, pour la majorité d'entre nous, à reconnaître qu'il y a là un problème majeur. Mais ce n'est pas ce qui nous pousse à agir. L'origine de la scission entre cerveau rationnel et émotionnel est à chercher du côté des frontières historiques qui séparent les sciences, l'art et la religion, et il y a donc un risque, pour les problématiques ancrées dans un seul domaine culturel (comme le changement climatique, qui repose sur la science), qu'elles ne sollicitent pas toute notre cognition. Les experts que j'ai interrogés à ce sujet sont d'avis que nous n'avons toujours pas trouvé le moyen d'impliquer notre cerveau émotionnel dans la question du dérèglement climatique. Bien que le cavalier soit fasciné par l'article paru dans *Scientific American*, l'éléphant est parti se promener en quête d'une banane.

Ainsi, ceux qui défendent l'adoption de mesures pour lutter contre le changement climatique doivent faire tout leur possible pour parler aux deux cerveaux. Ils doivent accumuler suffisamment de données et de preuves pour montrer au cerveau rationnel qu'ils sont une source crédible, tout en les transformant pour leur donner une forme qui soit attrayante et stimulante pour le cerveau émotionnel, à l'aide d'outils d'immédiateté, de proximité, de sens social, de narration et de métaphores qui puisent dans notre expérience. Chaque campagne de communication sur le changement climatique, de l'Académie nationale des sciences à la manifestation devant une centrale électrique (l'action directe), est une expérience de plus dans l'alchimie visant à transformer des données brutes en or émotionnel.

De leur côté, ceux qui contestent le changement climatique jouent ce même jeu, mais avec les règles inverses. Ils démarrent par des arguments susceptibles de s'adresser au cerveau émotionnel, fondés sur des valeurs, des préoccupations et des déclencheurs émotionnels car, tout comme ceux qui réclament des mesures, ils doivent satisfaire à la fois le cerveau émotionnel et le cerveau rationnel des personnes qu'ils cherchent à convaincre. Bien sûr, ils ne voient pas les choses sous cet angle. Ils sont persuadés d'avoir bâti leur argument émotionnel sur des fondements issus de l'évaluation rationnelle des données. C'est ainsi que leur apparaît le raisonnement.

Ceux qui se retrouvent au milieu de ce spectre ne sont pas non plus étrangers à ce processus. Eux aussi choisissent délibérément comment interpréter ces arguments, tout en sachant parfaitement que, si leur cerveau émotionnel s'implique trop, ils vont sans doute ressentir de l'angoisse et de l'inquiétude. Comme je l'expliquerai plus loin, ils ont tendance à adopter une position d'attente : leur cerveau rationnel connaît juste assez l'existence du problème ; leur cerveau émotionnel est juste assez mobilisé pour guetter les codes sociaux qui indiqueront l'attitude à adopter. Et les deux cerveaux sont juste assez détachés pour ne pas avoir à résoudre le problème, à moins qu'on ne les y oblige.

11

ASSIMILÉ, MAIS INIMAGINABLE

Pourquoi le changement climatique ne donne pas un sentiment de danger

Il y a cinq ans, alors que j'habitais à Oxford, en Angleterre, une compagnie téléphonique déposa une demande de permis de construire pour installer à côté du pub local une antenne-relais de téléphonie mobile. C'est un quartier où résident surtout des progressistes, ceux qu'on retrouve habituellement dans les villes universitaires. Si on leur posait la question, ils répondraient en chœur que le changement climatique est en effet un problème grave, auquel il faudrait réellement s'atteler… un jour. Sinon, ils n'y pensent pas vraiment.

Et pourtant, la menace de l'antenne-relais les galvanisa suffisamment pour qu'ils lancent une action immédiate. Une semaine après le dépôt de la demande de permis, deux cents personnes vinrent s'amasser dans le hall d'une école du coin pour manifester leur résistance face à l'antenne qui, selon elles, allait répandre ses rayonnements hyperfréquences d'un bout à l'autre de la cour de récréation. Certains étaient prêts à s'allonger par terre, devant la camionnette de l'installateur, si nécessaire.

On peut s'intéresser aux points communs entre le changement climatique et les antennes-relais téléphoniques. Les deux présentent une menace dont les effets sont incertains et le resteront encore longtemps. Et dans les deux cas nous contribuons, *via* nos choix de consommation, au problème contre lequel nous nous insurgeons. Mes voisins dans le public ce soir-là avaient tous un téléphone portable dans la poche. Rétrospectivement, je regrette de ne pas les avoir appelés au cours de la réunion, juste pour voir leurs réactions.

Il y a cependant une différence de taille : le changement climatique représente une menace mondiale sans précédent. Les antennes-relais téléphoniques, elles, sont quasiment sans danger. Même en prenant les chiffres les plus alarmistes, il faudrait plus de 70 000 de ces antennes pour que les rayonnements hyperfréquences soient produits en quantité néfaste pour la santé. À la suite de cette réunion, je me suis demandé pourquoi ces personnes surdiplômées étaient capables de s'inquiéter autant du risque intangible et purement théorique que représentent les ondes dégagées par les téléphones portables tout en se préoccupant si peu du risque certes intangible mais bien plus établi du changement climatique.

Paul Slovic, professeur de psychologie à l'université de l'Oregon, est bien placé pour répondre à mes interrogations. Éminent spécialiste mondial de l'amplification sociale du risque, il est surtout modeste et débonnaire, et rougirait sans doute de ce titre que je lui donne. Il est pourtant bien impossible de trouver un article sur le sujet qui ne fasse pas référence à ses recherches.

Slovic a dû batailler pour persuader les scientifiques que notre perception du risque est socialement construite et pour surmonter leurs préjugés selon lesquels les sciences sociales sont, dit-il, "molles et spongieuses". C'est la question des radiations (et plus précisément le fait que les gens sont beaucoup plus préoccupés par l'énergie nucléaire que par les dangers de la radiographie) qui lança sa carrière dans les années 1970.

Slovic a identifié deux principales motivations à la perception des risques : un sentiment d'impuissance face à des conséquences involontaires et catastrophiques, ce qu'il appelle le "risque craint", et une angoisse qui provient du caractère incertain de nouveaux dangers imprévisibles, ce qu'il appelle le "risque inconnu". Le risque craint est renforcé par le fait qu'il est intergénérationnel et irréversible. Le risque inconnu, lui, est consolidé par son invisibilité et parce qu'il n'a pas de précédent. Si l'on a à ce point peur des radiations, c'est parce qu'elles allient ces deux types de risques.

Au moyen d'enquêtes sociales, Slovic a cartographié un large éventail de menaces en fonction de ces critères pour mesurer le risque craint et le risque inconnu. Les produits chimiques, les additifs alimentaires et les fours à micro-ondes remportent la palme car ils concernent le risque inconnu. Les armes nucléaires et les accidents liés aux gaz neurotoxiques font aussi de bons scores car ils correspondent au risque craint. Les dangers plus anodins comme les accidents de vélo, le tabagisme passif, l'alcool ou les piscines privées sont jugés moins menaçants car ils ne remplissent pas les critères d'aucun des types, alors même qu'ils font de nombreuses victimes.

Les études de Slovic expliquent parfaitement pourquoi mes amis et voisins étaient tant préoccupés par cette antenne-relais, mélange presque parfait de menaces : nouvelle technologie, peur des radiations (risque craint), menace pour nos enfants alors qu'ils jouent innocemment dans leur cour de récréation. Sa proximité était elle aussi exceptionnelle : visible, locale, immédiate, avec une échéance clairement définie. Enfin, cerise sur le gâteau : elle représentait un ennemi externe, une compagnie téléphonique sans visage qui avait, pour des motifs infâmes, déguisé sa dangereuse antenne émettrice de radiations en un simple mât.

J'ai donc demandé à Slovic où se situerait le changement climatique sur son graphique et pourquoi ce phénomène n'est pas une source majeure d'inquiétude. Après tout, il est catastrophique, irréversible, nouveau, lié à la technologie, menaçant pour les enfants, et il génère un sentiment d'impuissance. Il doit donc, en ai-je conclu, faire la part belle à la fois au risque craint et au risque inconnu.

Slovic, lui, n'en est pas si sûr. Il admet pleinement le grave problème que pose le changement climatique. D'ailleurs, dit-il, il travaillerait bien là-dessus s'il ne spécialisait pas en ce moment dans le génocide : "Je ne travaille que sur un problème intolérable à la fois", me confie-t-il.

Selon lui cependant, le dérèglement climatique ne donne pas un sentiment de danger, et c'est là une distinction capitale. La résistance des populations face au nucléaire, aux produits chimiques toxiques ou à la vaccination commence à apparaître lorsque quelque chose est sur le point de changer : lorsqu'on emmène son enfant se faire vacciner ou lorsqu'une centrale nucléaire (ou une antenne-relais de téléphonie mobile) va être installée dans le quartier.

Mais une fois que ces éléments sont admis dans notre statu quo et qu'ils font partie intégrante de notre quotidien, il faut que le niveau de menace augmente de manière considérable avant qu'on ne songe à les supprimer de nos vies. Les gens sont tout à fait capables de se mobiliser contre une nouvelle source d'énergie qui aggrave le changement climatique, mais non contre les voitures, les avions et les centrales qui sont déjà profondément ancrés dans leur vie.

Selon Slovic, les phénomènes climatiques extrêmes, y compris les très visibles comme les ouragans Katrina et Sandy, font également partie d'un mode de vie assimilé – notre statu quo –, de telle sorte que nous sommes amenés à les accepter plutôt qu'à y résister. Il ajoute que ces phénomènes nous semblent familiers et que nous sommes habitués (dans les pays développés, en tout cas) à les considérer comme gérables. "Même lorsque c'est à nous que ça arrive, la tempête finit toujours par s'apaiser. On regarde par la fenêtre et, oh, quelle belle journée !" Comme je l'ai constaté à Bastrop et dans le New Jersey, les populations sont d'abord traumatisées, puis elles relèvent la tête et se concentrent sur la reconstruction et l'avenir.

En linguistique, le terme "faux ami" est utilisé pour parler du piège que nous tendent les mots qui se ressemblent mais qui n'ont pas du tout le même sens – n'importe quel Français qui se rend au Québec ouvrira des yeux ronds en voyant ce qu'on lui apporte s'il demande dans un magasin des mitaines, des espadrilles ou un foulard. La langue employée pour parler du changement climatique est pleine de faux amis et, comme je le montrerai, les malentendus sur les termes scientifiques sont infinis lorsqu'on les utilise dans un cadre plus général. Mais la météo est elle aussi une sorte de faux ami : elle nous est familière, et nous pouvons nous fonder (parfois à tort) sur de nombreuses expériences récentes pour juger de son évolution.

Selon Paul Slovic, le troisième gros problème du changement climatique, c'est que nous avons du mal à nous le représenter. "Avec des menaces aussi visuellement impressionnantes que le terrorisme après les attentats du 11 Septembre, on perd tout sens des proportions et on réagit avec force à des probabilités très faibles. Le biais de disponibilité, qui s'appuie sur le vécu récent, maintient la menace au premier plan, et l'incertitude quant à la date du prochain attentat ne diminue en rien cette peur : elle l'amplifie."

Mais le changement climatique n'est pas ainsi stigmatisé, et les phénomènes météorologiques extrêmes nous sont dans une certaine mesure familiers. C'est pourquoi l'incertitude concernant ses effets n'instille pas un sentiment de crainte ; d'une certaine manière, dit Slovic, il "donne la marge de manœuvre nécessaire pour vous laisser croire ce que vous avez envie de croire".

Croire ce que vous avez envie de croire ? C'est une phrase révélatrice. Même si le changement climatique correspond à nombre des caractéristiques du risque craint et du risque inconnu, il ne donne pas le *sentiment* d'être effrayant, à moins que vous ne *choisissiez* délibérément de le voir ainsi. Si vous êtes déjà enclin (par vos valeurs, vos opinions politiques ou votre groupe social) à le percevoir comme un danger, alors il apparaît comme une menace de taille. Sinon, l'importance qui lui est accordée semble exagérée. Une fois encore, la perception du changement climatique est déterminée par l'angle social sous lequel il est observé et, une fois encore, c'est l'un de ses puissants aspects, qui tend à diviser les gens.

12

DES COÛTS INCERTAINS À LONG TERME

Pourquoi nos biais cognitifs font barrage au changement climatique

“Ce n’est sans doute pas ce que vous avez envie d’entendre, me déclare Daniel Kahneman. Je suis vraiment désolé, mais mon pessimisme est total. Je ne vois aucune manière de réussir à régler le problème du changement climatique.”

Je le rassure : c’est tout à fait ce que j’ai envie d’entendre, et c’est même la raison pour laquelle je suis venu lui parler. Après tout, Kahneman a reçu un prix Nobel pour ses travaux précurseurs sur la psychologie de la prise de décision, et son best-seller, *Système 1 / Système 2 : les deux vitesses de la pensée*[1], a eu une influence majeure sur ma propre réflexion.

Dans notre café bondé en plein New York, le bruit de fond est presque insupportable et Kahneman me livre sa théorie en lâchant quelques phrases ici et là, entre deux cuillerées d’une soupe à la tomate servie dans un bol qui me paraît sans fond. Petit à petit, il énumère méticuleusement les raisons qui, selon lui, font du changement climatique un problème sans solution, qui ne dispose pas des caractéristiques nécessaires pour mobiliser efficacement le sentiment de menace.

Ses préoccupations se déploient en trois volets. Premièrement, le changement climatique manque de poids – ce qu’il veut dire par là, c’est qu’il n’a pas les qualités qui le signalent comme quelque chose d’important ou digne d’attention. Tout comme Daniel Gilbert, Kahneman pense que les menaces pesant le plus dans la balance sont celles qui sont concrètes, immédiates et irréfutables, par exemple une voiture dont le conducteur aurait perdu le contrôle et qui se dirige droit sur vous. En comparaison, le changement climatique est, dit-il, abstrait, distant, invisible et contesté.

Le deuxième problème, c’est que chercher des solutions au changement climatique implique d’accepter certains coûts et certaines baisses à court terme du niveau de vie, afin de réduire des pertes plus importantes mais incertaines, qui se manifesteront peut-être

1. Traduit en français par Raymond Clarinard, Flammarion, 2012. *(N.d.T.)*

dans longtemps. C'est un mélange qui, il en a bien peur, est extraordinairement difficile à accepter.

Le troisième, c'est que les informations sur le changement climatique ont l'air incertaines et contestées. Aussi longtemps que ce sera le cas, "les gens le verront comme un match nul, même s'il y a d'un côté l'Académie nationale et de l'autre une poignée d'hurluberlus".

"En résumé, dit Kahneman, je suis extrêmement sceptique à l'idée que l'homme soit capable de faire face au changement climatique. Pour mobiliser les gens, il faut que la question revête un aspect émotionnel. Elle doit être immédiate et faire le poids. Une menace distante, abstraite et contestée n'a tout simplement pas les caractéristiques nécessaires pour mobiliser sérieusement l'opinion publique."

Cette combinaison de prises de décision à court et à long terme dans des conditions d'incertitude est l'essence de toutes les recherches de Kahneman. Au cours de ses vingt années de collaboration avec le psychologue Amos Tversky, Kahneman s'est inscrit en faux contre l'hypothèse économique dominante, l'utilitarisme, selon laquelle les choix sont faits après une évaluation rationnelle des avantages futurs.

Ils ont affirmé que nos décisions sont plus susceptibles d'être orientées par un ensemble de raccourcis mentaux bien assimilés et largement intuitifs : nos biais cognitifs. Ces biais nous aident à passer les nouvelles informations au filtre de nos expériences, nous permettant de décider quels chemins suivre et lesquels éviter. Ce sont des outils inestimables lorsqu'il s'agit de prendre des décisions au quotidien, mais ils peuvent être à l'origine de graves erreurs systématiques lorsqu'on les met à l'œuvre pour des décisions complexes. Kahneman et Tversky ont constaté que les gens ont une aversion particulière pour la perte plutôt qu'une appétence des gains, sont beaucoup plus sensibles aux coûts à court terme qu'à ceux à long terme, et privilégient tout ce qui est certain.

Kahneman voit le changement climatique comme un mélange presque parfait de ces biais. Une question devient problématique si elle ne porte que sur des pertes et non sur des gains. Et elle est problématique si ces pertes sont à long terme et non à court terme. Et elle est problématique si elle apparaît globalement incertaine. Le changement climatique est une fusion parfaite de ces trois facteurs, que j'examinerai un à un dans les chapitres suivants.

Je lui demande si une meilleure compréhension de ces barrières cognitives nous permettrait de les renverser – après tout, c'est en partie avec cet espoir que j'écris ce livre. Kahneman reste silencieux le temps d'avaler avec lenteur une nouvelle cuillerée de soupe. "Eh bien, finit-il par dire, je ne suis pas vraiment optimiste à ce sujet non plus. Peu importent les efforts de sensibilisation psychologique faits en ce sens, les gens ne sont pas prêts à voir baisser leur niveau de vie. En un mot : il n'y a pas beaucoup d'espoir. Je suis foncièrement pessimiste. Je suis désolé."

13

EUX, LÀ-BAS, DANS LONGTEMPS

Comment nous écartons loin de nous la question climatique

Les hommes politiques décrivent souvent le changement climatique comme un problème à long terme, une menace pour les générations futures. Dans son allocution sur la politique climatique des États-Unis en juin 2013, Obama a parlé de l'*avenir* dont nous sommes les gardiens, de l'*avenir* pour lequel nous devons nous battre, de l'*avenir* vers lequel nous tourner, du fait qu'il ne fallait pas craindre l'*avenir* mais accueillir à bras ouverts un *avenir* énergétiquement durable. Christine Lagarde, directrice générale du Fonds monétaire international, est plus brutale. Elle qui vient d'un pays où la gastronomie est reine n'hésite pas à dire que les générations futures risquent d'être "rôties, toastées, grillées, frites".

Le public perçoit le changement climatique de la même manière. Dans les enquêtes, lorsqu'on demande aux gens s'ils pensent que le dérèglement climatique les affectera eux ou les générations futures, on obtient une réponse révélatrice. La grande majorité des Américains et des Britanniques (les deux tiers environ) livrent le même verdict : ils ne seront pas personnellement touchés. Et une large majorité (souvent les mêmes proportions) juge que le dérèglement climatique aura des incidences sur les générations futures.

Le temps explique aussi le poids du problème. C'est une caractéristique innée de notre catégorisation mentale : nous définissons les choses en fonction de leur proximité, donnant la priorité aux éléments qui nous affectent nous, ici et maintenant, et écartant ceux qui affectent les autres, là-bas et dans longtemps. Des expériences ont montré que nous avons tendance à accentuer ce biais en choisissant délibérément de considérer un phénomène qui est lointain par un aspect comme lointain aussi à d'autres égards.

Ainsi, la perception du risque entraîné par le changement climatique augmente à mesure qu'augmente la distance à laquelle se trouvent ses victimes. À chaque cran, la menace se fait plus palpable : d'abord pour les autres membres de notre famille, puis pour notre communauté, puis pour nos compatriotes, puis pour les autres populations des pays riches, puis pour les populations pauvres, puis pour les autres espèces, et finalement – la catégorie la plus distante de toutes – pour les générations futures.

Cette tendance à se distancier des incidences potentielles fonctionne très bien avec un autre biais identifié par Daniel Kahneman et Amos Tversky : la tendance que nous avons à estimer que nous courons moins de risques que les autres. Le *biais de l'optimisme*, comme ils l'appellent, a été observé dans des situations très variées : nous estimons que les autres fumeurs risquent davantage d'avoir une attaque cardiaque que nous, qu'il y a plus de délits dans les autres quartiers, que les autres conducteurs sont plus susceptibles d'avoir un accident, et, comme je l'ai déjà évoqué, que le prochain gros ouragan passera ailleurs.

Ce biais s'applique également à l'environnement. Une croyance quasi universelle veut que l'environnement soit en meilleur état là où nous habitons – ainsi, une étude réalisée dans dix-huit pays a montré que les habitants de seize d'entre eux étaient persuadés qu'ils bénéficiaient de meilleures conditions environnementales que les autres.

Le dérèglement climatique se caractérise par d'autres problèmes d'échéances. Daniel Kahneman soutient que, lorsque les impacts surviennent par intervalle – comme les cycles économiques –, le biais de disponibilité mène les gens à ne retenir que l'événement le plus récent et à ne pas voir la tendance plus générale. Comme Slovic, Kahneman est préoccupé par le fait que chaque phénomène météorologique extrême successif est intégré à notre statu quo et devient la nouvelle référence par rapport à laquelle nous mesurons le changement. Une vague de chaleur ou une inondation sera ainsi jugée par rapport au niveau de la précédente vague de chaleur ou inondation, et nous pouvons ne pas voir l'évolution du barème global sur le long terme.

C'est pourquoi des problèmes moins graves mais qui ont un impact unique exceptionnel à un moment prévu peuvent concentrer un niveau d'attention bien plus élevé. Prenez par exemple une menace qui combine une cause technologique inédite (ce que Paul Slovic appellerait un risque inconnu) avec une échéance précise et extrêmement symbolique : l'effondrement anticipé des systèmes informatiques dans le monde entier au moment du passage à l'an 2000.

Je me rappelle parfaitement la devanture de ma librairie locale, avec son étalage foisonnant de livres opportunistes mettant en garde contre l'effondrement social prochain lié à la "bombe informatique temporelle de l'an 2000", après quoi l'ordre public serait ébranlé, des hordes affamées arpenteraient les rues et, comme le prétendait la militante antinucléaire Helen Caldicott, des lancements accidentels de missiles déboucheraient sur un Armageddon.

Et, bien sûr, rien ne se passa, ni aux États-Unis, où 134 milliards de dollars avaient été déversés dans les bourses d'analystes et de programmateurs informatiques, ni en Corée du Sud, en Italie ou en Ukraine, pays qui n'avaient pris aucune disposition particulière. Le 1er janvier, il n'y eut rien d'autre à signaler que la confusion temporaire de quelques machines à sous et caisses enregistreuses.

Les militants marchent sur une corde raide lorsqu'on parle de l'échéance du changement climatique, qui n'interpelle personne, et s'efforcent de lui donner le même sentiment d'urgence mobilisateur et le même symbolisme que le passage à l'an 2000. En 1947, le *Bulletin of Atomic Scientists* avait eu l'idée novatrice de créer l'horloge de la fin du monde, qui est toujours sur le point d'atteindre minuit (la fin du monde), afin de symboliser les risques qui pèsent sur l'humanité en raison des armes nucléaires. En 2012, les aiguilles furent avancées à minuit moins cinq en reconnaissance de la catastrophe climatique à venir et, l'année suivante, Rajendra Pachauri, président du GIEC, annonçait la parution de son dernier rapport avec ces mots : "Il ne nous reste que cinq minutes avant minuit."

Les campagnes écologistes autour du changement climatique fabriquent elles aussi des délais pour créer l'urgence. En 1990, alors que j'étais stagiaire dans les bureaux enfumés du magazine *The*

Ecologist, le personnel éditorial préparait un nouveau livre mettant en garde contre l'anéantissement de notre environnement, intitulé *5 000 jours pour sauver la planète*. L'échéance arriva l'année où le groupe de réflexion britannique Institute for Public Policy Research annonçait son propre compte à rebours dans un rapport nommé *Dix ans pour sauver la planète*.

Et, depuis, le témoin passe de main en main. En 2007, une équipe de célébrités de tous pays, unies sous la bannière de Global Cool, affirmait qu'il nous restait dix ans pour "sauver la planète". La même année, le World Wildlife Fund (WWF) présageait que les cinq prochaines années constitueraient "une petite fenêtre de temps pendant laquelle nous pourr[i]ons planter les graines du changement". Chaque nouvelle conférence sur le climat fournit une nouvelle échéance, et je reçois d'ores et déjà des appels à l'action dans le cadre de la préparation de la conférence de Paris en 2015, qui me disent combien de mois il nous reste pour sauver le monde.

En 2008, la fondation New Economics, basée à Londres, lança la campagne *100 mois pour sauver le monde*. Le prince Charles devint un fervent défenseur de ce compte à rebours, déclarant peu après, depuis sa modeste garçonnière du palais Saint James, que nous n'avions plus que quatre-vingt-seize mois pour inverser la courbe de ce qu'il appelle le "consumérisme sans âme" et que "le temps du confort" était révolu.

Mais il ne l'est pas du tout. Charles n'utilise peut-être plus que des voitures qui roulent à l'éthanol issu de vin mais, sous tous les autres aspects, sa vie ne semble pas avoir changé d'un iota. J'ai demandé Andrew Simms, l'inventeur de ce slogan de campagne, ce qu'il va se passer en 2016 lorsque, comme le dit Slovic, nous ouvrirons grandes nos fenêtres et que ce sera une belle journée. "Bien sûr, dit Simms, nous n'avons jamais dit que le ciel s'embraserait et que toutes les forêts brûleraient. Ce qui se passe, c'est qu'il est de plus en plus probable que nous franchissions un certain seuil et que le point de non-retour soit atteint."

Voilà où est le problème. Sans explication, l'échéance semble arbitraire et imposée. Mais, dès qu'on en fournit une, la campagne s'abîme de nouveau dans le nœud de probabilités, d'incertitudes et d'analyses des pertes et des gains qu'elle cherchait initialement à éviter. Personne n'ira défiler sous une bannière où serait écrit "100 mois avant que le risque de subir les conséquences devienne plus probable", surtout si l'on tient compte du fait que la plupart des experts estiment que le seuil est déjà franchi.

Mais, si le changement climatique n'a pas d'échéance évidente, il est encore possible que l'anticipation d'une menace future nous motive et nous permette de vaincre notre prédisposition à ne pas tenir compte de l'avenir.

Ces vingt dernières années, George Loewenstein, professeur de psychologie à l'université Carnegie-Mellon, a étudié les effets de l'anticipation sur notre comportement face aux pertes futures. L'anticipation impatiente est, selon lui, extrêmement motivante. Il admet que nous avons tendance à ne pas tenir compte de l'avenir, mais affirme qu'il est "facile d'exagérer son importance". Ses recherches indiquent que l'effet d'anticipation est susceptible d'être d'autant plus puissant dans le cas où, comme avec le changement climatique, les personnes anticipent une dégradation de la situation, ce qu'il appelle une *decline sequence* (séquence descendante).

Par exemple, l'anticipation est un facteur majeur de la peur d'une guerre nucléaire, autre problème dont les conséquences sont très incertaines. Les spécialistes du risque parlent de la valeur indicative des incidents individuels, comme les accidents nucléaires, qui laissent présager une catastrophe future. Dans ce sens, les phénomènes météorologiques extrêmes sont autant d'événements indicatifs qui alimentent l'anticipation des pertes futures, ce qui explique pourquoi les catastrophes naturelles liées au climat peuvent accentuer l'inquiétude chez les personnes prédisposées à accepter la menace que représente le dérèglement climatique.

Cependant, et Loewenstein insiste sur ce point, notre réaction instinctive sera toujours d'atténuer la peur, même si cela implique d'éviter le problème lui-même. Selon lui, la frontière entre ne pas croire à l'existence du problème et le craindre au point d'être paralysé est extrêmement mince. C'est ainsi que, "d'un point de vue psychologique, le nœud du problème, la question principale, est notre capacité à fabriquer nos propres arguments, susceptibles d'entraver la réaction de peur". Parmi ces arguments, on retrouve notre capacité à, comme le dit Slovic, "croire ce que nous avons envie de croire".

Il est donc légitime de se poser la question suivante : étant donné notre capacité à construire délibérément un récit qui puisse estomper notre sentiment de crainte, le changement climatique est-il réellement un problème distant qui se posera aux générations futures, ou en avons-nous simplement décidé ainsi ?

La climatologie n'est en tout cas pas nouvelle. Les recherches scientifiques sur l'effet de serre remontent aux théories de Joseph Fourier, en 1824. C'est en 1896 que le chimiste suédois Svante Arrhenius calcula pour la première fois les effets qu'aurait un doublement des quantités de dioxyde de carbone sur les températures mondiales. Il estima ainsi qu'elles augmenteraient de cinq à six degrés, ce qui correspond tout à fait aux projections mesurées avec inquiétude par les climatologues à l'aide des puissants modèles informatiques actuels.

Le changement climatique en tant que préoccupation politique n'a rien de nouveau non plus. La première mise en garde politique majeure émana du comité consultatif scientifique du président américain Lyndon B. Johnson, en 1965, qui avertit que l'augmentation constante de CO_2 dans l'atmosphère pourrait en "modifier le bilan thermique". En 1992, toutes les nations du monde signèrent la Convention-cadre des Nations unies sur les changements climatiques, et une génération entière a grandi dans son sillage.

D'ailleurs, les incidences du changement climatique ne se situent pas vraiment dans le futur. À l'heure où j'écris ces lignes, les températures moyennes sont au-delà des normales pour le 350e mois consécutif. Certes, les températures varient d'une année à l'autre, mais la tendance saute aux yeux.

Les scientifiques soulignent cependant l'importance de la variabilité naturelle des systèmes climatiques et ne sont sûrs de leurs modèles qu'à un horizon temporel qui se situe bien au-delà des préoccupations immédiates de la plupart des gens – typiquement, 2050, une date qui, selon le constat des chercheurs, est suffisamment éloignée pour être "presque hypothétique" aux yeux du public.

Les hommes politiques saisissent volontiers cette opportunité qui leur permet de repousser les décisions difficiles aussi loin que possible. Les gouvernements occidentaux, notamment, ont toujours le désir de se projeter dans l'avenir et n'ont aucune envie de rappeler le rôle qu'ils ont joué dans les deux cents dernières années d'émissions provoquées par la croissance industrielle et le défrichage des terres.

Ainsi, le changement climatique est un problème qui se posera dans le futur. Mais c'est aussi un problème passé et un problème présent. La meilleure manière de l'envisager, c'est sous la forme d'un processus de détérioration au long cours, appelé par certains psychologues un "problème insidieux". Parce qu'il n'y a pas d'évidence en ce qui concerne son début, sa fin ou ses échéances, nous créons notre propre chronologie. Nous le faisons, et ce n'est guère surprenant, de manière à éviter de devoir passer à l'action. Nous choisissons un historique proche, qui donne l'impression que le changement climatique a toujours existé, mais qui ne remonte pas assez loin pour que nous nous sentions responsables des émissions passées. Nous le rendons suffisamment actuel pour accepter le fait qu'il faut prendre des mesures, mais aussi suffisamment lointain pour que le passage à l'action ne soit pas urgent.

14

ESTIMER LE COÛT DE LA TERRE

Pourquoi nous voulons dans le même temps gagner le monde et perdre la vie

Les arguments qui gravitent autour du changement climatique se fondent toujours sur les coûts à court terme et à long terme. Ceux qui plaident pour l'action tendent à mettre en avant les coûts à long terme de l'inaction et, à l'image des groupes de protection de la santé, soulignent les avantages économiques immédiats de la transition vers une économie durable. Leurs opposants jouent le même jeu avec les règles inverses, exagérant les coûts à court terme et le douloureux effondrement du statu quo tout en minimisant les coûts à long terme du changement climatique, ou en niant carrément l'existence du problème.

Lorsque la question est apparue au début des années 1990, les arguments en faveur d'une action politique étaient souvent formulés dans le vocabulaire des analyses de rentabilité. Rétrospectivement, ces arguments semblent trop rationnels, presque délibérément dépourvus de tout élément émotionnel ou éthique. Un rapport majeur datant de 1993 affirme qu'"une comparaison entre les coûts de la réduction des émissions de gaz à effet de serre et les avantages permis si l'on évite le réchauffement est l'épine dorsale d'une réponse économiquement rationnelle à l'effet de serre". Un autre, publié à la même époque par la British Royal Society, défend "un niveau de sécurité optimal auquel le coût induit par toute réduction supplémentaire [des émissions] est égal à ses bénéfices mais ne va pas au-delà".

En 2006, Nicholas Stern, ancien chef économiste de la Banque mondiale, écrivit un rapport capital sur l'économie du changement climatique, qui déclare fournir une évaluation économique équilibrée (bien que ses détracteurs la réfutent) des coûts à court et à long terme du dérèglement climatique. Des sept cents pages d'analyse dense qui forment son rapport, Stern tire un constat clé : réduire les émissions de gaz à effet de serre à l'origine du changement climatique nous coûtera environ 1 % de notre revenu annuel des cinquante prochaines années. Cependant, prévient-il, si nous ne les réduisons pas, les phénomènes climatiques extrêmes nous coûteront 5 à 20 % de ce revenu annuel – et ce pour une durée indéterminée.

Cet argument devrait suffire pour nous convaincre de la nécessité de mesures immédiates, et ce serait le cas si nous évaluions les coûts et les bénéfices de la même manière. Mais les études de Daniel Kahneman ont montré que nous sommes bien plus disposés à prendre des risques sur les pertes que sur les gains éventuels, surtout si les pertes sont subies dans un avenir lointain.

Par exemple, pour paraphraser l'une des expériences de Kahneman, imaginez que l'on vous donne 900 dollars, puis que l'on vous propose un pari : vous avez 90 % de chances de voir cette somme augmenter de 100 dollars, mais 10 % de chances de perdre la totalité de la somme. Prendriez-vous ce risque ? La majorité des gens répondent par la négative. Imaginez en revanche que vous deviez 900 dollars. Seriez-vous prêts à accepter un pari qui vous donne 90 % de chances d'être entièrement débarrassé de votre dette, mais avec 10 % de chances de devoir, au bout du compte, payer 1 000 dollars ? Cette option semble plus tentante, alors qu'il s'agit exactement du même cas de figure. La grande majorité des sondés accepteraient le pari.

Des études ont également montré que nous donnons la priorité au court terme sur le long terme et que nous actualisons l'avenir – dans le sens économique de l'actualisation, c'est-à-dire une "dépréciation de la valeur au fil du temps". Lorsque les résultats sur différentes échelles de temps sont représentés sur un graphique, la courbe qui se dessine est hyperbolique, c'est-à-dire que le sentiment de perte relative est plus aigu dans l'avenir proche et qu'il s'estompe avec le temps. Ce phénomène porte le nom d'*hyperbolic discounting* (escompte ou actualisation hyperbolique).

On peut appliquer ces études au changement climatique : elles confirment, comme le craint Kahneman, que les gens sont disposés à éviter une diminution à court terme de leur niveau de vie et à prendre le risque de payer les coûts potentiellement supérieurs mais incertains qui pourraient apparaître à plus long terme.

Comme le prévoit le modèle de l'actualisation hyperbolique, les gouvernements se sont montrés extrêmement frileux pour ce qui est d'engager des frais sur le court terme, mais tout à fait prêts à accepter les coûts bien plus importants susceptibles de se présenter à l'avenir. Les gouvernements de l'Union européenne, de l'État de Californie et de la province de Colombie-Britannique (Canada) se sont tous fixé comme cible à long terme de réduire les émissions de 80 % en quarante ans. Jusque-là, ils ont atteint une maigre réduction de 0,5 % par an.

Les mesures de plus grande ampleur, celles qui pourraient permettre d'atteindre cette cible, sont placées bien plus loin sur la pente vertigineuse de l'indifférence hyperbolique, bien au chaud et toujours hors de portée : bientôt, mais pas tout de suite et, comme les sceptiques se plaisent à le faire remarquer, dans un flou remarquablement dense pour ce qui est de leur coût. La plupart des mesures les plus récentes concernant le changement climatique n'ont fait que tourner en rond, ce que l'Académie nationale des sciences aux États-Unis appelle la "stratégie du sur-place".

Il est évident que les analyses rationnelles de rentabilité ne donnent pas une impression de menace et n'incitent pas les responsables politiques à agir. Elles les encourageraient plutôt à prendre des risques. Lorsque Nicholas Stern, dans son rapport, leur propose de choisir entre une diminution certaine de 1 % de notre revenu maintenant ou une diminution de 5 à 20 % plus tard, on en retire l'impression étrange d'être dans l'une des expériences de Daniel Kahneman sur l'actualisation temporelle.

De plus, les politiciens et les chefs d'entreprise expérimentés ont l'habitude de prendre sans cesse des risques et doivent leur réussite à la chance (bien qu'ils préfèrent l'attribuer à leur talent). Demander à ces gens de faire un pari sur l'avenir, c'est comme proposer à un alcoolique de se servir un verre.

Mais la question la plus importante lorsqu'on essaie de comprendre pourquoi les gens rechignent tant à accepter le changement climatique consiste à déterminer si les êtres humains sont *naturellement* disposés à écarter toute menace qui exige d'eux des sacrifices pour éviter des pertes plus grandes, mais plus incertaines et à long terme.

Ce n'est évidemment pas toujours le cas. Chaque année, les entreprises et les citoyens versent plus de 4 300 milliards de dollars aux assurances pour se protéger de risques futurs tout à fait incertains. L'année où frappa l'ouragan Sandy, les versements pour dommages causés par des événements climatiques grimpèrent en flèche jusqu'à atteindre un montant record de 44 milliards de dollars, sans compter les 21 milliards supplémentaires payés par le programme américain d'assurance en cas d'inondation.

La défense militaire entraîne des coûts plus considérables encore. Chaque année, les gouvernements du monde entier dépensent 1 700 milliards de dollars pour leurs armées afin de, disent-ils, protéger les citoyens contre des menaces parfaitement incertaines et bien mal définies. Depuis 2001, les politiciens américains ont approuvé 300 milliards de dollars de dépenses publiques pour défendre les États-Unis contre de nouveaux attentats terroristes. Cette prodigalité en réaction à un risque incertain et totalement impossible à quantifier est soutenue par la vaste majorité des Américains, y compris par ceux qui s'opposeraient avec véhémence à des dépenses publiques dans d'autres domaines.

Nous constatons de nouveau ici que les biais cognitifs qui apparaissent dans les cadres parfaitement contrôlés et artificiels des expériences de psychologie sont, dans la vraie vie, subordonnés à la culture, aux normes sociales et à l'identification à l'endogroupe.

Ajoutons même que, selon un argument plutôt convaincant, les biais qui se révèlent lors des expériences de psychologie cognitive sont eux aussi culturellement déterminés. En effet, les participants à la vaste majorité de ces expériences, qui contribuent à bâtir le modèle des biais cognitifs, sont des étudiants d'université. Si on parle de réactions naturelles face aux risques à long terme, méfions-nous des conclusions tirées des réponses données par des jeunes gens présomptueux, avec une forte tendance à fumer et à boire à l'excès.

Une équipe d'anthropologues de l'université de Colombie-Britannique a donné un nom à ces sujets d'expérience : WEIRD (bizarre), un acronyme provocant désignant les sujets venant de pays occidentaux *(western)*, *é*duqués, *i*ndustrialisés, *r*iches et *d*émocratiques. Ils les décrivent comme un groupe qui n'a rien de représentatif et le qualifient même d'"exotique", digne d'une étude anthropologique à lui seul. Pour prouver leur argument, ces anthropologues ont montré que des expériences de psychologie archétypales donnaient des résultats très différents lorsqu'on les appliquait à d'autres cultures, et ont ainsi demandé qu'on traite "avec précaution les réponses données à des questions sur la nature humaine par cette tranche de l'humanité".

Même dans les pays WEIRD, une disposition culturelle à la planification sur le long terme peut très bien infirmer les biais cognitifs à l'origine de l'actualisation temporelle. Une équipe basée à l'école de commerce de Copenhague n'a récolté que très peu de preuves d'actualisation auprès des participants danois, et quasiment aucun signe de comportement hyperbolique. Ainsi, au Danemark, on constate qu'une culture nationale qui a fait preuve par le passé d'un haut degré de coopération autour d'objectifs communs peut détrôner la disposition naturelle à favoriser les intérêts à court terme.

L'importance du contexte culturel s'applique également à toutes les autres formes d'analyse de rentabilité. Par exemple, la théorie économique la plus courante part du principe que nous évitons tout coût à court terme, même dans le cas où notre action individuelle pourrait éviter des coûts supérieurs à plus long terme pour d'autres.

Thomas Schelling, économiste et lauréat du prix Nobel, raconte cette célèbre anecdote maintes fois reprise : alors qu'il se trouve dans un embouteillage monstre de vacanciers revenant du cap Cod, il se rend compte que c'est un matelas tombé sur une voie qui provoque ce retard. Pourtant, personne ne prend l'initiative de s'arrêter, une fois le matelas dépassé, pour le retirer. "Pour ce que j'en sais, écrit Schelling, il y était peut-être encore le dimanche suivant."

Selon lui, personne n'enlevait le matelas car il n'y avait pas de système visant à récompenser cette action. Très sérieux, il propose un système fondé sur le marché, selon lequel "un de ces hélicoptères qui surveillent la circulation demanderait à chacun des cent conducteurs suivants d'envoyer par la fenêtre, à l'automobiliste qui enlève le matelas, une pièce de 10 centimes".

Schelling applique ensuite le même schéma de pensée aux économies d'énergie. Même si on nous demande instamment de baisser l'intensité des climatiseurs en été pour éviter les pannes de courant, nous ne le faisons pas : nous savons que la réduction que nous permettrions n'est qu'une part infinitésimale de la demande totale et que nous n'avons donc aucun avantage à en retirer. Sans un système de sanctions ou de récompenses, affirme-t-il, nous n'avons aucune raison de commettre des actes altruistes anonymes.

Mais cette théorie ne tient pas dans le cas du Japon en 2011, après l'accident nucléaire de Fukushima Daiichi, qui provoqua une baisse soudaine de la charge électrique de base. Lorsqu'on demanda aux habitants de faire un sacrifice personnel pour éviter les pannes, ils supportèrent volontiers des températures de près de 30 °C à l'intérieur. Sans contrainte ni récompense, les Japonais éteignirent les climatiseurs de leur foyer alors même que personne ne pouvait vérifier leur consommation. Il en résulta une diminution de 20 % de la demande énergétique à Tokyo au cours de l'été.

Ainsi, la tendance à éviter les coûts et à n'agir que dans son propre intérêt (souvent vue comme un obstacle majeur aux mesures de lutte contre le changement climatique) peut être renversée en cas d'appel suffisamment puissant à l'identité de groupe et si la norme sociale est visible. Au Japon, la crise énergétique fut mise en avant par des affiches et des annonces dans tous les médias, et même par d'immenses panneaux placés au-dessus des carrefours majeurs, qui affichaient au quotidien les taux de consommation électrique et les probabilités d'un black-out. Après un tsunami qui avait fait seize mille morts, ce fut le temps d'une unité exceptionnelle, semblable à celle qui se forma aux États-Unis après le 11 Septembre. Les gens cherchent alors activement comment contribuer au niveau individuel, tout comme en temps en guerre, lorsqu'ils font face à un ennemi commun.

Un autre facteur extrêmement important est aussi à l'œuvre : le *choix éclairé*. Au Japon, un tel accent avait été mis sur la pénurie énergétique que les habitants percevaient désormais l'acte d'allumer le climatiseur, d'ordinaire neutre, comme un *choix* moral entre l'intérêt personnel et le bien collectif. Il y a une grande différence entre la manière dont les gens réagissent à un risque qui est accepté comme partie intégrante de leur situation présente (le statu quo) et à un risque présenté comme un choix fait en toute connaissance de cause. Une expérience réalisée par l'économiste Richard Thaler, professeur à l'université de Chicago et fréquent collaborateur de Daniel Kahneman, montre très bien ceci. Imaginez : vous avez été exposé à une maladie mortelle qui a une chance sur mille de vous tuer. Combien paieriez-vous pour vous faire vacciner ? En moyenne, les participants à l'expérience sont prêts à payer 200 dollars pour un vaccin qui supprimerait ce risque faible mais mortel.

Maintenant, imaginez que vous participiez volontairement à une étude médicale sur cette même maladie. Vous devrez vous faire infecter volontairement, avec le même risque (une chance sur mille). Combien vous feriez-vous payer en compensation de ce risque ? Si vous êtes comme moi, vous refuserez tout net de participer à cette expérience. La somme moyenne donnée par ceux qui accepteraient d'être potentiellement infectés tourne autour de 10 000 dollars.

Cette expérience est fréquemment citée pour prouver que les gens sont mieux disposés à accepter un risque s'il est inévitable et qu'il fait partie de leur statu quo. Mais, à mon avis, elle révèle quelque chose de bien plus intéressant sur le rôle d'un choix éclairé et sur l'importance sous-estimée de l'anticipation. Lorsqu'on s'imagine volontaire de l'expérience, on anticipe l'horreur de découvrir qu'on a *choisi*, tout à fait inutilement, une mort prématurée.

On peut tirer de cette expérience d'importantes leçons à l'intention de ceux qui décident des mesures à prendre pour lutter contre le dérèglement climatique. S'il est perçu comme une situation inévitable, à l'instar d'une maladie à laquelle on aurait déjà été exposé, on s'y résigne et, au mieux, on paie une petite somme pour réduire notre exposition à ses incidences futures, tout comme les assurances pour les habitations.

Mais si le changement climatique est vu comme un choix actif, fait en toute connaissance de cause, on a davantage l'impression d'être un volontaire dans une étude médicale. Imaginez par exemple que l'on vous propose un surclassement immédiat de votre niveau de vie actuel, si vous acceptez de transmettre à vos enfants un effondrement irréversible des systèmes climatiques planétaires (si vous avez l'impression de pouvoir affronter cette situation, allez jeter un coup d'œil à la fin de ce livre où j'expose les incidences d'une augmentation de quatre petits degrés, histoire d'avoir à l'esprit ce que je vous propose ici). Quelle somme seriez-vous prêts à accepter pour cela ?

Dès que la problématique est présentée de cette manière, toutes sortes d'autres considérations entrent en jeu – l'anticipation, la peur, la responsabilité, la culpabilité, la honte. Impossible de se percevoir comme un spectateur innocent quand on a, en toute connaissance de cause, accepté de participer au crime.

Le changement climatique, lui, n'est jamais présenté comme un choix. Notre utilisation de l'énergie et du pétrole est automatique ou parfaitement intégrée à notre quotidien. Les politiques gouvernementales, bâties avec prudence, évitent ou mettent délibérément de côté le changement climatique lorsqu'il s'agit de faire des choix. Même ceux qui nient l'existence du dérèglement climatique n'ont jamais préféré la consommation individuelle à court terme à la catastrophe climatique collective à long terme : ils ont tout simplement choisi de croire qu'il n'y avait pas de problème.

Pour moi, ce sont autant d'opportunités d'envisager le changement climatique d'un œil neuf, de trouver de nouvelles manières de combattre l'abrutissante indifférence cognitive face aux pertes futures : parler moins de ce que nous coûte la lutte contre le changement climatique, et parler davantage du troc lamentable qui permet une très légère amélioration de notre mode de vie. Nous devons, à un moment, faire un *choix éclairé*, décider si nous acceptons ou non ce risque, puis la responsabilité de nos torts.

Par-dessus tout, et j'y reviendrai au fil de cet ouvrage, tout indique que nous sommes disposés à accepter un fardeau – même s'il exige des sacrifices à court terme alors que les menaces sont incertaines et à long terme – tant que nous partageons un objectif commun et que nous en sommes récompensés par un sens plus profond d'appartenance sociale.

15

UNE INCERTITUDE CERTAINE

Comment nous utilisons l'incertitude pour justifier notre inaction

Si le changement climatique est autant sous-estimé, ce pourrait bien être (et je le dis avec une certaine certitude) à cause de l'incertitude qui l'entoure. Dans nombre d'expériences, les participants choisissent d'agir dans leur propre intérêt à court terme principalement parce que les conséquences futures sont incertaines.

Les responsables politiques et militants de tous bords comprennent très bien l'importance de l'incertitude pour ce qui est de mobiliser les foules. C'est pourquoi la Convention-cadre des Nations unies sur les changements climatiques énonce clairement, dans son troisième principe, que "l'absence de certitude scientifique absolue ne doit pas servir de prétexte pour différer l'adoption de [...] mesures" visant à atténuer les causes du changement climatique. Et c'est pourquoi George W. Bush a justifié son inaction en la matière en affirmant que "personne ne peut dire avec certitude à partir de quel niveau le réchauffement est dangereux et, par conséquent, quel niveau il convient d'éviter".

La principale source d'incertitude pour le public, en revanche, est clairement liée à l'idée répandue selon laquelle les scientifiques eux-mêmes ne sont pas d'accord entre eux. Aux États-Unis, plus d'un tiers de la population estime que "la plupart des scientifiques ne sont pas certains de la réalité du réchauffement planétaire".

Cette perception erronée est en partie due à la manière dont les médias présentent la question. Ils la qualifient souvent de "contestée" et adoptent un format de débat qui met en présence un climatologue et un rhéteur sorti d'un carnet d'adresses de négationnistes professionnels ouvert au hasard. Mais ce n'est pas tout : l'incertitude provient également des gants qu'enfilent les scientifiques pour présenter leurs conclusions.

Et puis il y a l'incertitude majeure qui plane sur le sens même du mot *incertitude*. La langue précise de la science l'emploie pour mesurer la validité des preuves disponibles et déterminer si elles sont suffisantes pour déboucher sur une conclusion claire. Selon les scientifiques, il est impossible de parvenir à une certitude totale, ce qui pourrait s'avérer préjudiciable, et ils maintiennent que le doute est le fondement même de la méthode scientifique.

Cependant, le public non initié utilise ce mot de manière assez différente, pour mesurer à quel point l'expert est convaincu de ce qu'il dit. Lorsque les scientifiques disent : "Je ne suis *pas certain*", le public entend : "Je ne suis *pas sûr*", et les considère donc comme moins fiables ou moins dignes de confiance. Nous sommes ainsi plus disposés à faire confiance à un expert certain que tel phénomène est improbable qu'à un expert qui n'est pas certain que tel autre est très probable.

La confiance sociale est déterminée par l'aplomb du communicant et se manifeste par le langage du corps, le contact visuel, et une expression claire et assurée. Les scientifiques sont généralement capables de transmettre la confiance qu'ils placent en leurs propres travaux s'ils parviennent à partager leur incertitude de manière résolue. Mais trop souvent ils projettent un manque d'assurance, surtout lorsqu'on les place face à un négationniste professionnel qui passe le plus clair de son temps dans des studios de télévision. Voici par exemple un climatologue éminent sous pression lors d'un débat télévisé en direct contre un célèbre climato-négationniste : "Cela pourrait être catastrophique. On entend toutes sortes d'explications sur les incertitudes, mais ces incertitudes – c'est d'ailleurs l'une des citations du livre [du négationniste], « l'incertitude, c'est l'incertitude ». Eh bien, l'incertitude est à double tranchant."

Plutôt que de parler avec aplomb de ce qu'on sait avec certitude, il parle de manière mal assurée des incertitudes de ce qu'on ne sait pas. Ce qu'il s'efforce de dire, c'est que les incertitudes elles-mêmes sont dangereuses, mais tout ce qu'entend l'auditeur, c'est "je ne sais pas" répété de cinq manières différentes.

Je ne veux pas dire que le changement climatique est incertain mais, comme dans toute question complexe, il y a différentes strates d'assurance dans la manière de le lire. Quelques-uns de ses aspects sont bien connus, bien compris et presque certains. D'autres sont hypothétiques, mal compris et très incertains. Comme le formulait Donald Rumsfeld lorsqu'il était secrétaire à la Défense, il y a ce qu'on sait qu'on sait, ce qu'on sait qu'on ne sait pas, et ce qu'on ne sait pas qu'on ne sait pas[1].

Définir le changement climatique dans sa globalité comme certain ou incertain est par conséquent un choix. Ceux qui veulent que des mesures soient prises insistent sur ce qu'on sait qu'on sait et accentuent le niveau de consensus qui existe là-dessus. Ceux qui veulent maintenir le statu quo, comme la climatologue sceptique Judith Curry, mettent en avant "tout ce qu'on ne sait pas qu'on ne sait pas, qu'on ne sait *a fortiori* même pas comment quantifier".

Cette interprétation du changement climatique comme un phénomène exceptionnellement incertain relève du biais de confirmation et constitue un stratagème narratif bien pratique, au même titre que les arguments voisins qui visent à le faire voir comme un problème qui ne se posera qu'à très long terme ou à ne parler que des pertes inacceptables subies en cas de passage à l'action. Même les plus sceptiques des sceptiques ne peuvent pas, s'ils restent ouverts, étudier cette question sans convenir de l'extrême solidité du noyau scientifique.

En 2008, Richard Muller décida justement d'étudier cette question, jugeant que la climatologie avait besoin d'être remise en cause de manière plus combative et plus *rationnelle* par un œil extérieur.

Qu'on se le dise, Muller aime l'adjectif *rationnel*. Alors que nous sommes tous les deux assis dans un café bondé en face du laboratoire de l'université de Berkeley, en Californie, où il enseigne la physique théorique, il me dit que le Sénat a pris une décision *rationnelle* en rejetant le protocole de Kyoto. Le public sceptique, selon lui,

1. Rumsfeld, pendant l'opération militaire américaine menée en Irak par l'administration Bush après le 11 Septembre, avait déclaré : "Comme nous le savons, il y a des connus connus ; des choses connues comme étant connues. Nous savons aussi qu'il y a des connus inconnus, c'est-à-dire des choses que nous savons que nous ne savons pas. Mais il y a aussi des inconnus inconnus, des choses dont nous ne savons pas que nous ne les savons pas." *(N.d.T.)*

a toujours été beaucoup plus *rationnel* qu'on ne le prétend. Pour quelqu'un qui est émotionnellement très attaché à ses arguments, Muller aime beaucoup parler de rationalité.

Il est aussi extrêmement peu disposé à accepter toute opinion conventionnelle sur le changement climatique : il n'y a, affirme-t-il, aucun phénomène météorologique qui puisse lui être imputé si on le considère sous un angle scientifique ; presque toutes les solutions proposées sont inutiles ; les Nations unies sont "une honte" ; les voitures électriques ne servent qu'à rassurer leurs propriétaires – il établit un parallèle avec "ces gens qui sortent faire de l'exercice puis qui vont s'acheter un milkshake".

Muller a été dégoûté de tout ce discours sur le consensus autour du changement climatique et a formé une petite équipe de recherche afin d'examiner en profondeur (et de manière rationnelle) les liens entre les niveaux de gaz à effet de serre et les données thermiques. Les détracteurs du changement climatique se réjouissaient à l'avance de l'effondrement de l'édifice climatologique qu'il s'apprêtait à provoquer. Les frères millionnaires Koch, ces figures démoniaques brandies à tout bout de champ par les écologistes, que j'ai évoquées un peu plus tôt, ont généreusement financé son étude.

Puis, en juillet 2012, Muller et son équipe publièrent leurs principales conclusions : le réchauffement planétaire existe, et les êtres humains en sont la cause.

Confirmer ce que d'autres scientifiques annonçaient depuis plus de vingt ans n'était pas en soi une grande nouvelle. Le point capital de cette recherche est que, à la suite d'un examen approfondi pourtant réalisé par de fervents sceptiques, il s'est avéré que l'échelle, l'ampleur et la gravité du changement climatique étaient étayées par des arguments substantiels. Le phénomène n'est sans doute pas incontestable – pour Muller, rien n'est incontestable – et il reste largement de quoi alimenter un débat animé, sur les incidences futures ou les solutions à trouver au niveau politique. Mais le problème n'est incertain que si l'on choisit de le voir ainsi.

Ce qu'ont bien évidemment toujours fait les climato-négationnistes. En 2002, Frank Luntz, spécialiste de la communication, prépara ainsi les candidats républicains à la présidentielle : "Si le public en vient à croire que les questions scientifiques sont fondées, son opinion sur le changement climatique changera en conséquence. Vous devez donc continuer à faire de l'absence de certitude scientifique un thème clé du débat."

La perception qu'a la population du changement climatique comme incertain est influencée par l'assurance injustifiée avec laquelle nous parlons de toute autre menace à grande échelle. Personne n'enquête auprès des économistes pour parvenir à un niveau de certitude sur l'idée qu'augmenter la masse monétaire évitera la récession économique, et aucune analyse ne s'attache à définir le niveau de probabilité de la menace nucléaire que fait peser l'Iran. L'utilisation de cette langue de la probabilité dans le domaine du changement climatique crée le spectre de l'incertitude, même lorsque les scientifiques eux-mêmes parviennent à un consensus, ce qui est rare.

Plus étonnant encore, ces mêmes politiciens jouent sur l'incertitude pour justifier les capacités d'intervention des forces armées. Mitt Romney, premier candidat à la présidentielle à nier ouvertement l'existence du changement climatique, justifia l'augmentation des dépenses militaires en affirmant : "Nous ne savons pas ce qui nous attend. Nous devons donc prendre des décisions sur la base de l'incertitude." L'ancien vice-président Dick Cheney, lui aussi fervent climato-négationniste, a déclaré que, "même s'il n'y a que 1 % de chances que des terroristes se procurent des armes de destruction massive, nous devons agir comme si c'était une certitude". Donald Rumsfeld a étayé cet argument par une autre de ses circonlocutions typiques : "Ce n'est pas parce que nous n'avons pas de preuve que quelque chose n'existe pas que c'est une preuve de son inexistence."

À les entendre, 1 % de chances d'un attentat terroriste suffit à prendre des mesures, mais 90 % de chances d'un bouleversement climatique majeur n'est pas suffisant. Dans tous ces arguments, le niveau réel de certitude ou d'incertitude n'a en fait que peu d'influence et n'est invoqué que pour appuyer des décisions orientées par une idéologie politique.

En réalité, les réactions les plus rationnelles et les plus réfléchies face à l'incertitude du changement climatique sont à chercher du côté des stratégistes militaires. Le général Gordon Sullivan, ancien chef d'état-major de l'armée américaine, ne considère absolument pas cette incertitude comme un obstacle à l'action : "Vous ne serez jamais certain à 100 %. Il faut agir sur la base d'informations incomplètes. Parfois sur une simple intuition."

Il est aujourd'hui courant aux États-Unis d'inclure le changement climatique dans la liste des menaces à la sécurité nationale. Le Center for a New American Security, dont le conseil d'administration déborde de généraux et d'amiraux, et compte, notamment, le secrétaire à la Défense, publia en 2013 un rapport confirmant le grave problème que pose le changement climatique pour la sécurité nationale. Comme le déclare le général Chuck Wald, ancien commandant adjoint du Commandement des forces des États-Unis en Europe, "il y a là un problème et l'armée fera partie de la solution".

Sans grande surprise, ce type de remarques met certains observateurs sur le qui-vive. La journaliste et militante de gauche Naomi Klein défend depuis longtemps l'idée que les crises sont exploitées pour centraliser le pouvoir et déstabiliser la démocratie. Elle craint que "le changement climatique [ne soit] la crise la plus importante de toutes et qu'elle [ne soit] exploitée pour militariser nos sociétés, créer des continents forteresses[1]".

Si c'est le cas, alors ce processus a déjà été lancé par les stratégistes militaires qui emploient la langue de l'incertitude pour légitimer une réponse armée. L'incertitude est, tout comme la proximité et le coût, un domaine dans lequel les différents groupes de pression

1. Interview pour *Democracy Now!*, "Naomi Klein on the Shock Doctrine: « My Fear is Climate Change is the Biggest Crisis of All »". *(N.d.É.)*

forgent la langue du changement climatique de manière à la faire correspondre à leurs objectifs propres.

Il est vrai que le public doute du changement climatique parce qu'il le perçoit comme incertain. Et cette perception influence sa disposition à y répondre. Cependant, comme on le voit par comparaison avec les incertitudes bien plus grandes autour d'autres questions clés, la langue de l'incertitude, à l'instar de celle employée pour parler des échéances et des coûts, est manipulée pour soutenir les intérêts de ceux qui s'opposent à l'action ou, dans le cas des militaires, de ceux qui ne désirent qu'une chose : être au cœur de cette action.

16

PATAUGER DANS UN BASSIN D'INQUIÉTUDE

Comment nous choisissons ce à quoi nous ne voulons pas penser

Tous les ans en décembre, John Brockman, agent littéraire, parcourt son carnet d'adresses et demande aux scientifiques et aux auteurs les plus en vue de réfléchir à une question pour les lecteurs du magazine *The New Yorker*. En 2012, la question fut : de quoi devrions-nous nous inquiéter ?

Brian Knutson, psychologue à l'université Stanford, a répondu que ce qui l'inquiétait le plus, c'était l'inquiétude, ou, comme il le dit lui-même, la "méta-inquiétude sur l'inquiétude". Laissez-moi vous avertir, c'est le premier des nombreux "méta-" que vous trouverez dans ce livre.

D'après Knutson, notre tendance à l'inquiétude (et notre propension personnelle à nous inquiéter) a été établie à un niveau optimal au cours de l'évolution car "ceux qui n'étaient pas assez ou pas du tout inquiets mouraient (ou étaient mangés) et ceux qui étaient trop inquiets échouaient à vivre (ou à se reproduire)". Malheureusement, dit-il, nos systèmes d'inquiétude sont totalement inadaptés au changement climatique. Il ne veut pas nous inquiéter davantage, ce qui provoquerait une "hyper-inquiétude", propice à l'immobilisme. Mais il propose en revanche que nous "tournions les aiguilles de nos boussoles à inquiétude dans de nouvelles directions".

Il me semble que la notion d'*inquiétude* est un outil d'analyse plus parlant que le *risque*. Le risque peut être évalué et mesuré, et stimule le cerveau rationnel. Mais lorsqu'on demande aux gens ce qui les inquiète, on obtient de meilleures indications sur leurs perceptions émotionnelles et, comme le suggère Knutson, sur les menaces qu'ils ont choisi de laisser de côté.

Patricia Linville et Gregory Fischer, de l'université Duke, soutiennent que notre capacité à nous inquiéter est limitée et rationnée. Ils lui ont donné le nom de *bassin fini d'inquiétude*. Les places sont chères dans ce bassin, et les médias modernes font tout pour attirer notre attention en créant de nouvelles problématiques à forte charge émotionnelle, qui devraient nous inquiéter. Résultat : un engourdissement émotionnel, déclarent Linville et Fischer, une indifférence protectrice face aux questions qui ne nous touchent pas directement, ce qui a pour effet de rendre plus sévères les critères d'entrée dans le bassin, voire de réduire sa taille.

Alors, où est passée notre inquiétude sur la question du changement climatique ? Après tout, c'est une menace majeure, qui ne fait que croître depuis vingt ans, et qui s'est accompagnée de phénomènes météorologiques extrêmement visibles et dangereux. A-t-il ainsi remporté une place de choix dans le bassin ou, comme le craint Knutson, les détecteurs dont nous a dotés l'évolution refusent-ils de lui accorder un droit d'entrée ?

Ces dix dernières années, Tony Leiserowitz, directeur du projet de Yale sur la communication dans le domaine du changement climatique, et Edward Maibach, directeur du Center for Climate Change Communication de l'université George Mason, ont observé la hausse puis le déclin de l'inquiétude du public à ce sujet. Ils s'efforcent de repérer un signal clair dans toutes ces statistiques car, tout comme les températures et le niveau de la couverture glaciaire, les attitudes du public font l'objet de variations aléatoires, qui peuvent induire en erreur ou dissimuler une tendance plus générale.

La tendance à court terme, elle, est irréfutable. Dans tous les sondages réalisés dans le monde occidental, l'inquiétude des populations sur le changement climatique s'est intensifiée avec constance pendant les années 2000, a atteint son apogée vers 2007, et ne fait plus depuis que descendre, notamment chez les personnes les plus politiquement conservatrices.

Assis dans son bureau lambrissé de chêne, à l'étage du département des sciences forestières et de l'environnement de Yale, j'interroge Leiserowitz sur son interprétation de ce phénomène. Il pense qu'il y a eu une conjoncture de deux facteurs en 2007. Le premier est la crise économique, la plus grave depuis celle des années 1930 : 2007 est l'année de l'éclatement de la bulle immobilière et de l'augmentation du taux de chômage, qui a dépassé les 10 %. L'importance du changement climatique se fait moins ressentir chez ceux qui risquent de perdre leur emploi ou qui voient partout dans les rues les panneaux annonçant des saisies hypothécaires.

Le second facteur a été la disparition quasi totale de la couverture médiatique. Dans les deux ans qui ont suivi la conférence de Copenhague de 2009 sur le climat, le nombre des sujets environnementaux a baissé de deux tiers, et de 90 % dans les journaux du soir. Ce phénomène a été aggravé par le déclin des médias conventionnels, qui s'est traduit par une qualité et une quantité moindres de sujets sur l'environnement.

Si ces facteurs sont pertinents, il faut bien préciser que l'inquiétude du public en ce qui concerne le changement climatique n'a jamais été particulièrement vive. Ces vingt-cinq dernières années, la Gallup Organization, qui réalise de nombreux sondages, a demandé aux gens à quel point ils "s'inquiètent à titre personnel" au sujet d'une série de questions environnementales. Le changement climatique n'a jamais suscité un grand intérêt ; le niveau d'inquiétude vacille entre "un peu" et "assez", après la pollution des eaux et de l'air.

Et encore, c'est la réponse qu'obtiennent les sondeurs lorsqu'ils demandent sans détour quel est le niveau d'inquiétude. À peu près la moitié des Américains savent que, lorsqu'on leur pose la question "À quel point le réchauffement planétaire vous préoccupe-t-il ?", il convient d'indiquer dans sa réponse un certain niveau d'inquiétude. Cependant, si on ne leur pose pas la question directement, ils n'y pensent quasiment pas. Depuis 2001, le Pew Research Center réalise une enquête annuelle auprès de la population pour savoir quelle est la question politique qui, selon elle, devrait être une priorité pour le président. "Contrer le réchauffement planétaire" reste tout en bas de la liste et, si cette réponse est choisie, c'est sans doute uniquement parce qu'elle figure dans les options possibles.

Naturellement, comme le prévoyait Tony Leiserowitz, les questions plus quotidiennes comme l'économie, l'emploi, le terrorisme ou les soins médicaux tiennent toujours le haut du pavé. Mais des questions moins évidentes et à plus long terme, comme le déficit budgétaire, l'influence des groupes de pression ou même la "recherche de solutions au délitement moral" sont également jugées plus urgentes que le changement climatique.

Il est cependant intéressant de constater que tous ces sujets sont des questions sur lesquelles les populations ont un contrôle au niveau personnel. On dit parfois que les gens n'acceptent pas le dérèglement climatique parce qu'ils se sentent impuissants. Ce sentiment d'impuissance peut conduire au désarroi et à la dépression. Certaines études ont montré que les gens cessent de s'intéresser au changement climatique lorsqu'ils se rendent compte qu'il n'existe pas de solution facile pour y remédier.

Mais la question est plus complexe que ça. Après tout, nous n'avons pas de pouvoir à titre individuel sur le terrorisme, la consommation de drogue ou l'économie, mais cela ne nous empêche pas d'en parler et de réclamer que des mesures collectives soient prises. Paradoxalement, par nos émissions, nous participons *davantage*, personnellement, au changement climatique qu'à n'importe lequel de ces autres sujets, même si, comme nous le verrons dans d'autres chapitres, ce constat est à l'origine d'autres problèmes.

Il n'y a pas non plus de raison de supposer que, si on enlevait ces autres questions du bassin d'inquiétude, le changement climatique y trouverait enfin sa place, tout comme rien n'indique que les habitants des pays où les taux de criminalité, de déficits, de chômage ou de pollution des cours d'eau sont plus bas qu'aux États-Unis s'inquiètent proportionnellement davantage du changement climatique.

Le bassin d'inquiétude est une métaphore des processus cognitifs à l'œuvre lorsque nous choisissons ce qui fera l'objet de notre attention et ce que nous décidons d'ignorer. Ces vingt dernières années, nous avons assisté à une augmentation spectaculaire des études sur les processus de l'attention, et les chercheurs s'accordent de plus en plus à dire que ces processus sont essentiels à notre façon de penser, à tous les niveaux.

Selon le sociologue canadien Erving Goffman, nous gérons notre attention au moyen d'un "schéma d'interprétation", auquel il donne également le nom de *cadre*.

Goffman explique que les cadres sont construits à partir de nos valeurs, de notre expérience vécue et des codes sociaux que nous percevons dans notre entourage. Nous décidons des informations auxquelles prêter attention en plaçant ce qui est pertinent, important, familier ou gratifiant à connaître à l'intérieur de ce cadre.

Les cadres sont eux aussi actifs. Ils cherchent, passent en revue et sélectionnent de nouvelles informations. George Lakoff, linguiste cognitif à Berkeley, soutient que les cadres ont une présence physique dans nos cerveaux, une existence concrète dans nos circuits neuronaux et que nous les renforçons en les utilisant. C'est un processus dynamique, insiste-t-il, au cours duquel de nouveaux cadres se construisent en prenant appui sur ceux qui existent déjà afin de former un système cohérent.

Le changement climatique n'est pas un cadre en lui-même, mais il a été encadré, dans le sens où chacun a apposé ses cadres existants sur la question afin de décider si elle était importante et comment y répondre. Tout ce que nous voyons et entendons sur le changement climatique appelle des cadres – responsabilité, résistance, liberté, sciences, droits, pollution, consommation, gaspillage – qui ont chacun leurs propres associations.

Cependant, la nature du cadrage ne se résume pas à choisir à quoi nous accordons notre attention ; il sert également à choisir ce que nous laissons de côté. Les cadres sont semblables au viseur d'une caméra et, lorsque nous faisons le point, nous décidons également de ce qui sera exclu de l'image. Des études laissent penser que notre capacité à choisir ce dont nous ferons abstraction est tout aussi importante pour notre fonctionnement psychologique que notre capacité à choisir ce qui aura notre attention – et c'est cette compétence qui nous permet de faire face à notre environnement urbain moderne, saturé d'informations.

Jusque-là, ce livre a privilégié ce qu'on dit du changement climatique, y compris le débat tapageur et intensément politisé et les arguments sur les coûts, la certitude ou les conséquences du phénomène. Mais il est tout aussi intéressant de se pencher sur ce qu'on ne dit pas, délibérément, et sur ce qui fait que le changement climatique n'est pas simplement marginalisé mais carrément supprimé de toute conscience publique – prenant le soleil sur la pelouse, jamais dans le bassin.

17

N'EN PARLEZ MÊME PAS !

Le champ de force invisible du silence climatique

Je prononce extrêmement souvent les mots “changement climatique” lorsque je parle à des inconnus. Il se peut que j’évoque mon travail ou que j’établisse un lien avec les caprices de la météo ou avec un autre problème qui s’est taillé une place de choix dans leur bassin d’inquiétude. J’adopte toujours une attitude désinvolte et détendue sur ce sujet ; après tout, personne n’a envie de passer un long voyage en train assis à côté d’un fanatique.

Mais, en réalité, peu importe la manière dont je l’aborde, le résultat est toujours le même : les mots deviennent hésitants, plongent et meurent, et la conversation dévie soudain sur un autre sujet. C’est comme découvrir l’existence d’un champ de force invisible qui ne se manifeste que si l’on fonce dessus tête baissée. Peu de gens arrivent à ce point car, sans même qu’on les ait mis en garde, ils savent au fond d’eux que cette thématique est taboue. C’est ainsi que, si leur interlocuteur traverse par inadvertance le champ de force, ils choisissent de parler d’autre chose.

Aux États-Unis, j’ai souvent l’impression que la cordialité qui préside à tout début de dialogue s’évanouit dès lors que les mots “changement climatique” sont lâchés. Si je parle à un couple, l’un des deux poursuivra la conversation (ce serait impoli de ne pas le faire) pendant que l’autre se détournera immédiatement de moi en quête d’une diversion quelconque.

Si on leur pose la question, les deux tiers de la population reconnaissent qu’ils ne parlent jamais ou que rarement de ce sujet, même avec leurs proches et leurs amis. Les femmes en parlent encore moins que les hommes et, en tant que groupe, les jeunes femmes en parlent moins que quiconque, notamment, j’y reviendrai, celles qui ont des enfants. Une autre enquête a révélé qu’un quart des personnes interrogées n’ont jamais ne serait-ce qu’évoqué cette question avec d’autres. Dans la vraie vie, l’histoire la plus puissante sur le changement climatique pourrait bien être la non-histoire d’un silence collectif.

Rien de tout cela ne surprend Eviatar Zerubavel, professeur de sociologie à l’université Rutgers. Zerubavel est expert en sociologie du silence socialement construit, qui, affirme-t-il, fait partie de la communication au même titre que l'oralité, "comme une substance qui emplit les pauses, les lézardes et les fissures de notre discours".

Je demande à Zerubavel comment étudier le silence, comment mesurer quelque chose que personne ne perçoit comme une absence. Il me répond : "Nous n'avons pas du tout parlé des parcs zoologiques. Ce n'est pas parce que nous évitons délibérément le sujet ; c'est simplement qu'il ne s'est pas présenté au fil de notre conversation. Je qualifierai ceci d'*inattention*, parce que nous pouvons aisément justifier le fait que nous n'en ayons pas parlé. En revanche, la *désattention* est quelque chose de très différent. C'est ce qui arrive lorsque nous faisons exprès de ne pas relever une information et sommes incapables d'expliquer ce silence."

"Ainsi, poursuit-il, ce que j'examine, c'est le silence qui entoure ce silence – ce que j'appelle un méta-silence. Le méta-silence, ce n'est pas seulement que nous faisons l'autruche, c'est que nous ne parlons pas du fait que nous n'en parlons pas." Et c'est ainsi, fait remarquer Zerubavel avec une certaine jubilation, que le fait de faire l'autruche nous amène à enfoncer plus loin encore notre tête dans le sable. Nous pouvons supposer ici que cette autruche et l'éléphant sans cavalier du chapitre 10 se sont échappés des zoos dont nous ne parlions pas il y a quelques instants.

Mon ami Mayer Hillman, chercheur au Policy Studies Institute et écologiste convaincu, raconte une anecdote qui illustre ce méta-silence. Il était à table avec d'autres gauchistes à la retraite. Les convives se remémoraient leurs dernières vacances, et Mayer ne put s'empêcher de parler du changement climatique et des incidences de tous ces trajets en avion pour les générations à venir.

Le silence se fit d'un coup. Puis l'une des invités se décida à briser la glace : "Dites donc, cette tarte aux épinards est un délice." Et tout le monde de renchérir avec empressement, ça oui, quel délice ! Mayer raconte qu'ils passèrent les dix minutes suivantes à parler de ladite tarte, des épinards frais et de la recette. Pour reprendre les formules de Zerubavel, cette incapacité à discuter du sujet ou même à verbaliser les raisons de ce déni est un méta-silence.

Zerubavel cite le sociologue Émile Durkheim qui distingue les faits individuels (ce qu'on fait au niveau individuel) et les faits sociaux (les comportements à l'œuvre au niveau collectif). Il ajoute qu'"il est tout à fait pertinent de parler de déni et de silence à propos du changement climatique comme phénomènes opérant à la fois individuellement et, de manière totalement différente, collectivement".

Dans une étude pionnière, Kari Norgaard, maître de conférences en sociologie à l'université de l'Oregon, a entrepris de comprendre comment les habitants d'une petite ville côtière isolée en Norvège faisaient l'expérience du changement climatique. Au cours de ses quarante-six entretiens, Norgaard n'a cessé de se heurter au champ de force invisible du silence que j'ai évoqué plus haut. Plus révélateur encore, parler de cette question mettait souvent un terme au dialogue : "Les personnes interrogées commençaient par se montrer préoccupées, puis nous arrivions à un essoufflement de la conversation, il n'y avait plus grand-chose à dire."

Pourtant, ses interlocuteurs reconnaissaient sans ambages que la météo évoluait de manière extrême. Ils s'inquiétaient notamment de l'ouverture de plus en plus tardive des pistes de ski, composantes essentielles de l'économie locale et de l'identité de la ville, pendant la saison hivernale, et encore, avec l'aide de neige artificielle. Comme je l'ai constaté à Bastrop et dans le New Jersey, même en voyant les preuves de leurs propres yeux, les gens refusaient de parler du changement climatique. Selon Norgaard, ils le considéraient comme une réalité détachée ou, comme l'a formulé l'un des enseignants de la ville, "nous vivons d'une certaine façon et nous pensons d'une autre. Nous apprenons à penser en parallèle. C'est un savoir-faire, un art de vivre."

Les Norvégiens ont d'excellentes raisons de ne pas penser au changement climatique. Leur identité culturelle, explique Norgaard, se fonde sur le mythe d'une nation petite et humble, qui vit modestement et qui est proche de la nature. Les Norvégiens se targuent d'être des citoyens du monde honnêtes et consciencieux, et leur gouvernement se prévaut d'être un chef de file à l'échelle mondiale en ce qui concerne le changement climatique.

La Norvège est en effet un chef de file, mais pas celui qu'elle essaie de nous faire croire. C'est le huitième pays exportateur de pétrole brut au monde, et ses émissions ont augmenté cinq fois plus vite que les limites déjà généreuses allouées au titre du protocole de Kyoto. Tous les Norvégiens ont un intérêt personnel dans cette économie du pétrole, grâce aux 600 milliards de dollars placés dans le Fonds pétrolier national, dont 2 milliards sont aujourd'hui investis dans les sables pétrolifères de l'Alberta. Tout compte fait, la Norvège contribue de manière spectaculaire au dérèglement climatique et, grâce à sa tradition d'égalité, a réparti équitablement cette responsabilité entre tous ses habitants.

Kari Norgaard a constaté que les Norvégiens réagissent à ce conflit intérieur en plaçant le changement climatique en dehors de leurs "normes d'attention", ce qu'elle définit par "les règles sociales qui définissent ce qui est ou non acceptable en tant qu'objet de reconnaissance ou de discussion". Ainsi, les Norvégiens choisissent délibérément de ne pas en savoir trop de manière à maintenir leur statut culturel de citoyens responsables. "« Savoir » ou « ne pas savoir », c'est en soi un acte politique", conclut-elle.

Comme d'autres chercheurs qui remettent en question le déni du changement climatique, Norgaard a découvert bien malgré elle comment ces normes politisées sont contrôlées, et les transgresseurs punis. En 2012, dans un communiqué de presse de l'université de l'Oregon, son étude était décrite comme affirmant que la résistance culturelle devait être "reconnue et corrigée". Ce commentaire désinvolte, qui n'était même pas de la main de Norgaard, fut immédiatement diffusé par Rush Limbaugh et d'autres climato-négationnistes braillards, et donna lieu à un déversement d'insultes et à un harcèlement de masse en ligne. Cette jeune professeure, modeste et compétente, retrouve aujourd'hui sur Internet sa tête photoshopée avec des svastikas sur des corps nus, affublée de grossièretés vicieuses d'un niveau affligeant. Une des vidéos où elle apparaissait était tellement insultante que YouTube fut contraint de la retirer.

Martin Bursik, ancien ministre de l'Environnement de la République tchèque, m'a décrit une distinction semblable entre faits individuels et faits sociaux dans son pays. L'ex-président Václav Klaus niait les données scientifiques mêmes au fondement de la climatologie (c'était d'ailleurs le seul chef d'État au monde à le faire publiquement). Ce déni au faîte de l'État, associé au silence profondément enraciné autour de la pollution provoquée par l'industrie houillère, a contribué à créer un quasi-tabou sur toute discussion publique à ce sujet. Bursik affirme que personne, au sein du gouvernement tchèque, ne serait en mesure de prendre la parole à un événement sur le changement climatique. En privé, 92 % des Tchèques considèrent le dérèglement climatique comme un problème grave ou très grave mais, comme me l'explique Bursik, quarante ans de dictature communiste ont inculqué à la population une certaine prudence vis-à-vis de ce qu'on a le droit de savoir. Il dit que les Tchèques ont appris "à ne pas parler trop fort car les murs ont des oreilles".

Dans ce contexte, il n'est guère surprenant de constater toutes les similitudes entre les mécanismes de déni du changement climatique et le silence socialement construit que l'on observe au sujet des violations des droits humains.

Stanley Cohen, qui était sociologue à la London School of Economics, s'était largement inspiré de son expérience en tant que Sud-Africain juif pour recenser les processus par lesquels des sociétés entières évitent de parler des violations collectives des droits humains. Il a souligné la différence entre l'ignorance (le fait de ne pas savoir), le déni (le refus de savoir) et la dénégation (le choix volontaire de ne pas relever l'information). Sur ce dernier concept, il écrit : "Nous sommes vaguement conscients du fait que nous choisissons de ne pas regarder les faits en face, mais pas vraiment conscients de ce que nous cherchons exactement à éviter[1]." Ainsi, poursuit Cohen, nous remarquons que nos voisins ont disparu au beau milieu de la nuit, ou que des camions à bétail remplis d'êtres humains partent vers l'est et en reviennent vides, mais nous savons aussi de manière intuitive qu'il ne faut pas en parler.

Ces comparaisons sont utiles car elles jettent la lumière sur le comportement humain, mais il nous faut faire preuve de prudence et ne pas appliquer ce passé trop littéralement au changement climatique. Il y avait un réel danger individuel pour toute personne s'opposant à la Gestapo ou au NKVD, alors que, même au sein du Tea Party, le pire qui puisse vous arriver si vous reconnaissez l'existence du changement climatique est de vous retrouver mis un peu à l'écart.

Il est cependant révélateur que des organisations des droits humains, qui devraient être sensibles aux processus de dénégation sociale, mettent autant de temps à reconnaître l'importance du changement climatique, surtout lorsque l'on sait que les analystes du domaine de la sûreté le considèrent comme une force motrice des conflits futurs et des migrations contraintes. En 2006, année de la sortie d'*Une vérité qui dérange*[2], je me suis rendu compte qu'Amnesty International ne parlait pas une seule fois du changement climatique sur son site web. Sur les sites d'autres organisations progressistes majeures, comme Physicians for Human Rights, AFL-CIO, Oxfam America, CARE, World Vision et YWCA, le sujet n'était jamais mentionné plus de cinq fois.

Pour comparer, j'ai recherché sur ces mêmes sites web deux mots témoins qui n'auraient aucune raison de se retrouver là : "âne" et "crème glacée". Sur chacun de ces sites, ces mots qui n'avaient rien à voir avec les missions de ces organisations apparaissaient bien

1. Stanley Cohen, *States of Denial: Knowing about Atrocities and Suffering*, Polity Press, 2013.
2. Documentaire de Davis Guggenheim traitant du changement climatique, basé sur une conférence d'Al Gore. *(N.d.É.)*

plus souvent. Human Rights Watch parlait quatre fois plus d'ânes que de changement climatique. Refugees International employait presque huit fois plus "crème glacée" que "changement climatique".

Les entretiens que j'ai menés avec des responsables de ces organisations ont confirmé qu'ils avaient délibérément placé le changement climatique en dehors de leurs normes d'attention parce qu'ils n'étaient pas sûrs de leurs capacités d'intervention en la matière, n'avaient pas les moyens de faire face à des problèmes émergents incertains ou avaient décidé que c'était un problème environnemental et qu'il n'était donc pas de leur ressort. Ce n'est que récemment, parce qu'ils se sont enfin mis à donner de la voix sur ce sujet, que le changement climatique commence à être reconnu comme un problème capital pour les droits humains.

Les sciences ont aussi leurs propres normes d'attention sur ce qu'elles cherchent ou non à découvrir. Un domaine de recherche qui prend de l'ampleur dernièrement est la "sociologie de l'ignorance", qui étudie le champ du "non-savoir", c'est-à-dire les informations qui, volontairement, ne sont pas relevées parce qu'elles sont vues comme trop sensibles, dangereuses ou taboues.

Des entretiens approfondis menés par Joanna Kempner, de l'université Rutgers, ont montré que les scientifiques perçoivent leur travail comme une quête héroïque du savoir. "Notre boulot, déclare l'un d'eux, est d'étudier la vérité, pas de déterminer si cette vérité est dangereuse ou désagréable à entendre." Et pourtant, alors que tous accueillent volontiers le débat dans leur domaine respectif, ils cherchent aussi à éviter la controverse publique, qui est une perte de temps et menace leurs sources de financement. Et qui aurait envie de devoir affronter les menaces de mort ou les féroces insultes subies par Kari Norgaard ou Michael Mann ? Les scientifiques cherchent à se prémunir contre les idiots et à protéger leur famille, et il est inévitable que leur champ d'étude subisse les conséquences de cette prudence.

L'ignorance est également produite par le processus académique lui-même. À mesure que les universitaires se spécialisent de plus en plus et cloisonnent leurs travaux, il devient plus difficile pour eux d'acquérir des connaissances plus générales. On constate ici un paradoxe ignorance-savoir : la croissance inépuisable du savoir mène à une croissance parallèle de ce qu'on ne sait pas.

Tenant compte de tout ceci, nous ignorons encore beaucoup de choses sur le changement climatique. Comme je m'efforce de le montrer tout au long de cet ouvrage, ceux qui parlent du phénomène essaient constamment de le façonner à leur image, en fonction de leur discipline. Il est cependant nécessaire d'adopter une approche bien plus créative, plus souple, qui prenne également en compte ce qui n'est pas dit ou pas connu. Il n'est guère surprenant que la grande majorité des spécialistes avec lesquels je me suis entretenu pour la rédaction de ce livre soient des pionniers difficiles à catégoriser, à la frontière entre différentes disciplines.

C'est dans cet esprit d'ouverture du changement climatique à de nouvelles perspectives et à de nouvelles remises en question – ce qu'on appelle parfois la *science post-normale* – que l'une des plus grandes agences britanniques de financement de la recherche scientifique m'invita en 2012 à rejoindre son comité d'examen par des pairs. Je supposai que ce serait l'occasion d'en apprendre davantage sur le processus scientifique. L'expérience s'est révélée être une passionnante et magistrale leçon de silence socialement négocié.

Les propositions que nous examinions concernaient pour la plupart les incidences du changement climatique. Pour la plupart. Mais au milieu de ces énormes forêts de photocopies se cachaient parfois de drôles d'oiseaux : des demandes de financement élégamment rédigées par des compagnies pétrolières désireuses d'avoir à leurs côtés des géologues et des géoscientifiques pour les aider à exploiter de nouveaux champs pétrolifères ou gaziers.

Lorsque je demandai quelles étaient les consignes concernant le financement de compagnies pétrolières, seul le silence me répondit.

Personne ne pipa mot. La situation était très gênante, mais je pris une grande inspiration et poursuivis malgré tout : "Si nous faisions partie d'un comité de recherche médicale recevant une proposition de la part de l'industrie du tabac, il me semble que nous en parlerions."

Aucun des grands professeurs siégeant au comité ne sut me répondre. Selon eux, la demande était bien présentée. Ce fut tout. Puis, dans un soupir, le président donna le coup de grâce : "Nous n'allons pas faire fermer les compagnies pétrolières, de toute façon." La demande de financement reçut une réponse favorable, tout comme les suivantes, et le président, de plus en plus bougon, répétait pour chacune : "Les objections de M. Marshall sont notées" sans noter quoi que ce soit.

Eviatar Zerubavel éclate de rire lorsque je lui raconte cette histoire : c'est un cas d'école de méta-silence. J'aurais pu ne rien dire, la situation aurait été la même. Mon séjour au sein du comité fut plaisant. Nous parlions de tout et de rien pendant la pause déjeuner, plus tard pendant la pause thé, et je les quittai en bons termes. Ils n'ont jamais renouvelé leur invitation.

Les hommes politiques et les médias ont eux aussi des cultures internes qui établissent ce qui peut ou ne peut pas être reconnu. Le politologue Joseph P. Overton soutenait qu'il y a une "fenêtre" qui se balance de gauche à droite et qui définit ce qu'il est politiquement possible de dire ou de faire. Selon lui, si les politiciens privilégient une mesure qui se situe en dehors de cette fenêtre, ils doivent s'assurer que la fenêtre se réoriente en conséquence, par exemple en encourageant les pressions extérieures ou, comme le soutient Naomi Klein dans son livre *La Stratégie du choc*[1], en facilitant l'émergence de crises sociales et économiques qui peuvent être utilisées par la suite pour justifier des mesures radicales.

1. Traduit en français par Lori Saint-Martin et Paul Gagné, Actes Sud, 2008. *(N.d.T.)*

Le discours sur le changement climatique fait l'objet de déplacements de ce genre. Les événements extrêmes comme les ouragans Sandy et Katrina ou le typhon Haiyan peuvent réorienter la fenêtre pour favoriser certaines réponses politiques, tout comme, d'après le climatologue Michael Mann, la fuite d'e-mails scientifiques en 2009, combinée à un hiver rigoureux, contribua à décaler la fenêtre en direction d'arguments négationnistes, puis du silence.

Résultat, les politiciens et les militants parlent de moins en moins du dérèglement climatique. Barack Obama n'a prononcé aucun grand discours sur cette thématique au cours de son premier mandat et, pour la première fois en vingt-quatre ans, elle n'a pas été évoquée du tout pendant les débats précédant l'élection présidentielle de 2012. John Kerry, et c'est tout à son honneur, a prononcé un discours enflammé devant le Sénat pour dénoncer le "complot du silence [...] un silence qui permet à la désinformation et aux mensonges de croître là où la science et la vérité devraient l'emporter".

Dans certains États républicains, on s'est mit alors à supprimer systématiquement des politiques toute référence au changement climatique. En Caroline du Nord, les législateurs ont adopté un projet de loi qui interdit l'utilisation de tout modèle climatique pour prévoir l'élévation du niveau des mers. Au Texas, les scientifiques ont dû fomenter une révolte verbale lorsque les politiciens ont essayé d'éradiquer tout renvoi au dérèglement climatique de leur rapport sur l'environnement de la baie de Galveston. En 2013, neuf États ne mentionnaient carrément pas le changement climatique dans leur plan de gestion des risques.

Dans d'autres États républicains, les responsables de la planification ont eu l'autorisation d'élaborer des mesures à long terme pour en [redacted] les incidences, tant que le [redacted] en lui-même n'est jamais reconnu ou évoqué. C'est ainsi que les gouverneurs populistes de la Floride et de l'Arizona, qui remettent en cause [redacted] (Jan Brewer, gouverneure de l'Arizona, a un jour mis un coup de poing à un journaliste qui avait eu la témérité de lui demander si elle “croyait au [redacted]”), se sont retrouvés à charger les autorités de leur État, à tous les échelons, d’intégrer les derniers modèles [redacted] sur la sécheresse et l’élévation du niveau des mers dans leurs travaux de planification à long terme. Comme Harry Potter, ils préparent activement l’arrivée d’une menace dont on ne doit pas prononcer le nom[1].

En mars 2009, tandis qu’une dynamique voyait le jour autour de l’adoption d’un projet de loi nationale, la Maison Blanche fit circuler auprès des organisations américaines de défense de l’environnement un mémo leur demandant d’abandonner le terme “changement climatique” pour parler du projet et d’évoquer plutôt les “emplois verts” et l’“indépendance énergétique”. Le projet de loi lui-même était intitulé : loi sur l’énergie propre et la sécurité énergétique. Bill McKibben fut le seul à élever la voix : “Nous aurons cette loi sur la conscience.”

Nombreuses furent les organisations de protection de l’environnement à conclure que le meilleur moyen de réussir à obtenir une action politique était de se plier à la consigne et de supprimer toute référence au changement climatique. Betsy Taylor, spécialiste en communication environnementale, s’en désole ; selon elle, 2010 fut l’année où “c’est devenu un mantra dans les gros groupes écologistes. Parler du changement climatique est toxique. Certains continuent à le traiter comme un gros mot.”

Un gros mot... Plutôt paradoxal lorsque l’on sait que le tube de cette année-là, encensé à la cérémonie des Grammy Awards, était une chanson pleine d’entrain du rappeur Cee Lo Green, intitulée *Fuck You!* – le pire des gros mots pour les Américains.

La suppression du changement climatique du discours politique eut par la suite un effet sur les médias, ou plus précisément sur la politique éditoriale définissant les domaines sur lesquels les

1. Voilà ce à quoi ressemblerait un texte dans lequel on éliminerait les mots qui ont trait au changement climatique. *(N.d.É.)*

journalistes peuvent ou non enquêter. David Fogarty, ancien correspondant de l'agence Reuters sur le changement climatique en Asie, a déclaré que réussir à faire publier un article portant sur cette question était devenu une "loterie", face à des rédacteurs en chef "angoissés, posant un million de questions, et trop peureux pour prendre une décision". D'autres journalistes dans les pays en développement, incapables de faire accepter leurs articles sur le dérèglement climatique, ont fait état de la même frustration.

En 2010, le *New York Times*, qui se targue de faire partie de la presse internationale et définit la ligne éditoriale d'une bonne partie des médias américains, ne sortit pas un seul article sur le changement climatique. Deux ans plus tard, sur tous les reportages parlant des vagues de chaleur historiques à la télévision américaine, seuls 10 % le mentionnèrent. Il semblerait que le silence médiatique soit une affaire de politique plutôt que de circonstances.

Il n'y a pas de modèle simple pour le silence socialement construit ; il s'agit plutôt d'un autre système de circulation de retours d'information complexes. Le changement climatique ne trouve pas d'ancrage dans les conversations entre collègues, voisins, ou même au sein des amis ou de la famille. On n'en parle pas dans les groupes de discussion qui définissent la communication électorale. Il est contaminé par des valeurs culturelles. Il devient un gros mot nuisible pour les politiciens et les communicants. Il est en grande partie boudé par les médias.

Chaque silence est bâti sur d'autres silences, mais tous ont un fondement commun : la nécessité d'éviter l'angoisse et de nous défendre. D'un point de vue psychanalytique, le déni et l'angoisse sont étroitement liés. Ce qui ne peut pas être assimilé est réprimé. Comme le dit Stanley Cohen en parlant des violations des droits humains, "sans orientation nous indiquant ce à quoi il faut penser (ou ce à quoi il ne faut pas penser), et sans réprimande pour le fait de « savoir » les mauvaises choses, les sociétés parviennent à des conventions non écrites sur ce qui peut être publiquement rappelé et reconnu".

Bien sûr, cette situation peut encore changer. La fenêtre de Joseph Overton semble petit à petit se recadrer, aidée en cela par des événements climatiques très médiatisés. Les mesures de lutte contre le changement climatique ne sont peut-être pas encore le centre des conversations dans les bars de Tulsa, mais elles apparaissent de nouveau dans les bons mots des talk-shows du soir. Les processus qui définissent les normes d'attention ont des effets puissants susceptibles d'accentuer le changement ou au contraire de le réprimer. Au cours de ma vie, j'ai assisté à des évolutions remarquables (et j'espère irréversibles) de l'opinion publique vis-à-vis des questions de racisme, d'homosexualité, de maltraitance des enfants ou de handicap. Mais aucune d'elles ne s'est produite sans une longue lutte animée par des mouvements sociaux, dont la stratégie principale était souvent de faire face à un tabou socialement construit. Les leçons de l'histoire montrent que ce combat peut se solder par une victoire, mais il risque de s'éterniser.

18

UNE NON-TEMPÊTE NON PARFAITE

Pourquoi le changement climatique nous paraît insurmontable

Les psychologues qui travaillent sur la prise de décision qualifient souvent le changement climatique de problème parfait – tellement parfait qu'on pourrait facilement en conclure qu'il ne nous laisse aucune chance.

Selon Tony Leiserowitz, du projet de Yale sur la communication dans le domaine du changement climatique, "il serait presque impossible d'imaginer un problème plus inadapté à notre psychologie de fond". Daniel Gilbert, lui, déclare que le changement climatique "n'a vraiment rien pour lui. Un psychologue n'aurait pas pu rêver de meilleur scénario pour illustrer la paralysie." Et Daniel Kahneman est, on le sait, "foncièrement pessimiste".

En parlant avec les spécialistes d'autres disciplines, je me suis rendu compte que, bizarrement, le changement climatique était aussi, selon leur perspective, le problème parfait. Des économistes comme Nicholas Stern le décrivent comme le "parfait échec du marché", tandis que, pour le philosophe Stephen Gardiner, c'est la "tempête morale parfaite".

Cette idée a été creusée au cours d'une conférence majeure à l'université Yale en 2005, à l'issue de laquelle il a été déclaré que le changement climatique est "presque parfaitement conçu pour mettre à l'épreuve les limites des capacités de réaction de n'importe quelle société moderne – on pourrait même le qualifier de « problème parfait » en raison du caractère unique et intimidant de la confluence de forces qu'il constitue".

Le changement climatique est-il vraiment un problème parfait sous tous les angles ? Ou en a-t-il simplement l'apparence en raison des récits qu'on a construits autour de lui et qui incarnent si parfaitement les intérêts de leurs auteurs ? C'est une question importante, car définir le changement climatique comme le "problème parfait" fait naître des cadres d'impuissance et de désespoir qui alimentent le déni.

En termes de proximité (l'un des obstacles cognitifs les plus importants), le changement climatique est un problème neutre. Il y aura toujours des menaces encore plus distantes dans le temps et l'espace. Non loin de chez moi, dans les Galles centrales, se trouve le Near Earth Object Information Centre, chargé de surveiller les objets extraterrestres qui pourraient entrer en collision avec notre planète. C'est un petit bâtiment en briques tout simple, qui ressemble à un pavillon de maison de retraite. Ce n'est pas surprenant, car le centre est principalement financé par la pension de l'armée de son directeur, le major Jay Tate. Sa petite équipe de bénévoles et lui ne parviennent pas à trouver de vrai financement pour une menace qui n'a rien à voir avec des intérêts privés (comme l'écologiste Bill McKibben se plaît à le dire, impossible de se faire 55 milliards de dollars dans l'industrie de la météorite) et qui est si lointaine, si incertaine, et si improbable pour la plupart des gens que peu la prennent au sérieux.

Excepté, étrangement, les climato-négationnistes. L'un des partisans les plus dévoués de ce centre est Benny Peiser, le directeur du plus gros think tank climato-négationniste de Grande-Bretagne, la Global Warming Policy Foundation. Il y a dix ans, Peiser, qui répète à l'envi que les risques du changement climatique sont exagérés, mettait en garde qui voulait l'entendre contre l'astéroïde NT7, de 1,9 kilomètre de diamètre, qui filait droit vers la Terre. En reconnaissance de son rôle de lanceur d'alerte aux astéroïdes, l'Union astronomique internationale donna son nom à un astéroïde de 10 kilomètres de diamètre : 7107 Peiser figure sur la liste officielle du site web de la NASA. En parallèle, le site de Peiser attaque systématiquement et avec une grande virulence les climatologues de cette même NASA.

Un des autres fervents partisans du centre est Dana Rohrabacher, représentant républicain de Californie, qui travaille d'arrache-pied pour convoquer une séance à la Chambre des représentants sur la protection contre les "objets proches de la Terre", qu'il décrit comme un "danger réel et tangible". Rohrabacher est cependant intimement convaincu que nous n'avons pas besoin de protection contre le changement climatique, qui (il est catégorique à ce sujet) n'est pas causé par le dioxyde de carbone. Il a même plaisanté sur le fait que les variations climatiques de la Préhistoire étaient dues aux “flatulences des dinosaures”.

Quoi qu’ils en disent, ce n’est clairement pas en raison de l’incertitude scientifique ou de l’exagération du danger que les climato-négationnistes remettent en cause la climatologie. On pourrait plutôt penser que leur bassin d’inquiétude a été déplacé par les astéroïdes qui sont tombés dedans.

Ce n’est pas non plus le coût des mesures de lutte contre le changement climatique qui pose problème. Nous avons beau être réticents à modifier notre mode de vie, nous sommes parfaitement capables de nous rappeler à quoi ressemblait le quotidien dans une société qui n’émettait pas autant de carbone et nous savons pertinemment que ce n’était pas si terrible – à certains égards, c’était même mieux. Tous les indices montrent que le bonheur, dans les pays développés, a atteint un pic au début des années 1970, une époque où les Américains prenaient 60 % moins la voiture et 80 % moins l’avion qu’aujourd’hui. Était-ce une mauvaise période ? Les choses les plus importantes, la famille, les amis, la communauté, la foi, la joie, l’excitation, le rire, la passion et la beauté, ne pourraient qu’être accentuées dans une société peu gourmande en énergie. Et le sexe, lui, ne rejette pas de dioxyde de carbone dans l’atmosphère...

Lutter contre le changement climatique est peut-être ardu, mais c’est loin d’être une difficulté cognitive parfaite. En revanche, les problèmes qui n’ont aucun précédent, ou dont rendent compte des sources peu fiables, ou qui ont des incidences sur nos relations avec notre entourage : voilà les vraies difficultés. À la fin du film de science-fiction *L’Invasion des profanateurs de sépultures* (1956), on voit le Dr Miles Bennell, échevelé, qui s’efforce désespérément de convaincre le FBI que des extraterrestres se sont emparés de ses amis et de ses enfants en prenant forme humaine. Ça, ce serait quelque chose de vraiment difficile à croire.

Et pourtant, étrangement, certaines personnes y croient. En 2012, David Icke, un gourou New Age, parvint à remplir le plus grand stade de football de tout le Royaume-Uni le temps d'un monologue de onze heures sur la domination de reptiles humanoïdes venus de la constellation du Dragon. Apparemment, ces "reptoïdes", qui aujourd'hui gouvernent le monde, ont pris forme humaine et on trouve parmi eux Élisabeth II, Al Gore et toute la famille Bush. David Icke décrit le changement climatique comme une "escroquerie monumentale", ce qui montre une nouvelle fois que les gens sont prêts à croire n'importe quoi du moment que ce qui leur est proposé correspond à leur vision du monde.

Avec un peu de recul, de nombreux aspects du changement climatique sont en réalité bien moins décourageants qu'on ne le dit. Ce ne sont pas des raisons de se réjouir, mais des raisons d'être un peu moins abattu.

Par exemple, nous avons beaucoup de chance que le changement climatique ait lieu aujourd'hui, à une époque de paix d'une durée encore inégalée dans le monde développé depuis l'émergence de l'État-nation moderne, et à un moment où nous avons à la fois la technologie, la richesse, l'éducation et la coopération internationale nécessaires pour y faire face. Ce n'est certes pas un moment parfait, mais c'est le meilleur que nous puissions avoir. En outre, les pays qui provoquent le changement climatique vont eux aussi en ressentir les effets. Bien que ce soit une triste nouvelle, elle a un résultat positif : il est de plus en plus probable que ces pays-là, enfin, réagissent. Si ce n'était pas pour défendre leurs propres intérêts (si, par exemple, les incidences les plus extrêmes se manifestaient uniquement en Afrique), je craindrais que les pays développés ne fassent absolument rien.

Le changement climatique est donc très difficile à affronter, mais pas *parfaitement* difficile. En théorie, nous en sommes capables, ce n'est qu'une histoire de degré. Les êtres humains sont intelligents, mais le sont-ils assez ? Nous avons un esprit de coopération, mais l'avons-nous suffisamment ? Les personnes qui comprennent ce problème et agissent sont nombreuses, mais ce nombre est-il suffisant ? Nous avons un peu de temps, mais est-ce assez ?

S'il existe des raisons de considérer le changement climatique comme un problème cognitif "parfait", ce n'est pas en raison de ses caractéristiques intrinsèques mais parce qu'il est extrêmement *multivalent*, ouvert à de multiples sens et interprétations. Il ne nous fournit aucun trait distinctif qui nous permettrait de lui donner une identité claire : pas d'échéances, pas de lieu précis, pas de cause unique, pas de solution, pas d'ennemi. Notre cerveau, sans cesse en quête des codes nécessaires pour analyser et catégoriser les informations, n'en trouve aucun, et nous nous retrouvons livrés à nous-mêmes. Mais nous avons besoin de ces codes (nous ne pouvons rien sans eux), c'est pourquoi nous créons et imposons les nôtres. C'est une situation dangereuse, car la porte est ainsi grande ouverte aux interprétations erronées, au biais de confirmation et à la possibilité pour nous de "croire ce que nous avons envie de croire".

C'est la raison pour laquelle, lorsqu'on se demande pourquoi si peu de mesures sont prises pour lutter contre le changement climatique, chacun semble façonner le problème à son image. Pour les climatologues, c'est la faute du public, qui ne comprend pas les données scientifiques. Pour les militants écologistes, c'est le processus politique qui est corrompu par les compagnies pétrolières. Pour les compagnies pétrolières, le processus politique est corrompu par les militants écologistes. Mark Berliner, professeur de statistiques à l'université de l'Ohio, dit que notre échec vient de notre "aversion pour la pensée statistique". Et nous autres, spécialistes de la communication, pensons que la principale raison expliquant le manque de réaction face à cette menace se résume à – attention – un problème de communication. Comme les aveugles de la fable indienne bien connue, nous nous trouvons dans une pièce plongée dans l'obscurité en compagnie d'un éléphant (le deuxième éléphant métaphorique de cet ouvrage) et chacun, touchant différentes parties de l'animal, tire ses propres conclusions, en fonction de sa culture, sur ce qu'est le tout.

Mais l'ambiguïté du changement climatique s'étend plus loin encore et menace de contaminer les choses qui paraissaient pourtant entièrement sûres et familières. Il laisse entendre que notre mode de vie, que nous associons au confort et à la protection de notre famille, est aujourd'hui un danger : que nos actes bienveillants pourraient faire du mal à ceux que nous aimons, que les gaz que nous croyions inoffensifs sont désormais toxiques, que notre environnement familier devient dangereux et incertain.

S'inspirant des contes et des histoires d'horreur, Sigmund Freud, père de la psychanalyse, a décrit l'effet psychologique déstabilisateur de ce qui semble presque familier, mais qui ne l'est pas. Il l'a appelé *das Unheimliche*, qu'on traduit généralement par "l'inquiétante étrangeté". Le changement climatique est intrinsèquement étrange : nous connaissons très bien les conditions météorologiques et les modes de vie énergivores qui les modifient, mais ils sont désormais menaçants et incertains.

Nous avons donc un mélange dangereux. Le changement climatique est exceptionnellement *multivalent*, ce qui permet un nombre illimité d'interprétations intéressées. Et il est *étrange*, source de malaise et de gêne que nous cherchons à résoudre en le cadrant de manière à lui donner une forme familière. Ces deux facteurs se rejoignent pour en faire un problème extraordinairement *pernicieux*.

Le concept de "problème pernicieux" fut formulé pour la première fois en 1973 par Horst Rittel et Melvin Webber, deux urbanistes de Berkeley. Ce concept s'appliquait à l'origine aux politiques d'urbanisation, mais ces dernières années il s'est généralisé car il s'adapte très bien aux problèmes mondiaux insolubles comme le terrorisme, les crises financières et, bien sûr, le changement climatique, qu'on a souvent qualifié de problème pernicieux "ultime".

Les problèmes simples, ceux que Rittel et Webber appellent "solubles", ont des causes, des objectifs et des conséquences bien définis. Les problèmes pernicieux, eux, sont multiformes – incomplets, contradictoires, en constante évolution. Les problèmes solubles peuvent être très compliqués, mais les problèmes pernicieux sont *complexes*. Résultat, à aucun moment nous n'avons toutes les informations nécessaires pour prendre une décision. Ils demandent au contraire à être constamment évalués et redéfinis.

Mais, en réalité, il n'y a pas de définition immuable du problème pernicieux autre que de dire que, par définition (prenez une grande inspiration), il ne peut être clairement défini car il ne cesse d'évoluer en fonction des solutions que nous avons trouvées pour le résoudre. On ne peut en apprendre davantage sur un problème pernicieux sans essayer des solutions, mais chaque solution que l'on teste crée de nouvelles conséquences et de nouveaux problèmes pernicieux.

Un problème devient pernicieux lorsqu'il manifeste la présence d'une chaîne plus longue de questions connexes, avec des maillons multiples, qui chacun comprennent le problème en fonction de leurs idées pour le résoudre. Ainsi, chaque nouvelle définition du problème crée une nouvelle série de solutions. Et chaque série de solutions crée une définition différente du problème.

Nous pouvons définir le changement climatique comme un problème économique, technologique, moral, de droits humains, énergétique, de justice sociale, d'utilisation des terres, de gouvernance, idéologique (la droite contre la gauche) ou même comme un manque de respect envers la création de Dieu. Chacune de ces approches produira des réponses différentes, différentes manières de partager les coûts et, surtout, différentes formes de langage employées pour justifier l'action. Ou l'inaction, puisque certaines personnes refuseront d'admettre que le changement climatique est un problème. C'est une autre des qualités qu'il a en commun avec divers problèmes pernicieux.

Pour Rittel et Webber, la règle fondamentale de la résolution des problèmes pernicieux est qu'il ne faut pas les traiter comme les problèmes solubles, qui, eux, peuvent être réglés par une série d'étapes distinctes : d'abord comprendre le problème, puis recueillir les informations, ensuite les analyser, et enfin tester et appliquer des solutions. Pour les problèmes pernicieux, cependant, ce type de schéma ne fonctionne pas. Rittel et Webber soutiennent qu'on ne peut comprendre un problème pernicieux sans connaître son contexte, qu'on ne peut chercher les informations sans connaître la solution, qu'on ne peut d'abord le comprendre, puis le résoudre.

Le changement climatique ne s'inscrit dans aucune structure de cause à effet parce qu'on ne sait jamais vraiment si ce que l'on examine en est la cause réelle, ou une cause créée par la manière choisie pour définir le problème. Avons-nous du mal à accepter le changement climatique parce qu'il se situe dans le futur, ou avons-nous choisi de l'y placer pour le rendre difficile à accepter ? Le changement climatique est-il réellement incertain, ou choisissons-nous de l'expliquer ainsi ? Les solutions sont-elles trop compliquées à mettre en œuvre, ou est-ce simplement de cette façon que nous les décrivons ?

Ainsi, donner au dérèglement climatique le titre de "problème parfait" n'est qu'une autre tentative de le définir et de le résoudre. Est-ce un problème parfait, un problème non parfait, un non-problème ? Ou n'est-il rien de tout ça et est-il plutôt extrêmement, irrévocablement, singulièrement, horriblement __________ (choisir l'adjectif qui exprime au mieux votre propre interprétation) ?

*

Il est temps de faire une nouvelle pause pour récapituler ce qui a été dit.

J'ai montré que les processus de l'attention sont essentiels à notre réflexion. Nous sommes "programmés" pour passer en revue les informations qui nous parviennent, en quête de codes nous permettant de savoir s'il faut y consacrer notre attention et comment les catégoriser.

La plupart de ces processus sont innés et intuitifs, et se sont formés tôt au cours de notre longue évolution. Les problèmes les plus visibles – qui requièrent notre attention – sont ceux qui se déroulent ici, maintenant, et qui font planer une menace claire représentée par un ennemi identifiable. J'ai parlé dans les chapitres précédents des codes sociaux que nous fournit notre entourage et qui eux aussi nous indiquent sur quoi porter notre attention, et j'ai montré que le changement climatique est souvent étouffé sous un silence socialement construit qui le prive de ces codes.

Sans visibilité ou codes sociaux, le changement climatique se retrouve hors du cadre analytique que nous posons sur le monde pour en saisir le sens. Plutôt que d'y consacrer notre attention pleine et entière, nous lui consacrons notre désattention, le laissant en permanence au bord de notre "bassin d'inquiétude".

Cependant, j'ai également affirmé que ce n'était pas à cause de l'absence de menace perçue que le changement climatique était mis de côté. Il pose de manière tout à fait évidente une menace sérieuse et notre cerveau rationnel le comprend très bien. Le problème est que les signaux qu'il envoie à notre cerveau émotionnel sont beaucoup trop ambigus pour nous inciter à l'action. Le changement climatique est ici et maintenant, mais il est aussi là-bas et plus tard. Il a certes des causes et des incidences, mais elles sont réparties sur toute la surface de la planète. Il correspond plus ou moins à plusieurs catégories, et par conséquent n'entre dans aucune. Il est exceptionnellement *multivalent*, ce qui nous permet d'y appliquer notre biais de confirmation et de "croire ce que nous avons envie de croire".

C'est pourquoi le mécanisme de pensée par lequel nous donnons du sens au problème est notre manière d'en parler, et en particulier les histoires que nous construisons autour de lui. Et, comme je m'attacherai à le montrer, ce sont ces histoires socialement construites, et non le changement climatique lui-même, que les gens choisissent d'accepter, de contester ou d'ignorer. Le changement climatique n'est sans doute pas le problème parfait, mais il ne raconte pas non plus l'histoire parfaite, et c'est peut-être là que réside le plus gros problème.

19

DES CAFARDS POUR GUIDES

Comment les musées peinent à raconter l'histoire du climat

Des enfants sont en sortie scolaire au Hall of Human Origins de la Smithsonian Institution, au musée national d'Histoire naturelle, lorsque je m'y rends pour une visite, et une petite fille lit les panneaux à voix haute à l'intention de son amie. Certaines formulations sont un peu délicates, mais elle fait de son mieux. "Cette ex... position montre comment les carac... caractéris... caractéristiques qui font de nous des êtres humains ont évolué au cours de six millions d'années alors que nos an... cêtres luttaient pour leur survie, à une époque de variations climatiques dr... astiques." Elle fait un grand sourire : "J'ai bien lu ?"

Cette galerie présente des moules d'empreintes de pas et des crânes dans des vitrines impeccables, quoique sages, qui mettent en évidence le rôle moteur du changement climatique dans notre évolution. C'est une théorie généralement défendue par les paléontologues, même si elle constitue une simplification et qu'elle exclut nombre d'autres facteurs ayant contribué au développement du cerveau, comme la sélection sexuelle, la coopération au sein des groupes sociaux, la chasse et la cuisson des aliments. Les musées préfèrent raconter une histoire claire et digestible, et ont donc simplifié les choses.

En réalité, le Hall of Human Origins raconte deux histoires : l'une concerne l'évolution, l'autre le changement climatique. Nous accueille à l'entrée de l'exposition un écran de 3 mètres de large sur lequel on retrouve plusieurs fois l'expression "variations climatiques extrêmes", au-dessus d'images de terre craquelée, de déserts et de nappes glaciaires en train de fondre – des images familières tirées du répertoire classique des documentaires écologistes. Le changement climatique renvoie à des cadres puissants et mémorables, mis en branle par la langue et les images de chaque vitrine de la galerie.

Et pourtant, malgré l'utilisation de ces images, force est de constater que rien n'est dit sur le changement climatique en tant que menace à notre époque contemporaine. Un seul panneau, un peu à l'écart, nous informe que les émissions de dioxyde de carbone augmentent et qu'elles sont "liées" au réchauffement de la planète et à l'élévation du niveau des mers. On trouve à côté un jeu vidéo interactif qui renvoie cette information potentiellement inquiétante au thème central de la galerie. Il invite les visiteurs à envisager les nouvelles caractéristiques que donnerait l'évolution à l'homme pour affronter cet avenir. "Imaginez que toutes les terres soient inondées, nous dit le jeu. Aurions-nous de grands pieds palmés comme le canard ou de longues pattes en pilotis comme le flamant rose ?" "Il fait vraiment chaud : avons-nous un grand corps fin comme la girafe ou davantage de glandes sudoripares ?" Chaque fois que vous appuyez sur un bouton, une silhouette humanoïde évolue sur l'écran : elle change de forme, ou une pluie de petites gouttes s'échappe de ses aisselles. Les élèves éclatent de rire tandis qu'ils cherchent à créer l'homme du futur le plus monstrueux possible.

Ce jeu n'est pas sans rappeler la proposition volontairement provocante du philosophe S. Matthew Liao, de l'université de New York, de créer génétiquement des humains qui produiraient moins d'émissions. Nous aurions des yeux de chat pour ne pas avoir besoin d'allumer la lumière dans l'obscurité. Nous aurions le choix entre deux enfants de taille moyenne ou trois enfants de petite taille pour économiser de l'énergie. "Examiner des idées intuitivement absurdes ou visiblement radicales peut être une expérience d'apprentissage intéressante", commente Liao.

En l'occurrence, les enfants qui visitent la Smithsonian n'apprennent rien sur le changement climatique. Il n'y a aucune information sur le problème, ses causes ou ses solutions. En revanche, ils assimilent des cadres forts. L'histoire promue par le Hall of Human Origins auprès du million de personnes qui y viennent chaque année est que le climat a toujours changé, que nous nous sommes toujours adaptés, et que c'est ce qui nous a rendus forts et intelligents en tant qu'espèce.

Cet argument ferait le plus grand bonheur des groupes de pression liés aux énergies fossiles et aux climato-négationnistes professionnels dont les bureaux se trouvent à quelques centaines de mètres du musée, et qui sont pour la plupart financés directement par les milliardaires du pétrole les plus nuisibles qui soient : les frères Koch. Ces hommes polyvalents aiment glisser leur argent dans différentes bourses, dont – aurais-je oublié de le mentionner ? – 20 millions de dollars dans le Hall of Human Origins David H. Koch.

Plus tard, installé en face de Kirk Johnson, directeur du musée, sur le canapé bien rembourré de son vaste bureau d'angle du troisième étage, je brûle de savoir pourquoi la Smithsonian, l'un des organes scientifiques les plus respectés des États-Unis, a accepté que l'un des plus célèbres climato-négationnistes finance une exposition permanente (qui porte aujourd'hui son nom) décrivant le changement climatique comme un cycle naturel et une problématique positive à laquelle nous nous adapterons génétiquement pour survivre.

Johnson est prêt à en découdre. Il comprend parfaitement les stratégies du champ de bataille de la communication. Il a vécu son propre rite de passage il y a dix ans, lorsqu'il prononça un grand discours sur la climatologie devant tout le gratin de l'industrie pétrolière de l'Alberta. "Ils n'étaient pas vraiment contents ! J'étais dans le viseur de deux mille personnes furieuses. Et pendant ce temps-là je me disais : « Oh, tout ça est intéressant. »"

Sans doute suis-je un peu trop facilement séduit par Johnson, qui est brillant et divertissant, mais il parvient à me persuader qu'il n'y a jamais eu d'intention délibérée de donner des informations erronées : c'est une exposition paléontologique sur les effets du changement climatique *naturel*, qui s'aventure peut-être naïvement sur le territoire hautement politique du changement climatique *anthropique*. Johnson, qui a une formation en paléoclimatologie, reconnaît volontiers que ces deux phénomènes ont été mélangés dans l'exposition et que les variations "de froid à tiède" qui y sont décrites n'ont rien à voir avec les variations "de tiède à chaud" auxquelles nous devons faire face aujourd'hui à cause du changement climatique anthropique.

Selon Johnson, il était par ailleurs tout à fait pertinent de faire travailler ensemble un commissaire d'exposition qui a une vision précise de ce qu'il désire mettre en place et un riche donateur tellement passionné de paléontologie qu'il se rend très souvent sur des sites de fouilles dans la vallée du Grand Rift. Évidemment, le camp adverse se plaît à voir dans le soutien de Koch une autre manifestation cynique de désinformation publique, mais la réalité est plus complexe et intéressante que cela.

Je doute cependant que David Koch soit réellement le type de bailleur de fonds à dire : "Voilà l'argent, faites-en ce que vous voulez", que décrit Johnson. Personne ne tient à se mettre à dos son plus grand donateur, et je suis prêt à parier que le musée aurait aimé transformer la galerie qui porte ce nom en une vitrine des dernières découvertes de la climatologie, mais qu'il a dû s'autocensurer.

Ce qui soulève une question plus intéressante encore : pourquoi, dans tout le musée, n'y a-t-il qu'un seul panneau sans intérêt, placé dans un coin isolé d'une galerie de paléontologie, sur la question scientifique la plus importante de notre époque ? Pour moi, le véritable problème est que les gens de la Smithsonian, comme tous ceux qui travaillent sur le changement climatique, ont du mal à trouver des manières qui soient intéressantes, stimulantes et scientifiquement justes d'en parler tout en évitant les écueils politiques. Et il semblerait que, même pour ce qui est de ne froisser personne, ils ne soient pas très bons.

Johnson affirme qu'aucun musée, y compris le sien, ne traite efficacement ce sujet. Selon lui, il y a toujours une discordance entre le sujet et le public, principalement constitué d'élèves et de familles en vacances. Les visiteurs restent en moyenne deux heures, en faisant des pauses pour manger ou aller aux toilettes : on n'a pas le temps de leur apprendre quoi que ce soit. Tout au plus peut-on réussir à "inoculer un peu de curiosité", comme le dit Johnson, qui inciterait les gens à en savoir davantage. Mais il faut trouver des techniques qui soient intéressantes, surprenantes et amusantes pour faire passer le message.

Il semblerait donc que les musées aient exactement les mêmes problèmes que tout artiste ou comédien : il s'agit d'être fidèle à la vérité scientifique, honnête et indépendant tout en évitant les récits empoisonnés des débats partisans.

C'est justement le défi qui attendait Chris Rapley lorsqu'il fut nommé en 2007 directeur du musée des Sciences de Londres et qu'il mit sur pied une équipe afin de concevoir une galerie de 6 millions de dollars sur le changement climatique. Rapley, qui est lui-même climatologue, avait été à la tête du British Antarctic Survey, un organisme de recherche sur les zones polaires. Il craignait qu'on ne l'accuse d'être un écologiste radical et garda une distance prudente par rapport au projet. À l'été 2009, cependant, alors que l'exposition permanente n'était encore qu'au stade de la conception et que la conférence de Copenhague sur les changements climatiques allait avoir lieu, il supervisa personnellement l'installation d'une exposition temporaire intitulée "Démontrez-le ! Toutes les preuves qu'il vous faut pour croire au changement climatique". Cette expérience, dit-il, le laissa "cramé, sur le carreau".

Comme son nom l'indique, cette exposition partait du principe que les données scientifiques étaient incontestables et que le musée, à l'aide d'images de catastrophes météorologiques et d'un cadrage apocalyptique, pouvait convaincre tout sceptique qui aurait besoin de voir pour y croire. Elle invitait les visiteurs à valider un message encourageant les gouvernements réunis à la conférence de Copenhague à "prouver qu'ils étaient fermement engagés en négociant un accord fort, efficace et équitable". À son plus grand désarroi, les négationnistes infiltrèrent dans le système en ligne un logiciel de vote automatique qui envoyait des milliers de votes contre avec des messages affirmant : "Tout ça, c'est du grand n'importe quoi et vous ne devriez pas l'approuver." Rapley confesse d'un air abattu : "Je m'en veux encore aujourd'hui."

Les administrateurs du musée se désolidarisèrent. Rapley intervint pour remanier drastiquement le projet phare, qui était alors sur la rampe de lancement. Il promit lors d'entretiens à la presse de droite que la galerie permanente ne prendrait pas position sur la réalité du changement climatique et de ses causes anthropiques, de manière à "n'écarter aucune personne qui voudrait prendre part à la discussion".

Et c'est ainsi que la galerie de l'Atmosphère (un nom qui symbolise parfaitement cette neutralité) tente vaillamment de remplir son impossible mandat. Une chose est certaine : la galerie ne manque pas d'atmosphère. C'est un espace caverneux bleu-noir composé de cinq îlots thématiques. Elle est censée constituer un "environnement immersif", mais on s'y promène plutôt comme dans un magasin IKEA : une fois à l'intérieur et désorienté, on navigue à tâtons d'une zone éclairée à l'autre, en se remplissant les yeux de ce qui brille le plus.

Comme c'est la mode dans les musées modernes, les vitrines se présentent sous forme de consoles de jeu informatique. Alors que je visite la galerie, une petite fille est plongée dans un jeu qui consiste à remplir un pistolet virtuel de matériau isolant à projeter sur une maison. Il est évident qu'elle n'a aucune idée de ce que ce jeu signifie, mais elle s'amuse beaucoup. À l'îlot suivant, deux garçons m'affirment avec une assurance tout adolescente que le changement climatique n'existe pas et qu'il s'agit d'un cycle naturel. Leurs enseignants, qui marivaudent dans l'obscurité, me déclarent qu'ils adorent la galerie parce qu'il y a "beaucoup de choses pour occuper les enfants pendant une demi-heure avant la pause déjeuner, ce qui [leur] permet de souffler un peu".

Si l'on en juge par le bilan de fréquentation, la galerie a été couronnée d'un succès inattendu, comptant plus d'un million de visiteurs dans les quatorze premiers mois, soit quatre fois plus que prévu. Selon Rapley, le questionnaire de sortie indique qu'elle a rempli sa mission : informer les soucieux et sensibiliser les insouciants. Dans l'ensemble, les gens déclarent que "le ton est ce qu'[ils] attend[ent] de la part d'un musée des sciences".

Je ne peux m'empêcher de me demander si c'est réellement le ton adapté pour parler d'une crise qui menace notre survie en tant qu'espèce. Rien dans la galerie n'indique que le changement climatique est une catastrophe, un tournant historique, une occasion à saisir, ou même que quelqu'un s'en préoccupe. En réalité, on a l'impression que, dans son désir d'éviter un récit qui fasse l'objet de critiques, le musée a carrément abandonné toute idée de raconter quoi que ce soit, excepté peut-être l'idée que les scientifiques sont capables de faire des choses astucieuses avec de drôles d'instruments montrés sous un angle optimiste un peu flou, mettant l'accent sur la technologie grâce à laquelle, comme le dit Rapley, "l'ingéniosité humaine peut mener à un avenir meilleur".

Rapley convient que "nous avons peut-être exagéré dans notre rétropédalage et sommes allés trop loin dans la neutralité de l'exposition". L'idée originelle était de rassembler les théories les plus litigieuses sur le changement climatique dans un programme pédagogique parallèle. Cette voix dissidente est plus généralement connue sous le nom de "visites guidées des cafards", au cours desquelles les visiteurs se déguisent en grosses bébêtes et apprennent "à quel point les humains sont des êtres étranges, refusant de se confronter à ces énormes problèmes au moment où il le faudrait".

Si ces curieux cafards s'arrêtaient un instant à l'entrée de la galerie de l'Atmosphère, ils y verraient l'étrange plaque rendant hommage au principal donateur, la compagnie pétrolière Shell Oil. Sur cette plaque, Shell explique que "nous utilisons tous l'énergie pour nous développer et grandir. C'est pourquoi, chez Shell, nous travaillons avec ardeur pour construire un nouveau système énergétique tout en soutenant la recherche sur la science du climat."

Rapley est sur la défensive lorsque je lui parle de la décision d'accepter un financement de la part de Shell, affirmant que "diaboliser le monde de l'industrie ne mène nulle part. Il vaut mieux dialoguer avec lui." Il est certain que Rapley a engagé un dialogue très fructueux avec le président de Shell, James Smith, qui est selon lui "l'une des personnes les plus attentionnées qu'on puisse imaginer et prend le problème très au sérieux". En revanche, il se montre nettement moins enthousiaste à l'idée de nouer le dialogue avec le groupe militant radical Rising Tide, dont les membres ont envahi le musée de bruyantes manifestations et de banderoles. De toute façon, insiste-t-il, Shell "était juridiquement lié par un contrat très strict", disposant que la compagnie n'aurait aucune influence sur le contenu de l'exposition.

Mais pourquoi Shell influencerait-il une exposition si prompte à ne rien dire qui puisse mettre en question ses intérêts ? La compagnie a eu ce dont elle avait besoin : une vitrine pour imposer sa marque mondiale et son propre scénario, à savoir qu'ils sont les gentils de l'histoire, qui produisent de l'énergie, trouvent des solutions écologistes positives et contribuent à résoudre la crise climatique. Les histoires promues par Shell sont bien mieux écrites et financées que n'importe quel programme pédagogique sur le changement climatique. Leur réussite est mise en évidence par le fait que le public non seulement accepte ces histoires, mais ne voit même pas qu'elles ont été construites puis placées là.

Et c'est ainsi qu'un musée au passé fier, dirigé par un climatologue dévoué et consciencieux, s'est retrouvé avec une crèche atmosphérique joliment éclairée, financée par une compagnie dont le modèle économique consiste à aggraver le changement climatique.

En voilà une histoire intéressante.

20

RACONTE-MOI UNE HISTOIRE

Pourquoi nous nous laissons si facilement berner par des mensonges

C'est au moyen d'histoires que nous, êtres humains, donnons du sens à notre monde, apprenons des valeurs, façonnons nos croyances et donnons une forme à nos pensées, nos rêves, nos espoirs et nos peurs. Les histoires sont partout : mythes, fables, épopées, récits historiques, tragédies, comédies, tableaux, danses, vitraux, films, histoires sociales, contes de fées, romans, schémas scientifiques, bandes dessinées, conversations et articles de journaux. Avant même d'apprendre à lire et à écrire, nous entendons plus de trois cents histoires.

Dans son ouvrage *The Storytelling Animal (L'Animal raconteur d'histoires)*, Jonathan Gottschall déclare : "Nous sommes, en tant qu'espèce, accros aux histoires. Elles sont pour nous ce que l'eau est au poisson." Le romancier Philip Pullman, un des rares auteurs s'efforçant de construire des récits autour du changement climatique, affirme qu'"après la nourriture, le toit et la compagnie de nos semblables, les histoires sont ce dont nous avons le plus besoin en ce monde".

Les histoires ont une fonction cognitive fondamentale : elles sont le moyen par lequel le cerveau émotionnel donne du sens aux informations recueillies par le cerveau rationnel. Les gens peuvent retenir les informations sous forme de données et de chiffres, mais les croyances qu'ils y attachent ne se manifestent que sous la forme d'histoires. Elles sont l'essence du changement climatique vu comme un problème pernicieux, car le problème se façonne à mesure qu'on l'explique.

Walter Fisher, théoricien de la communication à l'université de Californie du Sud, a défendu l'idée que, lorsque des non-spécialistes essaient de comprendre des questions techniques complexes, ils prennent leurs décisions en se fondant sur la qualité de l'histoire – ce qu'il appelle sa "fidélité narrative" – plutôt que sur la qualité de l'information qu'elle contient. D'après Fisher, lorsque nous nous trouvons face à un nouveau problème, nous nous demandons : "Est-ce que ça tient debout ? Est-ce qu'il y a une succession linéaire d'événements qui part du passé pour aller vers l'avenir ? Les personnages se comportent-ils comme on pourrait s'y attendre, ont-ils des motivations et des objectifs clairs et compréhensibles ? Est-ce que tout cela correspond à mes propres croyances et valeurs ?"

Les histoires se dépouillent ainsi des faits, recherchant ce qui est narrativement le plus satisfaisant, et non ce qui est le plus important ou le plus vrai. Elles peuvent être considérées comme des faits en elles-mêmes, car elles sont consolidées à force d'être répétées et acquièrent, en devenant partie intégrante de la norme sociale, une qualité de preuve, à l'instar des rumeurs.

Nous continuons de croire à une histoire captivante même si on nous dit que c'est de la fiction. Dans une expérience de psychologie, on a demandé aux participants de lire des histoires qui, on le leur a clairement dit, n'étaient pas vraies. Plus tard, lorsqu'on leur a proposé un test de culture générale, les informations erronées contenues dans ces histoires sont apparues dans leurs réponses. Ils les avaient si bien intériorisées que certains n'étaient plus capables de se souvenir de leur provenance.

Voilà vingt-cinq ans que les psychologues refont encore et encore une autre expérience narrative, avec des variations. On raconte aux participants l'histoire de l'incendie d'un entrepôt, dans le style des reportages en direct à la télévision. Ils entendent d'abord parler de fumée toxique, puis d'explosions, puis on leur dit que l'incendie pourrait avoir été provoqué par des bouteilles de gaz et des pots de peinture à l'huile négligemment entreposés dans un placard.

L'histoire finale est tellement détaillée que de nombreux participants refusent tout net d'accepter toute variation supplémentaire susceptible de l'affaiblir. Si on leur dit par la suite qu'il n'y avait ni bouteilles de gaz ni peintures dans le placard, le simple fait de répéter ces mots convainc encore davantage les participants de la responsabilité desdites bouteilles et peintures. Ce n'est que si on leur propose une histoire de remplacement plus plausible (par exemple, des armes incendiaires ont été retrouvées dans le placard) qu'ils abandonnent la version originale.

Cette expérience nous indique ce qui fait le caractère convaincant d'une histoire – cause, effet, coupable et mobile (idéalement, un mobile conforme à nos hypothèses sur les motivations du coupable). Les histoires les plus convaincantes sur le changement climatique ont la structure suivante : les gouvernements (coupables) justifient les taxes sur les émissions de carbone (effet) afin de renforcer leur contrôle sur nos vies (mobile). Les milliardaires de droite qui se sont enrichis grâce au pétrole (coupables) financent le déni collectif de l'existence du changement climatique (effet) pour s'enrichir davantage (mobile).

C'est pourquoi il est très difficile pour un récit peu engageant, fondé sur des faits, d'entrer en concurrence avec une histoire convaincante bâtie sur un mensonge. "Avec toutes les preuves en main, la plupart des scientifiques en concluent que nos émissions dégradent le climat" est une réalité malheureusement moins tentante que : "Des escrocs scientifiques complotent pour fabriquer de fausses preuves afin d'obtenir de plus grosses bourses de recherche."

Comme le conseillait le gourou de la communication Frank Luntz aux candidats républicains sur la manière de parler du changement climatique, "une histoire convaincante, même si elle est erronée sur le plan des faits, peut être plus émotionnellement persuasive qu'une récitation aride de la vérité". Luntz soutient qu'il a personnellement participé à plus de deux cents groupes de discussion, desquels il a tiré ses propres règles de fabrication d'une histoire convaincante : simplicité, brièveté, crédibilité, compréhension, cohérence, répétition, répétition et répétition.

Patrick Reinsborough, directeur exécutif du Center for Story-Based Strategy (Centre pour les stratégies fondées sur les histoires), énumère quelques autres règles de base pour créer une histoire convaincante : simplicité de la cause et de l'effet, accent placé sur des individus ou sur des groupes bien définis, et issue positive. Un exemple parfait qui combine toutes ces qualités est le sauvetage en août 2010 de trente-trois mineurs chiliens restés coincés pendant deux mois au fond d'une mine d'or à San José. Un milliard de téléspectateurs du monde entier (chiffre ahurissant) avaient assisté à leur sauvetage en direct.

La capacité à s'identifier directement aux victimes est un élément constant des histoires convaincantes. Comme le disait Staline, "la mort d'un soldat russe est une tragédie, mais la mort d'un million d'hommes est une statistique". Non pas que Staline se soit montré particulièrement affecté par l'une ou l'autre, mais il savait reconnaître de la bonne propagande quand il en voyait. Des expériences ont montré que les participants préfèrent les descriptions personnelles réalistes au détriment des preuves factuelles et donnent généreusement pour nourrir un seul enfant dont ils connaissent le nom et moitié moins quand il s'agit de nourrir des "millions d'Africains".

Un autre moyen d'identifier les éléments-clés des histoires convaincantes est d'étudier des histoires existantes et de les débarrasser de tout le superflu. Peu sont ceux à s'être attelés à cette tâche avec autant d'obsession que le journaliste Christopher Booker, qui a passé trente-quatre ans à condenser un millier de romans, films, pièces et opéras classiques en sept intrigues fondamentales. Selon lui, elles viennent toutes du même grand drame de base, dans lequel le protagoniste est limité mais finit par "s'ouvrir à la vie, tous les problèmes enfin résolus".

Ce n'est sans doute pas une coïncidence si Booker est aussi le chef de file des climato-négationnistes britanniques. Reconnu coupable de diffamation, il a été contraint de payer une grosse somme et de publier une rétractation complète après avoir raconté que le président du GIEC, Rajendra Pachauri, empochait des "millions de dollars" grâce à ses liens avec les entreprises d'échange de droits d'émission de carbone – une histoire fabriquée de toutes pièces. L'un de ses opposants a affirmé que Booker, "à force de vouloir épater la galerie, ne fait plus la distinction entre fait et fiction".

On pourrait dire à peu près la même chose de Michael Crichton, seul auteur à avoir jamais réussi l'exploit d'occuper simultanément le devant de la scène sur le petit écran *(Urgences)*, dans les salles obscures *(Jurassic Park)* et dans les librairies *(Harcèlement*[1]*)*. Crichton s'appuie sur tous les ressorts narratifs classiques pour son écothriller *État d'urgence*[2], dans lequel des écoterroristes du Front de libération environnementale se mettent à provoquer des catastrophes naturelles afin de créer une panique générale à propos du changement climatique et d'instaurer une dictature verte. Le roman se présente sous la forme d'une histoire convaincante, centrée autour d'individus, avec une lutte contre un complot diabolique, et se termine sur une issue positive. Il est de loin, malheureusement, le livre le mieux vendu se rapportant au changement climatique, et se conclut par de denses annexes techniques visant à prouver que ce phénomène est un mythe concocté par les écologistes. *État d'urgence* propose un curieux paradoxe : la vérité est dépeinte comme une histoire dans une histoire, elle-même perçue par beaucoup de lecteurs comme la vérité.

Parmi ces lecteurs, citons notamment le président George W. Bush, qui passa une heure à discuter avec Crichton à propos de son livre dans le Bureau ovale, à la suite de quoi, nous dit son chef du personnel, ils étaient tombés d'accord sur presque tout. Le roman fut par la suite présenté comme une preuve "scientifique" à un comité sénatorial et Crichton donna même des présentations sur le changement climatique dans le monde entier, à l'invitation du Département d'État américain.

L'ingrédient crucial qui a fait d'*État d'urgence* un tel outil de propagande négationniste est le fait que Crichton ait si bien compris le principe de fidélité narrative, essentiel au caractère convaincant d'une histoire. Elle a un rythme, des ennemis, des mobiles et une

1. Traduit en français par Bernard Gilles, Robert Laffont, 1994. *(N.d.T.)*
2. Traduit en français par Patrick Berthon, Robert Laffont, 2005. *(N.d.T.)*

menace compréhensible, provoquée par l'être humain, qui peut être combattue. Comme tous les bons mythes, elle se termine par le châtiment des coupables et la restauration de l'ordre social. Difficile d'imaginer une histoire plus éloignée de la réalité complexe, multivalente, collective et sans limites du changement climatique.

21

LE POUVOIR DES MOTS

Comment les mots que nous utilisons influencent notre ressenti

Les mots sont puissants. Chaque fois qu'un mot est utilisé, il apporte avec lui un chapelet de cadres et d'associations imbriqués les uns dans les autres. L'expression désinvolte de Sarah Palin, "tribunaux de la mort[1]", a fait naître un cadre si puissant qu'elle a failli faire échouer le plan de sécurité sociale d'Obama.

George Lakoff, linguiste cognitif à l'université de Berkeley, soutient que l'objectif d'une bonne communication est d'utiliser "les mots qui mettent en branle vos cadres et font obstacle aux cadres de vos adversaires". Une fois les mots passés dans la langue courante, ils entraînent pour toujours dans leur sillage ces cadres.

Lakoff cite souvent en exemple le recadrage politique que constitue le terme *tax relief* (allègement d'impôt), qui a remplacé *tax cuts* (réductions d'impôt) et a délibérément été inséré dans les premiers discours de George W. Bush. Le mot *relief* (allègement) active le cadre qui fait des impôts un fardeau, et la personne qui nous en déleste est donc un héros.

Résultat : le mot *tax* lui-même est devenu extrêmement problématique pour nombre de conservateurs. Une expérience a montré que les républicains étaient cinq fois plus disposés à payer une taxe supplémentaire de 2 % relative au changement climatique sur leur billet d'avion si elle était qualifiée de *carbon offset* (compensation carbone) plutôt que de *carbon tax* (taxe carbone). On leur a demandé de mettre par écrit leur raisonnement pendant qu'ils faisaient leur choix, et il était clair que le simple mot *tax* provoquait chez eux une cascade de pensées négatives qui avait influencé tout leur processus décisionnel.

Sachant cela, les groupes de pression en faveur d'un projet de loi sur le changement climatique au Sénat américain avaient volontairement remplacé le mot *tax* par l'expression plus anodine *fee on*

1. En 2009, la républicaine Sarah Palin, qui avait été candidate à la vice-présidence lors des élections de 2008, a accusé Obama de vouloir mettre en place dans le cadre de sa réforme du système de santé des *death tribunals*, "tribunaux de la mort", qui décideraient qui est digne de recevoir des soins. *(N.d.T.)*

polluters (redevances pour les pollueurs). Puis Fox News l'a remis sur le tapis dans un article en ligne stigmatisant ce projet de loi, dans lequel *tax* revenait trente-quatre fois.

Une autre bataille de recadrage est née récemment à propos de l'expression *bituminous sands* (sables bitumineux). Le terme utilisé pour ces sables était habituellement *tar sands* (sables "goudronneux"), jusqu'à ce que l'industrie canadienne du pétrole s'en inquiète et les renomme *oil sands* (sables pétrolifères). Les militants, évidemment, préféraient l'ancien cadre. La chaîne de radio publique Radio-Canada, obligée de statuer, a choisi l'expression *oil sands* dans ses contenus au motif qu'elle est "plus précise car la substance raffinée à partir du bitume qui a été extrait est du pétrole *(oil)*". Un militant a observé avec ironie qu'en se fondant sur ce type de raisonnement, on devrait appeler les tomates "ketchup".

Le cadrage linguistique le plus efficace et le plus délibéré fut mis en place en novembre 2009, lorsque le serveur de la Climate Research Unit de l'université d'East Anglia fut piraté et que des fragments de milliers d'e-mails furent rassemblés par des climato-négationnistes dans un grand récit impliquant complot, manipulation et étouffement de toute voix dissidente. Ils donnèrent à toute cette affaire le nom peu créatif de Climategate et, dans la semaine qui suivit, ce nouveau mot était apparu plus de neuf millions de fois sur Internet.

Ce ne fut certes pas un moment de grande originalité linguistique, surtout après tous les scandales fabriqués surnommés Nannygate, Nipplegate, Grannygate, Flakegate, Tunagate, Biscuitgate et Pastagate[1]. Mais c'est une illustration parfaite de l'utilisation du cadrage pour dominer un discours et y appliquer ses propres valeurs. Deux mois plus tard, j'assistai à une conférence sur la communication

1. À la suite du scandale du Watergate (une affaire d'espionnage politique qui débuta dans l'immeuble du Watergate et qui mena en 1974 à la démission du président américain Richard Nixon), les médias américains et internationaux se sont mis à utiliser le suffixe *-gate* pour désigner d'autres scandales, souvent très médiatiques. *(N.d.T.)*

pendant laquelle chaque participant utilisa le terme, y compris un professeur émérite de la Climate Research Unit. Les climato-négationnistes espèrent réitérer cet exploit initial en créant à qui mieux mieux des Himalayagate, Amazongate, Glaciergate et Hurricanegate.

Le scandale des e-mails montre le pouvoir des mots et des cadres qui s'y rattachent. Les principales allégations concernaient une simple phrase de l'un des messages : "Utilisons le stratagème *(trick)* de Mike pour cacher la baisse." La baisse peut aisément être expliquée (il s'agit d'une baisse de la croissance des arbres, pas des températures), mais c'est l'utilisation du mot *trick* qui déclencha le cadre de la tromperie. *Trick* était ici utilisé dans un sens scientifique pour parler d'une solution habile et élégante, mais il a été compris par le grand public dans son sens plus commun de "ruse". Le fait que le fameux Mike ait été le climatologue Michael Mann, déjà malmené dans le milieu des climato-négationnistes, ajoutait à l'histoire un ennemi identifiable et familier.

Et *trick* n'est qu'un des nombreux faux amis (des mots très similaires mais qui n'ont pas le même sens) qui enveniment le débat autour du changement climatique. En sciences, les termes "incertitude", "théorie", "erreur" et "manipulation" ont des sens bien plus précis que dans la langue courante. Tous les termes qui appartiennent au vocabulaire de base du changement climatique (anthropique, albédo, aérosol, rayonnement, gaz à effet de serre, atténuation, adaptation) sont extraits du discours scientifique sans que leur cadrage soit pris en compte. Les mots *renforcer* et *positif* indiquent une augmentation ou une altération pour les scientifiques, tandis que M. Tout-le-monde y attache une connotation méliorative.

C'est au scientifique américain Wallace Broecker que l'on devrait l'invention puis la première utilisation des deux termes clés du problème, dans un article de 1975 intitulé "Changement climatique : sommes-nous à la veille d'un important réchauffement planétaire ?"

Le simple fait d'avoir deux termes distincts est en soi un problème, source de confusion et d'une lutte politique entre deux camps qui chacun promeuvent celui qui, selon eux, servira le mieux leurs intérêts. À la fin des années 1980, les États-Unis et l'Arabie Saoudite firent pression pendant les négociations mondiales sur le climat pour que la formulation des résolutions initiales soit amendée et que *global warming*, "réchauffement planétaire", devienne *climate change*, "changement climatique", considérant que cette dernière expression faisait moins appel à l'émotion et, surtout, qu'elle était moins liée à l'idée de combustion de sources d'énergies fossiles.

Dans un mémo interne adressé aux républicains en 2003, le consultant en communication Frank Luntz affirmait que "changement climatique" paraissait plus modéré et gérable. Il en voulait pour preuve la déclaration de l'un des participants à un groupe de discussion : changer de climat, "c'est comme aller de Pittsburgh à Fort Lauderdale[1]". L'administration Bush respecta sagement ce conseil, et le président opta à partir de là pour le terme "changement climatique" dans tous ses discours. Paradoxalement, certains climato-négationnistes accusent aujourd'hui les écologistes de chercher à enterrer "réchauffement planétaire" puisque, disent-ils, les températures ont cessé d'augmenter. Sans doute tout ce petit monde aurait-il dû attendre les conclusions de meilleures études : des expériences menées avec la plus grande rigueur montrent que les républicains sont plus susceptibles de croire au "changement climatique" qu'au "réchauffement planétaire".

Les militants écologistes détestent ces deux expressions et cherchent, au gré des inspirations linguistiques, à imposer de nouvelles formules. Le géologue James Lovelock estime par exemple que le réchauffement planétaire, *global warming*, évoque "une couette douillette dans laquelle on s'enveloppe un jour d'hiver" et promeut à sa place *global heating*, soit "chauffage planétaire". Parmi les autres propositions, citons *global weirding* ("aberrationnement"

1. De la Pennsylvanie, dans le Nord-Est des États-Unis, à la Floride, à la pointe sud-est. *(N.d.T.)*

climatique) et *global climate disruption* (perturbation climatique mondiale), et les néologismes d'Al Gore, *climate chaos* (chaos climatique), *climate crisis* (crise climatique) et plus récemment *dirty weather* (météo sordide).

Mais bien que ni "réchauffement planétaire" ni "changement climatique" ne soient idéals, ils ne sont pas non plus catastrophiques, et "changement climatique" est suffisamment neutre pour que chacun lui donne le sens qu'il désire. Seth Godin, un spécialiste de la communication, se demande si l'appeler *atmosphere cancer* (cancer atmosphérique) ou *pollution death* (mort par pollution) aurait incité les gens à s'inquiéter davantage. Ce n'est guère probable, étant donné que pour n'importe quel conservateur ces termes seraient perçus comme excessivement partisans, tandis que pour le reste de la population ils évoqueraient des groupes de heavy metal.

La langue employée pour parler du changement climatique est en constante évolution, à mesure que ses utilisateurs en expérimentent les nouvelles combinaisons. *Climate* ("climat" ou "climatique") devient le signifiant du problème dans son ensemble (crise climatique, climato-sceptiques, climato-négationnistes...), et le mot *carbon* (carbone) renvoie aux émissions qui en sont la cause, comme on le voit avec le terme *carbon neutral*, "neutre en carbone", choisi en 2006 par le *New Oxford American Dictionary* comme "mot de l'année".

"Carbone" est un mot quelconque et sans charge émotionnelle, sans ambition ni inspiration, et c'est ainsi que, tout comme l'élément qu'il désigne, il a tendance à former des alliances avec d'autres éléments. Une équipe de l'université de Nottingham a étudié la croissance et la diffusion de trente-quatre nouveaux termes comprenant *carbon* dans les médias et sur Internet. Ce phénomène linguistique démarre dans les années 1990 avec des termes techniques du monde de la finance (budget, marché, crédit, quota, taxe). Au début des années 2000, on l'associe davantage à des mots en rapport avec la consommation personnelle (modes de vie respectueux de l'environnement, consommation éco-*friendly*) et, plus récemment, il a acquis des significations plus pesantes sur le plan moral (addiction, culpabilité, dictature, complaisance, croisade, éthique).

On peut regretter que les expressions comportant ce mot les plus courantes en anglais, *high carbon* (à hautes émissions de carbone) et *low carbon* (à basses émissions de carbone), soient utilisées pour distinguer des modes de vie, des économies et des technologies. *High* (haut, élevé, supérieur) est en effet un cadre universel de stature et de pouvoir. On dit ainsi *high-class* (classe supérieure), *high-end* (haut de gamme), *high quality* (de première qualité), *high achievement* (performance de haut niveau). *Low* (bas, inférieur), en revanche, est le cadre universel de l'infériorité et de l'échec social. Peu importe la manière de l'amener, *high-carbon living* (mode de vie à fortes émissions de carbone) évoque le verre de champagne dans un penthouse tandis que *low-carbon living* (mode de vie à basses émissions de carbone) renvoie à la tasse de thé froid dans un sous-sol humide.

En 2007, la Cour suprême des États-Unis décida que le dioxyde de carbone entrait dans la catégorie des polluants et devait être réglementé par l'Environmental Protection Agency. Dans tous ses discours, le président Barack Obama promut ainsi avec la diligence qu'on lui connaît un nouveau terme composé, *carbon pollution* (pollution par le carbone).

Cette nouvelle expression s'inscrit dans un effort délibéré et intelligent de recadrer le changement climatique sur les plans de la santé, de la pureté et du progrès. L'expression "pollution par le carbone" évoque des cadres puissants de saleté, de corruption et de maladie ; en comparaison, les "énergies renouvelables", promues comme des énergies "propres", renvoient à la propreté, à la fraîcheur et à la vive lumière du soleil – et par association à la santé, à la vie et à la jeunesse. Au moins, cette fois-ci, toutes les histoires, tous les cadres et toutes les métaphores coïncident à la perfection, ce que confirment les groupes de discussion et les enquêtes : tout le monde soutient à la fois les "énergies propres" et les mesures antipollution.

Ce qui ne veut pas dire que le changement climatique soit perçu comme le fruit de la pollution. Le dioxyde de carbone n'est pas un "polluant" idéal. Il est invisible, sans odeur et sans incidence sur notre santé. Des générations d'enfants ont appris que le CO_2 est un gaz naturel essentiel à la vie sur Terre, et qu'il est directement lié au progrès industriel et à la croissance des plantes. Dans les années 1950, Harrison Brown, chimiste nucléaire qui avait travaillé sur le projet *Manhattan*, affirma que l'on pourrait doubler la production de nourriture en augmentant la quantité de CO_2 dans l'atmosphère. Son projet, approuvé par Albert Einstein, prévoyait d'entourer la Terre d'immenses "générateurs de dioxyde de carbone" alimentés au charbon. C'était une expérience insensée – que nous avons pourtant appliquée à la lettre.

Cette tentative de recadrer le carbone comme un polluant portera-t-elle ses fruits, fera-t-elle évoluer les mentalités ? Peut-être mais, comme le dit Dan Kahan, du projet de cognition culturelle à Yale, la pollution initiale qui souille cette question provient de la perception socialement construite plutôt que des termes eux-mêmes. Les cadres amplifient cette perception, mais ils ne la remplacent pas. Et puis il n'est pas rare que des choses aux noms étrangement inadaptés connaissent un grand succès : prenez RadioShack ou Craigslist[1]. Parfois, il faut faire avec ce qu'on a sous la main.

L'autre pierre angulaire d'une histoire, c'est la métaphore. Elle nous permet de mobiliser nos expériences récentes les plus "disponibles" pour donner du sens à de nouvelles informations. Les métaphores sont d'ordinaire culturellement codées, et le choix de la métaphore est en lui-même un code social, puisqu'il puise dans un catalogue d'associations et de significations.

1. *Radio shack* désigne la pièce ou le local d'un bateau où se trouve le matériel radio ; RadioShack est une grande entreprise de vente de produits électroniques. *Craig's list* se traduit littéralement par la "liste de Craig" ; le site Craigslist est un site de petites annonces très utilisé aux États-Unis. *(N.d.T.)*

Si le changement climatique est un phénomène sans précédent – jamais le climat lui-même n'avait été altéré par l'homme auparavant –, notre manière de l'appréhender, elle, n'est pas inédite. À vrai dire, pour ce qui est de notre cerveau, il n'y a rien de nouveau sous le soleil. Les communicants se contentent parfois de balancer tout ce qu'ils ont en stock en espérant que quelque chose reste. Comme l'écrivait récemment un blogueur :

> "Nous, habitants de la planète Terre, menons discrètement une expérience à grande échelle. Nous jouons à la roulette russe avec le climat et personne ne sait ce que contient la chambre du pistolet." Si les nazis ont construit des chambres à gaz pour des millions de victimes, le changement climatique en cours pourrait bien transformer la planète en un four ouvert sur la base d'un pacte faustien.

Sacré morceau.

Tout le monde se plaît à faire des comparaisons avec la Seconde Guerre mondiale, exemple le plus récent d'une mobilisation de masse dans un élan collectif et contre un ennemi commun. Le magazine *Time* mit en couverture de son numéro spécial d'avril 2008, intitulé *Comment gagner la guerre contre le réchauffement planétaire*, une parodie de la photographie la plus célèbre de ce conflit mondial, l'élévation du drapeau sur Iwo Jima, sauf que les soldats ne levaient pas un drapeau mais un arbre.

La Seconde Guerre mondiale offre un exemple à suivre pour ce qui est de la coopération et du sacrifice collectif contre une menace commune, et cet exemple alimente la communication sur le changement climatique à coups de citations de Winston Churchill, de Rosie la riveteuse, de guerre totale et d'holocauste.

Les climato-négationnistes puisent dans la même mine de métaphores. Myron Ebell, du Competitive Enterprise Institute, utilisant une tactique d'inversion typique, déclare que la bataille du changement climatique est un "effort désespéré du même type que celui fourni pendant la bataille des Ardennes par les forces de l'obscurité". Il parle ici d'une bataille du bien contre le mal, des Alliés contre les nazis, incarnés dans son esprit par les écologistes et leurs alliés gauchistes.

La loi de Godwin, inventée par Mike Godwin en 1990, stipule que dans n'importe quelle longue discussion en ligne, sans tenir compte de son sujet ou de sa discipline, quelqu'un finit inévitablement par faire une comparaison avec Hitler ou les nazis. Aucune question actuelle n'est autant prise d'assaut, des deux côtés, par des nazis ressuscités pour l'occasion que le changement climatique. Al Gore met en parallèle la lutte contre le réchauffement planétaire et la lutte contre les nazis. William Gray, un professeur climato-sceptique de l'université du Colorado, affirme que "Gore croit au changement climatique presque autant que Hitler croyait que quelque chose clochait chez les Juifs". L'auteur Michael Crichton et le climato-sceptique Richard Lindzen comparent sans vergogne la climatologie à la théorie nazie des races.

Le climatologue de la NASA James Hansen est allé plus loin encore, décrivant les trains chargés de charbon partant vers les centrales comme des "trains de la mort – non moins macabres que des wagons roulant vers les crématoriums, transportant un nombre incalculable d'espèces irremplaçables". Après une plainte déposée par l'Anti-Defamation League, Hansen s'excusa. En revanche, aucune excuse ne fut faite par Andreï Illarionov, conseiller du président russe Vladimir Poutine, qui avait qualifié le protocole de Kyoto d'"Auschwitz inter-États". Illarionov avait précédemment rejeté l'expression "goulag inter-États" comme étant trop modérée et, on peut s'en douter, peut-être un peu trop liée à l'histoire de son pays. Les meilleures atrocités sont celles qui sont commises par d'autres.

Le changement climatique étant un problème pernicieux, ces métaphores viennent cadrer la manière dont nous l'appréhendons dans sa globalité. Si nous envisageons le changement climatique comme une bombe à retardement, nous en tirerons des conclusions bien différentes des conclusions de ceux qui le perçoivent comme une fièvre, un pari, une nouvelle mission spatiale ou une bataille de la Seconde Guerre mondiale. Pour chacun de ces cas, nous imaginons des causes, des issues et des solutions bien distinctes.

Mais tous ces cadrages sont en réalité trompeurs. Ils nous incitent à voir le changement climatique comme un défi délimité qui peut être relevé, soigné, surmonté ou vaincu plutôt que comme ce qu'il est : une situation ouverte et irréversible, qui ne peut qu'être contenue. Cette question multivoque et multivalente prend volontiers la forme des métaphores que nous y appliquons, ce qui, comme je le montrerai plus loin, peut créer une dangereuse illusion de familiarité.

22

LA FIABILITÉ DU COMMUNICANT

Pourquoi le messager est plus important que le message

En 2007, Greg Craven, professeur de sciences dans un lycée de l'Oregon, publia sur YouTube une vidéo de neuf minutes sous le titre aguicheur *La Vidéo la plus terrifiante que vous ayez jamais vue*. Craven est le surprenant héritier du philosophe du XVIIe siècle Blaise Pascal, qui cherchait à "[peser] le gain et la perte, en prenant croix que Dieu est". Avec son tableau à feuilles et ses marqueurs, Craven pèse le pour et le contre d'une action contre le changement climatique et parvient à la conclusion que nous devrions tous y croire car, comme le disait Pascal, si l'on gagne, on gagne tout ; si l'on perd, on ne perd rien.

Mais Craven n'incarne pas la figure de l'intellectuel. Il apparaît détendu, sympathique, sincère, un peu loufoque et entièrement digne de confiance, discutant gaiement dans le désordre clairement visible de sa cuisine. Craven dit à ses spectateurs qu'à l'ère d'Internet ils sont en mesure de passer directement à l'action simplement en transmettant sa vidéo à leurs amis. Ce simple conseil n'a pas seulement promu son petit clip bricolé à la maison : il lui a conféré la qualité de preuve sociale que donne la recommandation par les pairs. La vidéo a été visionnée plus de six millions de fois, ce qui fait de Craven le communicant du changement climatique le plus populaire de tous les temps.

Si les mots sont les cadres, et les histoires les intermédiaires, alors la personne qui les communique devient le lien le plus important et potentiellement le plus faible entre les informations scientifiques et la conviction personnelle. Cette impression de fiabilité est un biais puissant, entièrement déterminé par notre cerveau émotionnel et notre capacité intuitive à distinguer nos amis de nos ennemis. Nous nous demandons : "Est-ce quelqu'un à qui je peux faire confiance à ce sujet ? Cette personne est-elle honnête et calée sur cette question ? Semble-t-elle partager mes préoccupations et ma vision du monde ? M'apparaît-elle ouverte et sympathique ?"

C'est pourquoi, bien que les trois quarts des Américains continuent de considérer les climatologues comme une source d'information fiable en matière de réchauffement planétaire, ils sont tout autant disposés (ou presque) à croire les présentateurs météo de la télévision, dont la formation scientifique est bien moins solide mais qui ont un profil public bien plus sympathique, familier et accessible. Malheureusement, on constate parmi ces derniers un niveau étonnamment haut de déni : dans une enquête de 2010, seuls la moitié d'entre eux estimaient que le climat était réellement en train d'évoluer et plus d'un quart considéraient le changement climatique comme une "arnaque".

Quelles sont donc les qualités que l'on recherche chez un communicant digne de confiance ? Selon le politologue Arthur Lupia, l'intégrité est fondamentale, et elle est directement liée à notre perception de ce que le communicant reçoit en échange de ce qu'il dit, ou de ce qu'il risque en le disant. Ainsi, nous aurons tendance à nous méfier d'un communicant qui sert ses propres intérêts ou qui n'a pas de comptes à rendre, par rapport à quelqu'un qui prend un risque personnel ou qui pourrait être puni s'il ment.

Ceux qui déjouent nos attentes deviennent par conséquent plus convaincants, en particulier lorsqu'ils changent de camp, ce que nous percevons comme une grosse prise de risque social et donc une preuve de leur intégrité. Qu'ils soient vus comme des libres penseurs, des lanceurs d'alerte, des renégats ou des traîtres, ils se comportent de façon contraire à nos prévisions et piquent notre curiosité. Et puis ils ont une histoire fascinante à raconter : celle d'un voyage personnel difficile, qui comporte souvent un moment de prise de conscience, une conversion douloureuse, et le courage d'affirmer leur nouvelle position malgré l'opprobre dont les couvrent leurs anciens alliés.

Nombreux sont ainsi les climato-négationnistes célèbres à s'inventer un passé d'écologiste. Le Canadien Patrick Moore peut légitimement se targuer d'avoir cofondé Greenpeace, bien qu'il ait passé les vingt-cinq années suivantes à saper toutes ses campagnes. Le statisticien danois Bjørn Lomborg, de renommée internationale, s'autoproclame "écologiste sceptique" parce qu'il était membre de Greenpeace (ce dont on ne trouve aucune trace).

Dans l'autre sens, il arrive que des sceptiques tels que Richard Muller, le physicien théoricien de Berkeley, viennent grossir les rangs des partisans de la lutte contre le changement climatique, attirant ainsi l'attention du public et se conférant une réputation de fiabilité pour l'indépendance dont ils font preuve. Par le simple fait de répéter ce que des climatologues professent depuis des années, Muller a désormais un accès direct à des PDG, des financeurs et des responsables politiques.

Le manque de confiance envers les communicants du changement climatique est particulièrement flagrant au sein des conservateurs. Le climato-sceptique Marc Morano recense deux erreurs majeures : la décision de confier à la "bureaucratie internationale, extrêmement douteuse", des Nations unies le soin de fournir les données scientifiques (il choisit là d'oublier que son rôle se résume à convoquer les réunions des scientifiques) et le choix d'Al Gore, "le personnage le plus clivant de toute l'histoire politique américaine", comme tête d'affiche. Cette combinaison, exulte-t-il, a tout pour déplaire. Morano est un battant, qui tire une joie évidente de l'idée que c'est son camp qui gagne.

Force est de constater qu'il a raison. Al Gore est une cible facile pour les négationnistes. L'examen d'environ huit cents articles climato-sceptiques a montré que près de 40 % d'entre eux le mentionnent. Ces références à Gore découlent d'une longue histoire de railleries conservatrices de la part de George H. W. Bush qui le surnommait "Ozone Man", et il est souvent caricaturé comme un homme avide, arrogant, hypocrite et mû par des mobiles éminemment politiques – des caractéristiques qui visent à mettre à mal la confiance placée en lui. Cette campagne de discrédit va parfois très loin. Le physicien William Happer soutient ainsi que Gore n'est pas digne de confiance parce que le graphiste de l'un de ses livres a enlevé, à l'aide du logiciel Photoshop, des nuages sur une photo de la Terre qui fait la couverture.

Cette méfiance envers Al Gore semble cependant être un symptôme plutôt qu'une cause du rejet du changement climatique de la part des conservateurs. En réalité, le niveau de préoccupation des conservateurs est resté à peu près constant au fil des années et a même légèrement augmenté au moment de la sortie d'*Une vérité qui dérange* et de l'attribution du prix Nobel à Gore. À vrai dire, c'est quand la popularité de ce dernier a décliné que leur inquiétude a, elle aussi, diminué. Le problème est moins la présence de Gore que l'absence relative d'un autre communicant du changement climatique qui correspondrait davantage à leurs valeurs conservatrices. En l'absence d'une telle personne, Gore est devenu une figure de proue emblématique pour les campagnes aussi bien pro- qu'anti-changement climatique.

Bob Inglis, ancien représentant républicain de la Caroline du Sud, essaie d'occuper ce créneau. Son refus de répudier la climatologie lors des élections de 2011 joua contre lui alors qu'il affrontait une campagne rondement menée par le Tea Party. Le naufrage de sa carrière politique sur une simple question de principe lui a cependant donné une légitimité et une fiabilité incomparables dans sa nouvelle carrière en tant que militant conservateur en faveur de la lutte contre le dérèglement climatique.

Inglis défend avec ferveur la nécessité d'une réponse conservatrice au changement climatique, qu'il perçoit comme une vocation tant religieuse que politique. Très chrétien et très conservateur (l'American Conservative Union lui a donné une cote de confiance de 93 %), il s'efforce de trouver une nouvelle langue qui rencontrera un écho auprès de ses pairs, utilisant notamment les cadres du respect, de l'autorité et de la responsabilité. À ses yeux, trouver le bon langage est essentiel puisque, comme il le dit, "trouver les bons mots pour parler du changement climatique, c'est déjà répondre à la question".

Lorsque des personnes ayant une culture politique conservatrice s'essaient à parler une langue nouvelle en accord avec leurs valeurs, les résultats peuvent être surprenants, intrigants et, pour beaucoup d'écologistes de gauche, consternants. Ils vont devoir reconnaître qu'ouvrir la question du changement climatique à de nouveaux communicants peut aussi introduire de nouveaux cadres qui les mettent décidément bien mal à l'aise.

Ces nouveaux communicants plébiscitent par exemple le colonel Mark Mykleby, un ancien marine mince et hargneux qui traduit le concept de développement durable dans la langue des forces spéciales. Il décrit la marche à pied comme l'avenir de l'énergie américaine et affirme qu'affronter les conséquences du changement climatique revient à se prendre un coup de poing dans l'estomac puis à revenir prêt à passer à l'offensive. Ils aiment aussi Rob Sisson, le catholique président de ConservAmerica, qui soutient que le changement climatique est "la plus grande violation de la liberté après l'avortement" et que les campagnes pro-vie devraient aussi se battre pour les six cent mille bébés américains "empoisonnés chaque année alors qu'ils sont encore dans le ventre de leur mère par les toxines que libère la combustion des sources d'énergies fossiles".

Mais ce genre d'hommes appartient à la catégorie des militants professionnels de haut niveau, bien que leur posture politique soit effectivement nouvelle. Ce dont a réellement besoin le changement climatique, c'est de la voix des gens ordinaires, qui ne sont pas forcément de bons rhéteurs ou de grands prêcheurs, mais qui peuvent apporter une certaine authenticité et convaincre le reste de la population qu'il s'agit d'une cause collective.

Ces gens ordinaires sont rarement vus ou entendus, car les spécialistes ou les professionnels de la propagande les laissent de côté. Il est regrettable que les campagnes de communication de grande envergure n'aient jamais réussi à égaler les publicités de *BP dans la rue*, de 2004, où toute une gamme de citoyens ordinaires donnaient leur avis sur l'énergie et le changement climatique, ou la puissance émotionnelle de la campagne publicitaire lancée en 2013 par Chrysler Dodge Ram, intitulée *Et Dieu créa un fermier*, entièrement composée de photographies de fermiers entourés de leur famille.

Il arrive de temps à autre qu'un petit projet clairvoyant parvienne à faire entendre de nouvelles voix. Pendant l'été 2012, Erik Fyfe et Albert Thrower sillonnèrent le Nord-Est des États-Unis sur une moto roulant au biocarburant pour filmer leurs entretiens sur le changement climatique avec les gens qu'ils rencontraient sur la route : un barbier, un distillateur, un cultivateur de canneberges, un ouvrier de scierie... Certains étaient inquiets, d'autres nonchalants, d'autres encore résignés, mais ces entretiens, regroupés sous le titre *Slow Ride Stories*, respectaient chaque point de vue. Le projet *Climate Wisconsin*, mené par le comité de communication pédagogique du Wisconsin, a rassemblé de courtes vidéos sur lesquelles apparaissaient des travailleurs du bois, des acériculteurs, des pêcheurs et un pilote de cargo expliquant les évolutions qu'ils avaient constatées et exposant leurs préoccupations pour l'avenir.

Ces entretiens ont une profondeur et une chaleur humaine qui trop souvent sont absentes du discours élaboré par les spécialistes. La réponse au clivage partisan et au désintérêt du public commence, j'en suis convaincu, par la recherche de nouveaux messagers plutôt que de nouveaux messages, et par la création de nouveaux moyens de faire entendre leurs voix.

23

SI LA THÉORIE EST TROP DIFFICILE À COMPRENDRE, RÉPÉTEZ-LA ENCORE ET ENCORE

Pourquoi la climatologie n'émeut personne

Le changement climatique est une question complexe et technique, alimentée par les théories, les données et les prévisions de scientifiques spécialisés. Le problème n'est pas simplement que les scientifiques insistent sur l'incertitude ou utilisent des abstractions obscures, mais qu'ils dépouillent souvent cette problématique des images, histoires et métaphores qui pourraient stimuler notre cerveau émotionnel et nous pousser à agir. Il y a parfois une déconnexion presque parfaite entre le messager et le message, comme dans ces comédies où on échange les rôles.

Ce n'est pas un hasard. La division entre cerveau émotionnel et cerveau rationnel est profondément ancrée dans notre culture et se manifeste très clairement dans l'écart culturel qui sépare la religion de la science, apparu pendant les Lumières. Comme l'affirme Tony Leiserowitz, cette séparation est une "erreur culturelle durable". Science et religion sont selon lui inséparables et, "sans ressentir cette émotion, il est impossible de prendre les bonnes décisions. Les scientifiques sont eux aussi des êtres humains, pas des extraterrestres." Il a certes raison et, comme je l'expliquerai plus loin, le détachement professionnel dont font montre les scientifiques nous mène à sous-estimer gravement l'ampleur de leur propre angoisse ou désespoir.

Cette "erreur culturelle durable" se manifeste encore aujourd'hui dans le système éducatif, qui demande aux étudiants de se spécialiser bien trop tôt dans les filières scientifiques, littéraires ou sociales. Cette division ressurgit ensuite dans le débat culturel autour du changement climatique. La grande majorité des journalistes, des politiciens ou des écologistes qui dominent le champ de la communication autour du changement climatique ont une formation littéraire ou sociale et expriment parfois un mépris d'endogroupe envers les scientifiques, avec une véhémence qui serait inacceptable dans tout autre domaine culturel, les traitant d'"apprentis sorciers", de "prima donna en blouse blanche" ou de "savants fous".

Les scientifiques eux-mêmes s'affrontent dans des combats de culture, en particulier dans le cadre de ce qu'on appelle la "guerre des paradigmes", opposant positivisme (qui s'appuie sur des expériences pour établir des conclusions considérées comme universellement vraies) et constructivisme (pour lequel le savoir est toujours ancré dans une époque, un lieu et une culture).

Les quelques sceptiques qui ont une véritable formation scientifique viennent systématiquement des disciplines positivistes que sont la physique, la chimie et la géologie, notamment, semble-t-il, ceux qui ont travaillé dans les industries du nucléaire et du pétrole. Leurs critiques, selon lesquelles la climatologie est manipulée pour des raisons politiques ou idéologiques, sont des manifestations de leur dédain sous-jacent envers le constructivisme.

Tout ceci complique le travail des climatologues qui se retrouvent écartelés entre la nécessité de maintenir un certain détachement sur le plan professionnel et celle de faire face à ce paysage mental complexe, composé de biais, d'histoires et de préjugés culturels.

Stephen Schneider, qui fut pendant longtemps le climatologue le plus connu aux États-Unis, affirmait que les professionnels des sciences subissaient une "double contrainte éthique" : "D'un côté, en tant que scientifiques, l'éthique nous oblige à appliquer strictement la méthode scientifique. D'un autre côté, nous sommes aussi des êtres humains. Et comme la plupart des gens, nous voulons que la situation s'améliore, ce qui implique d'obtenir autant d'attention que possible de la part des médias. Il nous faut donc proposer des scénarios qui font froid dans le dos ou faire des déclarations dramatiques qui simplifient les faits."

Aucun scientifique n'illustre mieux cette lutte que James Hansen, ancien climatologue de la NASA, qui m'a confié qu'il était "exécrable" en entretiens et qu'il détestait la télévision. Son aversion est telle qu'après les gros titres internationaux sur son témoignage devant le Congrès en 1988, il décida de "jeter l'éponge sur la communication" et ne prit plus la parole en public pendant les quinze années suivantes, jusqu'à se sentir moralement obligé d'intervenir de nouveau. Pendant notre conversation sur les marches de l'université

Columbia baignées du soleil d'automne, nous étions constamment interrompus par des admirateurs qui venaient lui serrer la main. Hansen recevait ces marques d'attention avec bienveillance mais semblait toujours intimidé et quelque peu perplexe. Il ne fait aucun doute que Hansen, probablement le climatologue le plus connu de nos jours, n'a jamais cherché à occuper cette place.

Comme le dit Bob Ward, directeur de la communication du Grantham Institute for Climate Change à l'Imperial College London, "notre objectif premier est d'informer plutôt que de motiver. À nos yeux, notre rôle consiste à fournir des contributions factuelles aux processus rationnels de prise de décision." C'est ainsi que, lorsqu'on leur demande pourquoi le public ne comprend toujours pas le changement climatique, la grande majorité des climatologues répondent que le problème n'est pas le manque de compréhension des études réalisées ou du processus scientifique dont elles découlent. Par exemple, Jay Gulledge, scientifique chevronné du Center for Climate and Energy Solutions, recommande à ses pairs d'expliquer la théorie, de montrer les données et les modèles, et, "si c'est trop difficile à comprendre, parlez-en encore et encore, parce que c'est comme ça que ça rentre". On appelle cet argument le "modèle du déficit de connaissances" parce qu'il implique que nous sommes des "supports vierges qui répondront de manière appropriée une fois qu'ils auront les faits en main", selon les mots de Ward.

Ces dernières années, en raison de l'absence flagrante de toute mesure politique ou sociale, les scientifiques en sont venus à la conclusion que le problème provenait de la dénaturation des données par ce qu'ils appellent les "campagnes de désinformation". La meilleure solution pour les contrecarrer, à leurs yeux, est de fournir encore davantage d'informations. En annonçant le nouveau rapport du Potsdam-Institut für Klimafolgenforschung, le chef de l'équipe de recherche s'est déclaré convaincu que ces données allaient "faire taire une idée fausse, populaire dans certains domaines, selon laquelle le réchauffement planétaire a ralenti". Bien sûr, ça n'a pas été le cas.

Les recherches montrent qu'il est rare que des opinions contradictoires soient efficacement remises en cause par de nouvelles informations et qu'elles ont même tendance à se renforcer.

Ce n'était pourtant pas le cas à l'époque où le changement climatique est apparu. Les dix ou quinze premières années, le niveau de compréhension par le public de la science qui sous-tend les recherches fut le meilleur moyen de prévoir si les comportements allaient évoluer ou si les politiques gouvernementales seraient soutenues. Des sondages menés au cours de cette période ont montré que les républicains et les démocrates qui déclaraient avoir une bonne compréhension des données étaient assez d'accord sur la question.

Depuis lors, le phénomène a été contaminé par des valeurs politiques et culturelles. En 2010, alors que le nombre de personnes déclarant ne pas comprendre le changement climatique était tombé à 3 %, c'étaient les orientations politiques qui déterminaient l'attitude adoptée. Au sein des républicains, plus les gens en savaient sur le phénomène, moins ils y croyaient. Dans l'ensemble, le niveau de compréhension des climato-négationnistes concernant la climatologie était légèrement supérieur à celui des personnes convaincues de la réalité du phénomène. Comme l'affirme élégamment l'universitaire australien Clive Hamilton, "le déni est dû à un excédent de culture plutôt qu'à un déficit d'informations".

Il n'y a pas non plus, faut-il le préciser, de rapport entre l'opinion concernant le changement climatique et le niveau d'intelligence. Lors de tests, des étudiants en droit au QI élevé n'étaient pas plus intéressés que les autres par l'explication de points de vue variés ; seule différence : ils utilisaient leur capacité de réflexion pour créer davantage d'arguments justifiant leur conviction préexistante.

Ce biais de confirmation s'étend à la confiance que nous plaçons tant chez les scientifiques que chez les communicants. Dans l'ensemble, les scientifiques sont toujours considérés comme dignes de confiance dans leur profession, y compris par les républicains et les climato-sceptiques. En revanche, si on leur donne le choix entre différents scientifiques, les sondés ne peuvent s'empêcher de faire un peu plus confiance à celui qui les conforte dans leur opinion.

Dan Kahan, du projet de cognition culturelle de Yale, a mené une expérience dans laquelle il proposait aux participants différentes citations sur le changement climatique attribuées à de faux "experts". Tous étaient présentés comme des professeurs de grandes universités et leur biographie était accompagnée de photos d'identité représentant des hommes blancs d'âge moyen, vêtus d'un costume. Les participants désignaient très facilement l'expert le plus qualifié et le plus compétent. Évidemment, il s'agissait toujours de celui dont l'opinion rejoignait la leur.

Paradoxalement, l'une des preuves les plus convaincantes que l'information ne fait pas évoluer les comportements est que les communicants travaillant dans les sciences continuent de ne pas tenir compte des nombreuses preuves montrant que l'information ne fait pas évoluer les comportements. La grande majorité des articles scientifiques se présentent encore aujourd'hui sous la forme de données et de graphiques, et la seule tentative qui a été faite pour rendre tout ça plus intéressant a consisté à pimenter les données avec des graphiques et tableaux animés en trois dimensions.

Le GIEC a beaucoup de mal à communiquer ses conclusions. La tâche ne lui est certes pas facilitée par la longue et douloureuse procédure, hautement politisée, d'approbation de ses textes. Comme me le dit John Houghton, membre du GIEC, "tout ce qui sort d'ici doit être approuvé, mot à mot, par la centaine de personnes présentes, avec l'intermédiaire de l'interprétation simultanée, et en dépit des efforts de l'Arabie Saoudite et des États pétroliers qui cherchent à nous mettre des bâtons dans les roues". La langue qui survit à cette procédure servira à cadrer la compréhension des données par les politiciens et le public. C'est un moment crucial où la langue rationnelle et abstraite de la probabilité doit croiser la langue émotionnelle de la menace.

Stephen Schneider avait très bien compris ceci et exhorté le GIEC à adopter des formulations plus courantes pour parler des niveaux de certitude ou d'incertitude. Voilà vingt-cinq ans que le GIEC se débat avec ce problème sans, il faut le dire, y parvenir, s'attirant ainsi les foudres de tout un comité d'universitaires scientifiques internationaux.

Une équipe du département de psychologie de l'université de l'Illinois a mis à l'épreuve la langue utilisée dans les rapports du GIEC pour montrer que les lecteurs sous-estimaient considérablement les probabilités que le groupe d'experts cherche à communiquer. Le GIEC utilise l'expression "très probable" pour signifier "plus de 90 % de chances", mais les trois quarts des lecteurs ordinaires donnaient un pourcentage bien inférieur, certains l'estimant à 60 % ou moins, même avec les définitions officielles du GIEC sous la main.

Et pourtant, les rapports du GIEC continuent d'utiliser ces formules. Lorsque le cinquième rapport d'évaluation fut lancé, en septembre 2013, le gros titre mis en tête du communiqué de presse soulignait que les scientifiques avaient "maintenant 95 % de certitude" que l'homme était à l'origine du changement climatique. En s'appuyant sur un siècle d'expérience en marketing, ils auraient su qu'une étiquette de prix à 95 dollars représente pour la plupart des gens une sacrée aubaine par rapport à celle à 100.

Un problème semblable apparaît lorsqu'on s'efforce de quantifier le consensus scientifique de l'origine anthropique du changement climatique, qui souvent se chiffre à 95-97 % des scientifiques ou des articles évalués par des pairs. Si vous êtes méfiant à l'origine, cette statistique ne fera que renforcer le statut des 3 % dissidents. Nous avons déjà vu que les gens ne sont guère impressionnés par les nombres et qu'ils privilégient les affinités qu'ils se sentent avec des individus. Les histoires qui fonctionnent particulièrement bien avec les cultures individualistes sont celles qui expriment une méfiance envers les gouvernements et les grandes institutions, comme l'affrontement opposant David et Goliath. Un millier de personnes constitue une foule ; une seule personne affrontant cette foule est un héros.

Mais, en s'efforçant de garder une langue équilibrée et neutre, les scientifiques passent à côté du récit qui serait réellement capable de stimuler les gens, de les exalter, de les mobiliser : leur propre histoire et celle de leur passion pour la science. Après tout, ce qui parle véritablement au cerveau émotionnel, ce sont les histoires personnelles, et la valeur du communicant se fonde sur ce que nous pensons de son engagement.

Dans son livre *The Discovery of Global Warming (La Découverte du réchauffement planétaire)*, le physicien Spencer Weart annonce qu'il s'apprête à raconter "une véritable épopée : la lutte menée pendant un siècle par des milliers de femmes et d'hommes pour défendre des enjeux de taille. Pour certains d'entre eux, il fallut travailler à la sueur de leur front, au péril de leur vie, sur les banquises ou en haute mer. Ils finirent par vaincre, et atteignirent leur but : la connaissance."

Le style est certes un peu pompeux, mais on a envie d'en savoir plus, de rencontrer ces scientifiques et d'écouter ce qu'ils ont à dire. J'ai la grande chance de m'entretenir avec de nombreux climatologues et je suis toujours autant impressionné par leur passion, leur enthousiasme, leur humour et leur ferveur. Andrew Dessler, professeur de physique atmosphérique à l'université Rice, au Texas, soutient que ces histoires personnelles sont leur arme la plus efficace et qu'elles sont essentielles pour bâtir la confiance. Il regrette que les raconter aille "à l'encontre de la culture scientifique, qui met en avant le collectif et minimise l'individu, mais c'est un savoir-faire que les communicants du climat doivent apprendre".

Et il a raison. C'est difficile, mais ça l'est pour tout le monde. Malgré la diffamation systématique des scientifiques, ils restent les communicants les plus crédibles, non seulement en raison de leurs qualités en tant que personnes, mais aussi pour l'excellence de la méthode scientifique qu'ils incarnent. Pourquoi ne pourraient-ils pas simplement présenter leurs conclusions puis faire un pas en arrière et parler de leurs espoirs, de leurs craintes, de leur humanité ? Après tout, nous avons beaucoup en commun.

24

PROTÉGER, BANNIR, SAUVER, ARRÊTER

Comment le changement climatique est devenu une question environnementale

Le 9 juillet 1977, Sheldon Kinsel, jeune avocat embauché par la National Wildlife Federation, prit position lors d'une audience devant le Congrès sur la politique énergétique. Ce fut la première fois qu'une organisation de défense de l'environnement figurait dans le procès-verbal du Congrès sur une problématique qui, à ce moment-là, n'avait toujours pas de nom. Kinsel l'appela *climate shift* (évolution du climat) et déclara qu'à côté "les autres questions *environnementales* [faisaient] pâle figure". Même à ce stade précoce, le phénomène n'était pas un simple problème *environnemental* ; c'était le problème *environnemental* le plus important de tous.

Pour commencer, les organisations de défense de l'environnement ont tout simplement étendu le spectre de leurs activités pour y inclure le changement climatique. Quelques années plus tard, au moment où croissait l'intérêt scientifique et politique sur le sujet, elles se regroupèrent dans des coalitions, notamment le Climate Action Network en 1989 et, trois ans plus tard, la Sustainable Energy Coalition. Le mouvement prit de l'ampleur avec une certaine constance et décolla pour de bon autour de 2005. Aujourd'hui, plus de cinq cents organisations se mobilisent autour de cette question.

Il a toujours été évident pour les organisations de protection de l'environnement que le changement climatique était une question environnementale. Après tout, il concerne la pollution atmosphérique, et c'est exactement leur domaine. Cette thématique a émergé dans le sillage d'une série de victoires juridiques majeures sur la qualité de l'air, le plomb dans l'essence, l'appauvrissement de la couche d'ozone et les pluies acides. Et le changement climatique renfermait également une critique plus sévère du pétrole, du charbon, du transport par route, des modes de vie énergivores, de l'industrialisation, de la croissance économique, de l'agrobusiness et de la consommation de viande – questions brûlantes pour la plupart des écologistes.

En dépit de leurs divergences (ce serait une erreur de ne pas reconnaître les différences importantes, en termes de ressources et de politiques, qui existent entre les riches groupes qui gravitent autour du Capitole et les réseaux locaux de justice environnementale), toutes les organisations de défense de l'environnement ont façonné le changement climatique à leur image, avec des histoires, des images et des métaphores tirées des luttes livrées par le passé.

Ce faisant, une autre rétroaction cognitive s'est produite : la question s'est rapprochée de plus en plus des sens que lui donnaient les écologistes, et tout cadrage alternatif a été mis sur la touche ou est resté en marge. Les gouvernements, les entreprises et les médias ont volontiers contribué à ce phénomène : tous avaient leurs propres raisons de définir le changement climatique comme une question environnementale, qu'ils ne prendraient au sérieux qu'après avoir paré au plus pressé.

Le changement climatique est ainsi devenu le plus gros problème *environnemental* de notre époque, qui fait l'objet dans les médias de reportages spécifiques sur l'*environnement*, réalisés par des correspondants en charge de l'*environnement*, et qui est couvert par des réglementations en matière d'*environnement* créées par des politiques *environnementales* décidées lors de conférences sur l'*environnement*.

Cette surenchère donne peut-être un sentiment de proximité aux écologistes mais, pour le reste de la population, ces associations ne font qu'éloigner le changement climatique de leurs préoccupations immédiates, comme un luxe que l'économie, l'emploi, la criminalité et les guerres relèguent au bord du bassin d'inquiétude. Des sondages plus généraux ont montré que le dérèglement climatique remorquait dans son sillage des préoccupations liées à l'environnement mais sans rapport avec le changement climatique lui-même, car toutes ces questions se retrouvaient placées dans le même cadre cognitif.

Et c'est ainsi qu'une question qui exige un niveau de coopération inédit se retrouve cantonnée à un seul mouvement, le mouvement écologiste, et aux diverses conceptions du monde qu'on lui associe. Ceux qui, historiquement, se méfiaient de l'écologie en sont venus à mettre en doute le changement climatique, tandis que ceux qui se méfiaient du changement climatique se sont mis à douter d'autant plus de l'écologie.

Ce constat est particulièrement vrai chez les conservateurs. L'ancien représentant républicain Bob Inglis, qui peine à construire une histoire conservatrice autour du changement climatique, ne fait pas dans la dentelle. "Nous, les conservateurs, avons tendance à considérer les écolos comme des pleurnichards à queue de cheval qui rouspètent à tout bout de champ, me dit-il en riant de bon cœur au plaisir de prononcer cette phrase devant l'un desdits pleurnichards rouspéteurs. Et nous estimons qu'ils passent leur temps à ronchonner et à se tourmenter. Écouter un écolo parler, c'est comme aller chez un médecin qui vous dirait : « Mon Dieu, c'est le plus gros mélanome de toute ma carrière ! »"

Dans un raisonnement remarquable par sa tautologie, Myron Ebell, du Competitive Enterprise Institute, voit la domination des écologistes comme la preuve ultime de l'escroquerie climatique : "S'il y avait véritablement un problème, étayé par des données scientifiques réelles, les écologistes n'auraient pas pu se l'approprier ainsi. Ce serait devenu une question de société, et des responsables auraient trouvé des solutions pour y remédier."

Ted Nordhaus, cofondateur du Breakthrough Institute, s'est bâti une réputation d'hérétique environnemental, bien qu'il préfère se qualifier de "cas particulier" et de "moderniste écologique". Il soutient que les écologistes "n'ont servi à peu près à rien", "n'ont eu aucune incidence sur quoi que ce soit" et ont "délimité un espace difficile d'accès à tous les autres".

Lorsque je soumets ces critiques à Michael Brune, directeur exécutif du Sierra Club, il essaie d'en rire mais je vois bien qu'elles touchent une corde sensible : "N'est-ce pas ironique ? demande-t-il. Ces gens prétendent que c'est la faute des écologistes si les écologistes sont les seuls à s'inquiéter de ce problème. Je dirais plutôt que c'est la faute de chaque fraction de la société qui n'a pas fait montre de réelle volonté politique là-dessus. Tout le monde parle au nom de ses pairs, c'est bien naturel, et nous employons donc les mots et les images qui mobilisent notre propre base."

Je suis plutôt d'accord avec lui, et je ne voudrais surtout pas dénigrer le dur labeur de mes collègues qui s'attachent depuis longtemps à attirer l'attention sur ce problème. Mais, alors que mes travaux m'éloignent de mes confrères pour me rapprocher de nouveaux groupes (conservateurs, chrétiens, musulmans, facteurs, mineurs, enseignants, demandeurs d'asile, adolescents délinquants, bergers, rotariens, passionnés de tuning, scouts), je me rends bien compte de l'inefficacité de la langue des écologistes en dehors de ce cercle militant. En l'absence d'autres types d'histoires sur le changement climatique, ces mots et images écolos sont bien trop liés... à l'écologie.

Protéger, sauver, bannir et arrêter, par exemple. Les bureaux de Greenpeace à Washington semblent uniquement constitués d'affiches et d'autocollants, et presque tous parlent d'arrêter telle chose (les forages dans l'Arctique, l'écoblanchiment, l'énergie nucléaire, la déforestation, le réchauffement planétaire, la destruction des océans, les émissions de CO_2, ExxonMobil, le forage en mer) ou de sauver telle autre (les baleines, les tigres de Sumatra, la biosphère, les orangs-outangs). En face des toilettes, elles-mêmes tapissées d'autocollants, est accrochée une banderole (tiens donc) du service de comptabilité où l'on peut lire : "Gagner du temps, c'est sauver des baleines. Apportez-nous vos reçus."

Pour le linguiste George Lakoff, ce vocabulaire crée une diversion. Il donne l'impression que l'environnement est une entité externe qui doit être protégée ou sauvée face à un ennemi qui chercherait à le détruire. Pour Lakoff, c'est un cadre, mais on peut aussi le qualifier de récit archétypal qui façonne dans une large mesure le point de vue des écologistes, divisant le monde en deux catégories : ceux qui ont la protection de l'environnement à cœur et ceux qui s'en contrefichent.

Cette vision mène inévitablement à porter des jugements à l'emporte-pièce. Al Gore a ainsi déclaré que les personnes qui pensent que le débarquement sur la Lune est une mise en scène et celles qui croient que la Terre est plate "se retrouvent tous les samedis soir pour faire la fête avec les climato-négationnistes". Étant donné que plus d'un quart des sympathisants républicains sont certains de l'inexistence du changement climatique, ce doit être des sacrées soirées. Ce genre de déclarations insulte bien des gens.

Certains écologistes se laissent également gagner par une rhétorique anti-humains, parlant de l'espèce humaine comme d'une invasion ou d'un virus qui détruit le monde naturel. Chris Horner, collègue de Myron Ebell au Competitive Enterprise Institute, est l'auteur de cette jolie formule : "Les écolos ont trop de trop : trop de gens, qui consomment trop de ressources" (on pourrait lui rétorquer que les climato-négationnistes libertariens ont trop de libertés : libre marché et libre entreprise).

Ces généralisations ne tiennent pas compte de la diversité du mouvement écologiste ou du travail constant fourni par les militants pour créer des passerelles avec d'autres groupes. Une grande initiative, BlueGreen Alliance, lancée en 2006 par le Sierra Club et United Steelworkers (l'organisation syndicale des sidérurgistes), compte aujourd'hui quatorze des plus grands syndicats américains et des organisations de protection de l'environnement, pour un nombre total de membres s'élevant à quinze millions.

Le problème est que, dès que les écologistes essaient d'élargir leur auditoire, ils ne peuvent s'empêcher de renforcer les cadres qui mènent d'autres personnes à marginaliser et à négliger le changement climatique. Imaginez la scène :

Un sourd bourdonnement se fait entendre à l'arrière-plan tandis qu'une série d'images défilent rapidement sur l'écran : un ouragan, une tortue au-dessus d'un récif corallien, des icebergs, un autre ouragan, une fumée épaisse, des puits de pétrole en feu, des mouches sur le corps d'un enfant à l'agonie, l'heure de pointe à Mumbai.

Le bourdonnement se transforme en une lamentation plaintive et d'autres images se succèdent : des poulets plumés sur une courroie, un ours polaire sur une montagne d'ordures, des rangées de porcs dans une usine agroalimentaire, un échangeur autoroutier, des gratte-ciel, des forêts en feu, un iceberg qui s'effrite.

Le titre apparaît : *La Onzième Heure.*

Ce documentaire est sorti un an après *Une vérité qui dérange* et il est, à bien des égards, complémentaire. Il s'apparente plus à un montage : les extraits d'entretiens succèdent à des images saisissantes et de temps à autre son producteur, Leonardo DiCaprio, apparaît avec en arrière-plan l'un de ces canaux qui transportent les eaux usées.

C'est un peu grandiloquent, mais les réflexions sont intelligentes et le film fonctionne très bien sur moi. Ce qui n'est pas étonnant, car chaque image, chaque argument, chaque intervenant parle aux écologistes, et j'en fais partie. Les images sont des codes et, en tant que membre de cette société, j'ai le livre-code en tête. Déchets = consommation à outrance. Ours polaire = fonte des glaces. Icebergs qui s'effritent = réchauffement planétaire. Bébé affamé = innocente victime très loin de nous. Heure de pointe en Inde = surpopulation dans un lointain pays pauvre. Gratte-ciel = multinationales sans visage.

Je sais aussi que le titre lui-même, *La Onzième Heure*, est une double métaphore. Il renvoie à l'idée que l'être humain est apparu il y a peu sur cette planète, et que la combustion de sources d'énergies fossiles est elle aussi très récente. Et il joue également sur l'image classique de l'horloge de la fin du monde, qui nous indique que minuit approche.

Ces codes sont une autre des raisons cruciales qui nous conduisent à ignorer le changement climatique : la langue visuelle et métaphorique employée pour en parler le transforme irrémédiablement en une question environnementale. Ces images, constamment renforcées dans chaque reportage et chaque sujet dans les médias, consolident un réseau étroitement interconnecté qui détache le changement climatique d'autres questions (emploi, économie, criminalité, défense) plus intéressantes aux yeux du public.

Et il y a pire. La plupart de ces images ne concernent même pas l'environnement mais la vision du monde des écologistes. C'est une distinction qui a son importance : chaque groupe a ses valeurs et ses livres-codes, qui déchiffrent les images de manière complètement différente, voire contradictoire. Lee Baringer, qui travaillait comme sidérurgiste, se rappelle sa haine envers "le petit groupe d'écolos de la ville qui se déchaînaient sur la pollution causée par les aciéries. L'air que nous respirions était toxique, certes, mais pour nous c'était l'odeur des billets qui payaient nos factures."

Ainsi, pour la plupart des ouvriers, les complexes agroalimentaires, les usines, les centrales électriques et les embouteillages sont autant de symboles du développement économique et de l'emploi rémunéré. Quant aux énormes autoroutes, elles sont un signe de mobilité et de liberté. Lorsque je vivais à Taiwan, dans les années 1980, une chaîne de fast-foods diffusait dans ses restaurants des vidéos montrant l'éviscération mécanisée des poulets. Pour les patrons chinois de l'enseigne, cette opération représentait le comble de la propreté et de la modernité.

J'ai beau être écologiste, j'ai du mal à regarder ces vues aériennes panoramiques d'autoroutes, de gratte-ciel étincelants et de Las Vegas la nuit sans ressentir un élan d'enthousiasme pour le glamour et le panache de notre monde moderne. Ces endroits sont peut-être sales, mais ils sont diablement excitants. De la même manière, j'ai du mal à regarder le classique de Noël *La vie est belle* sans me dire que les nuits dans la ville de Bedford Falls sont bien plus divertissantes lorsque l'affreux Henry F. Potter prend le contrôle de la situation.

Les détracteurs de la lutte contre le changement climatique ont une compréhension intuitive de ces codes et les utilisent pour bâtir leurs campagnes de communication. En 2006, le think tank conservateur Competitive Enterprise Institute (CEI), embarrassé par le succès d'*Une vérité qui dérange*, chercha à y répondre en produisant un court spot publicitaire exposant sa propre vision du monde.

La production, très simple, se fit en interne, avec un budget de 30 000 dollars. Le conseiller juridique du CEI, Sam Kazman, travailla sur un script et le fit circuler dans les bureaux, puis le spot fut monté à l'aide d'images et de musiques libres de droits. Lorsque je lui demande s'il fut testé sur un public avant sa diffusion, Kazman sourit. Non, il n'y eut aucun test. Ils firent quelque chose qui leur plaisait et, comme ça fonctionnait sur eux, ils le sortirent tel quel.

30 000 dollars supplémentaires permirent de louer suffisamment d'espace publicitaire sur des chaînes câblées pour pouvoir qualifier cette vidéo de campagne nationale. Le véritable objectif, évidemment, était d'obtenir une couverture médiatique gratuite, à la différence du documentaire d'Al Gore. Kazman déclare que leur spot "a fait le buzz avant même que l'expression « faire le buzz » existe". Il attira en effet l'attention des médias de droite, mais aussi celle de la chaîne publique NPR, de la BBC, de National Geographic, et même d'un jeu télévisé. Le CEI reçut des messages d'insultes et des coups de fil rageurs. Les écolos le détestèrent, mais contribuèrent à sa diffusion en le relayant.

La vidéo démarre avec des images de badauds assis sur l'herbe d'un parc, un jour d'été ; une joggeuse sur une plage ; des forêts ; des animaux sauvages. Le dioxyde de carbone, explique la voix off, est essentiel à la vie. Nous l'expirons. Les plantes l'absorbent. Il nous a libérés d'un monde d'éreintant labeur, illuminant notre vie, nous permettant de transporter ceux que nous aimons. Ce message s'accompagne d'images : Times Square la nuit, des enfants qui montent à l'arrière d'une voiture sous l'œil bienveillant de leur mère.

Mais une menace plane sur nous. La voix off, toujours omniprésente, nous met en garde : des responsables politiques cherchent à faire classer le dioxyde de carbone comme polluant. Imaginez qu'ils y arrivent. À quoi ressembleraient alors nos vies ? Tandis que sont prononcés ces mots, les images de Times Square et des enfants dans la voiture s'estompent ; l'écran passe au noir.

Sur ce fond noir, la voix off conclut : "Le dioxyde de carbone. Pour eux, c'est de la pollution. Pour nous, c'est la vie", et sur l'écran apparaît une petite fille dans un décor ensoleillé, soufflant sur les aigrettes d'un pissenlit emportées par le vent. Cette image laisse une impression durable des merveilles de la vie qui attendent l'enfant. "J'adorerais rencontrer cette petite fille un jour", soupire Kazman.

Ce spot est retors, irritant, et carrément mensonger. Mais c'est aussi un exemple de très bonne communication. Tellement bonne que je suis moi-même devenu un vecteur involontaire de sa diffusion, incitant les participants à mes formations en communication à le regarder et à en tirer des leçons sur la construction d'un schéma narratif autour de valeurs positives universelles. C'est un exemple parfait de discours adressé directement au cerveau émotionnel. Comme le dit Fred Smith, fondateur du CEI, "vous devez toujours avoir la larme à l'œil".

La vidéo est une compilation subtile de cadres qui correspondent à la vie, à la civilisation, à la santé, à la sécurité, à l'espoir et au salut. Et, en parallèle, les images de Times Square et des enfants qui disparaissent sur un fond noir évoquent elles aussi très bien les métaphores du déclin et de la mort – et elles fonctionnent pour n'importe quelle culture.

Tout ceci rend d'autant plus étonnante, et c'est peu dire, l'utilisation de ces mêmes métaphores par le WWF au cœur de son plus gros exercice de mobilisation publique autour du changement climatique, "Une heure pour la Terre". Chaque année, le WWF encourage tout le monde à éteindre les lumières pendant une heure. Sur son site, on peut regarder des clips vidéo de lumières s'éteignant dans des villes entières ou sur des monuments nationaux : la tour Eiffel, la statue du Christ Rédempteur à Rio et, tiens donc, Times Square à New York.

L'aéroport Changi de Singapour participe lui aussi régulièrement à l'Heure pour la Terre. Il tamise ses lumières pendant une heure et fanfaronne en affirmant que les économies d'électricité ainsi réalisées correspondent à trois mois de consommation énergétique d'un appartement. Un bien beau geste, si l'on fait abstraction des émissions des 70 000 avions qui ont atterri dans ce laps de temps.

Le cofondateur et directeur exécutif de cette manifestation, Andy Ridley, souligne que la question n'est pas de faire des économies d'énergie : "Nous voulons montrer ce qui se passe lorsque tout le monde travaille main dans la main."

C'est donc un symbole de taille. Les responsables politiques apprécient cette initiative car ils aiment les grandes gestes vides qui ne leur coûtent rien. Pour soutenir cette action, le secrétaire général des Nations unies, Ban Ki-moon, a eu cette formule : "Utilisons ces soixante minutes d'obscurité pour aider le monde à y voir clair." Le Premier ministre britannique David Cameron a déclaré que l'Heure pour la Terre était "un puissant symbole de solidarité mondiale, la manifestation stimulante d'un engagement international".

Pour le WWF, l'Heure pour la Terre est une réussite : un acte simple, facile et visible, qui produit une norme sociale et qui, disons-le, constitue une vitrine splendide pour le fonds, source de nouvelles donations. Et, bien sûr, de nombreux écologistes engagés manifestent leur solidarité lors d'événements spontanés, assis dans le noir et partageant un sentiment d'appartenance à cette belle cause commune.

Mais, quitte à entrer dans le monde des symboles, autant jouer selon les bonnes règles. Une chose est certaine : quelle que soit votre manière de lire cette image, l'extinction des lumières est un cadre universel de déclin, de décomposition et de mort, promu à l'échelle de la planète comme symbole de la lutte contre le changement climatique.

Les climato-négationnistes l'ont parfaitement compris. Le blogueur Alan Caruba publia une vue aérienne de la Corée du Nord plongée dans l'obscurité en pleine nuit avec la légende : "En Corée du Nord, l'Heure pour la Terre, c'est tous les jours. L'électricité est ce qui nous sépare du Moyen Âge. Si vous détestez la civilisation, allez vivre dans la nature et faites brûler du fumier pour cuire vos repas.”

Mais le vrai problème serait plutôt que l’Heure pour la Terre se fiche bien de ce que pensent Caruba et ses pairs. C’est un mouvement qui a du sens pour ceux qui partagent ces valeurs et savent déchiffrer les codes (solidarité, engagement collectif), et ça leur suffit. La communication écologiste ne fait pas exprès de laisser des gens de côté. Elle aimerait bien s’adresser à d’autres personnes mais, comme elle ne prend pas la peine d’intégrer d’autres valeurs dans ses campagnes, elle ne cesse de saper les fondations de ce qui nous unit autour de notre intérêt commun pour l’avenir.

25

POLARISATION

Pourquoi les ours polaires sont un obstacle supplémentaire à l'acceptation du changement climatique

En ce gris après-midi d'un dimanche d'automne, je marche derrière Aurora, une ourse polaire mécanique géante, de la taille d'un bus à impériale, tandis qu'elle parcourt à pas lents les rues de Londres, lâchant de temps à autre quelques reniflements et rugissements. Autour de son cou sont accrochées des bandelettes de tissu portant les noms de ses trois millions de fans. Devant elle dansent trois esprits de la glace vêtus de paillettes et agitant des baguettes. Tout autour de moi, des manifestants au visage couvert de peinture blanche, le nez noirci, coiffés de bonnets blancs et de fausses oreilles, défilent.

Je sais qu'il s'agit d'une manifestation de Greenpeace contre les forages dans l'Arctique mais, sans mon livre-code, une marionnette d'ours d'une dizaine de mètres de haut portant autour de son cou trois millions de bénédictions et poussée par deux mille personnes ressemblerait davantage à la procession annuelle du char hindou de Jagannātha, la divinité que rien n'arrête. Je me demande si nous devrions nous offrir en pâture à cette bête.

Bien sûr, ce défilé n'est pas religieux et il serait stupide de le considérer sous cet angle. Mais ce n'est pas non plus un carnaval ni une manifestation orchestrée par les médias. Le fait que, lorsque je leur demande de me parler de la marionnette, les autres manifestants ne me parlent pas de l'objet lui-même mais de tout ce qui les préoccupe – les ours polaires, le climat et l'avenir – est révélateur. À leurs yeux, Aurora est un symbole puissant sur lequel ils projettent leurs valeurs et inquiétudes communes.

Les ours polaires sont le symbole universel du changement climatique. Utilisés à toutes les sauces dans les reportages sur le changement climatique, ils font les couvertures des magazines et sont omniprésents dans les banques d'images et dans les dossiers photos des agences de presse. Lorsque le magazine *Time* sortit son premier numéro spécial sur le réchauffement planétaire, son titre, *Inquiétez-vous. Beaucoup*, était accompagné de la photo d'un ours polaire solitaire sur un petit morceau de banquise, qui nous regardait d'un air angoissé, affamé, désespéré... De l'air qu'on veut lui donner, finalement.

Par conséquent, les participants aux groupes de réflexion choisissent l'ours polaire comme l'icône numéro un du changement climatique, déclarant qu'ils y sont sensibles car il représente l'"idée d'un environnement pur et fragile, extrêmement touché par les dérèglements".

Aucun écologiste avec qui j'ai eu l'occasion de m'entretenir ne peut se rappeler le moment où son association a officiellement choisi l'ours polaire comme symbole des campagnes. La National Wildlife Federation justifie l'accent mis sur ces animaux par l'idée qu'ils sont, à l'image des canaris dans les mines de charbon, le signe avant-coureur du danger qui nous menace, mais cette métaphore est plutôt faible (et zoologiquement embrouillée). L'avenir à long terme n'est pas rose pour les ours polaires mais, sur le court terme, ce n'est pas aussi clair : certaines populations (notamment dans la baie d'Hudson, au Canada) sont en baisse, tandis que d'autres augmentent depuis l'interdiction de la chasse.

En réalité, si les ours polaires sont devenus la vitrine des campagnes, c'est parce que le changement climatique concernait à l'origine l'Arctique et que les organisations de défense de l'environnement se sont toujours servies de la mégafaune la plus représentative pour donner corps à des questions de ressources complexes. Parmi les organisations de gauche, seuls les groupes écologistes pouvaient choisir un tel symbole – il n'y a aucun ours dans les campagnes pour les droits humains, les réfugiés, les services de santé, les syndicats, les entreprises ou les groupes religieux. L'organisme de bienfaisance britannique Christian Aid a même attaqué le symbole de l'ours sur une affiche montrant des Africains sur une étendue de terre craquelée d'un côté et une étendue de glace fissurée de l'autre, avec la légende : "Le changement climatique ne menace pas seulement les ours polaires et les banquises."

Des dynamiques logistiques plus essentielles entrent aussi en jeu. Tout comme les dauphins et les pandas, les ours polaires se prêtent très bien à l'exercice de la collecte de fonds à grande échelle. Différentes organisations se font concurrence pour proposer le meilleur kit de produits dérivés, entre les sacs à logo, les gourdes "Sauvez notre banquise" ou des cartes représentant une ourse et ses petits pour célébrer la fête des Mères. Un don d'un certain montant à la National Wildlife Federation vous donne droit à un ours polaire en peluche d'un mètre de haut.

Sans compter qu'ils constituent d'excellents costumes, ce qui a son importance dans des manifestations où la confrontation importe moins que la couverture médiatique. C'est ainsi que des ours polaires défilent avec des pancartes "Quand tu prends l'avion, c'est ma banquise qui fond" ou s'assoient par terre pour mendier avec le panneau "Sans abri".

Le principal problème des ours polaires, cependant, est qu'ils ne font guère appel à nos biais cognitifs. Une question qui déjà paraît distante pour beaucoup s'est choisi comme étendard un animal qui pourrait difficilement être plus éloigné de notre quotidien. En dehors d'un zoo, il est beaucoup plus probable que nous ayons croisé un militant déguisé en ours polaire qu'une de ces bêtes en chair et en os.

Peut-être la banquise serait-elle un meilleur symbole. En tout cas, elle n'est pas étrangère au modèle mental que nous avons tous d'expérience : la glace fond lorsqu'il fait chaud. Mais on ne peut pas révéler une absence sans montrer une présence et, pour montrer la fonte, il faut montrer un gros iceberg. C'est la raison pour laquelle la publicité utilise des images de banquise, de pingouins et d'ours polaires pour vendre des congélateurs et non des fours. Après tout, si nous faisions campagne contre le refroidissement climatique, choisirions-nous le dromadaire comme emblème ?

La sémiotique est l'interprétation et l'étude des signes non linguistiques, comme les images et les icônes. Judith Williamson, pionnière de la sémiotique publicitaire, affirme qu'il y a eu récemment une "avalanche" de matériaux (romans, poèmes, tableaux, photos et publicités) mettant en avant la neige et la glace, les ours polaires, les pingouins et les glaciers.

Selon elle, l'accent ainsi mis sur ce qui disparaît signifie que nous ne faisons que contempler le passé plutôt qu'envisager l'avenir, ressassant ce qui pourrait bien être perdu à jamais plutôt que ce qui pourrait advenir. Empreinte de mélancolie, cette iconographie évoque la perte.

"Quelle meilleure image pour représenter la perte lente et douloureuse que la glace ? demande Judith Williamson. Mais, avec cet imaginaire, nos émotions ne sont-elles pas elles aussi glacées ? Nous nous tenons au bord du précipice, espérant ne pas tomber. L'idée de préserver les glaciers et les ours polaires traduit notre désir de conserver le monde tel qu'il est, de nous y tenir, de nous y cramponner."

26

ÉTEINS LA LUMIÈRE OU LE CHIOT Y PASSE

Comment on a dédramatisé le jour du Jugement dernier

Dans ce mouvement de travelling au ras du sol typique des films d'horreur, la caméra glisse dans le couloir en direction d'une porte ouverte. Dans la pièce se trouve un homme, assis sur un lit avec sa fille, un livre d'histoires ouvert dans les mains.

"Il était une fois, commence le père, un pays où la météo était très étrange. Certaines régions étaient touchées par d'affreuses vagues de chaleur tandis que, dans d'autres, des tempêtes et des inondations détruisaient tout sur leur passage. Les scientifiques disaient qu'il y avait trop de CO_2, qui montait dans le ciel lorsque les adultes consommaient de l'énergie, et les enfants de ce pays allaient devoir en subir les terribles conséquences."

Tandis qu'il poursuit l'histoire, nous voyons les images du livre s'animer. Un gros nuage de dioxyde de carbone avec un air méchant se forme dans le ciel. Un orage éclate. Un petit chiot fait un dernier signe de la patte avant de disparaître sous les eaux qui montent. Attendez, se dit alors le spectateur, ce n'est pas l'un des contes que l'on raconte habituellement aux enfants à l'heure de se coucher (et clairement, comme l'ont fait remarquer par la suite de nombreuses personnes, aucun père sain d'esprit ne lirait ce genre d'histoires à son enfant).

La petite fille lève ses grands yeux pleins de larmes vers son père. "Papa, demande-t-elle, est-ce que l'histoire finit bien ?" Écran noir. "La fin de l'histoire dépend de nous", dit une voix off, qui nous indique l'adresse du site web du gouvernement appelé Act on CO_2. Mais le véritable message est assez évident : "Éteins la lumière ou le chiot y passe."

Ce flop à 9 millions de dollars fut lancé le 9 octobre 2009, pendant la coupure publicitaire de la série feuilleton la plus populaire de Grande-Bretagne. Moins d'une semaine après, l'Advertising Standards Authority, l'agence indépendante qui réglemente la publicité, avait reçu plus de neuf cents plaintes sur le caractère politique et trompeur du spot, qui de plus faisait peur aux enfants, et il fut retiré des écrans.

Les spécialistes de la communication s'émerveillèrent de la créativité dont avait fait preuve le gouvernement pour ne respecter aucune des recommandations qu'ils lui avaient faites. Quelles autres consignes avaient pu être données que de créer une publicité aussi déprimante, critique, manipulatrice, saugrenue et méprisante que possible ? Mais le comble du génie, pour lequel l'agence publicitaire responsable de ce spot mérite un trophée, était d'avoir présenté une question extrêmement contestée sur le plan scientifique comme un conte pour enfants. "C'est un tissu d'âneries", m'a confirmé Ed Gillespie, de Futerra Communications, qui avait à l'origine conseillé le gouvernement sur la manière de présenter une vision positive et inspirante de cette question. "Cette campagne est à peu près aussi utile qu'un godemichet en pâte d'amandes."

Les réactions qu'a suscitées cette publicité bien mal conçue mettent cependant en évidence un problème central qui se pose dans chaque rapport, documentaire et article depuis les toutes premières mises en garde contre le changement climatique : à quel point les campagnes devraient-elles parler des conséquences désastreuses du changement climatique ?

Selon les spécialistes des sciences cognitives, il nous faut ressentir le changement climatique comme un *risque craint* pour que nous passions à l'action. Elke Weber, de l'Earth Institute à Columbia, écrit que "seules la nature théoriquement catastrophique d'un changement climatique rapide et la dimension mondiale de ses effets négatifs ont le potentiel de susciter une réaction viscérale au risque qu'il pose".

De nombreux spécialistes m'ont confié qu'il leur semblerait malhonnête de ne pas dire les choses telles qu'elles sont. Ross Gelbspan, l'un des premiers journalistes d'investigation à travailler sur cette question, déclare que sa profession implique de dire la vérité et, malheureusement, la vérité à propos du changement climatique est apocalyptique. L'universitaire australien Clive Hamilton me dit que les écologistes le sermonnent constamment, lui reprochant son pessimisme. En lui demandant de se montrer plus encourageant, ils tentent en réalité de justifier leur propre déni.

Le problème, comme l'ont parfaitement montré les réactions au spot publicitaire, est que, lorsque nous nous sentons menacés et isolés, nous adoptons toute une série de stratégies pour atténuer notre peur intérieure : déni, incertitude, minimisation de la menace, fatalisme et colère à l'égard du communicant. Les psychologues appellent ces réactions des inadaptations, car elles ne font rien pour diminuer le véritable niveau de risque. Des études plus approfondies sur les réactions à la peur montrent que nous pouvons nous désensibiliser et qu'il faut alors une urgence ou une menace plus importante pour nous remobiliser.

C'est pour cette raison que certains spécialistes de la communication défendent l'idée d'une histoire équilibrée, qui commencerait par une vision positive pour compenser l'annonce des mauvaises nouvelles. Cette approche repose sur une base cognitive : parce que c'est le cerveau émotionnel qui oriente le processus décisionnel, ses impressions initiales guideront les décisions à prendre. Des expériences ont montré que les participants étaient bien plus disposés à faire des sacrifices personnels s'ils avaient d'abord été invités à formuler avec leurs propres mots les raisons positives à long terme de leur changement de mode de vie.

Dan Kahan, du projet de cognition culturelle de Yale, n'est cependant guère partisan de cette démarche, qu'il appelle la "dialectique de Boucles d'or", car elle implique que nous ne pouvons être mobilisés "ni par trop ni par trop peu de mise en garde, mais uniquement par le bon mélange de crainte et d'espoir". Il rappelle que la perception des risques se forge en fonction des normes au sein des groupes sociaux et qu'une communication efficace doit faire écho à ces valeurs plutôt que rechercher le cocktail parfait.

Les communicants sont eux aussi influencés par leurs propres biais culturels lorsqu'ils construisent des récits autour de catastrophes. Même s'ils cherchent simplement à nous rallier à leur cause en suscitant un sentiment de "risque craint", ils ne peuvent s'empêcher de façonner le message à l'image de leurs valeurs et de leur vision du monde. La psychothérapeute Sally Weintrobe se demande si la formulation de messages apocalyptiques ne serait pas une stratégie compensatoire pour ces communicants qui, malgré eux, projettent leurs propres angoisses sur les personnes qu'ils s'efforcent de mobiliser.

Mais les climato-négationnistes ont raison sur certains points : l'écologie revient tout le temps sur l'idée de désastre.

L'essor du mouvement écologiste est étroitement lié au vocabulaire de l'apocalypse. Les expressions *jour du Jugement dernier* et *apocalypse*, en dépit de leur origine religieuse, ne sont devenues populaires que dans les années 1960. Comme l'écrit un climatosceptique (un physicien, évidemment) : "Pour les « réchauffeurs », Halloween c'est toute l'année."

Voici par exemple le discours à la Martin Luther King du romancier écologiste John Atcheson : "Imaginez un monde dans lequel de vastes étendues d'océan acide sont peuplées de méduses. La vie sur Terre ? Une série sans fin de sécheresses, d'inondations, d'incendies, de famines. Les côtes seront à elles seules un enfer sur Terre." Enthousiasmant. Et ce n'est qu'un extrait.

Ceux qui envisagent le monde comme un endroit juste, ordonné et stable détestent de tout leur être ce type de messages apocalyptiques. L'idée d'avoir à subir des conséquences arbitraires bouleverse leur conviction selon laquelle les méritants seront récompensés et seuls les malfaiteurs sont punis. Dans une expérience, lorsqu'on soumettait à des participants ayant une "vision d'un monde juste" des messages apocalyptiques, ils cessaient presque de croire au changement climatique.

L'une des vidéos qui leur étaient montrées mérite d'être décrite en détail : un homme se tient sur une voie de chemin de fer tandis qu'un train lancé à toute allure file droit sur lui. "Certains affirment que les conséquences du changement climatique ne seront irréversibles que dans trente ans, dit l'homme. Trente ans ? Ça n'aura aucun effet sur moi." Il s'écarte de la voie ferrée, et nous découvrons alors que se cachait derrière lui une petite fille. Tandis que le train n'est plus qu'à quelques mètres, le slogan apparaît : "Il est encore temps – luttons contre le changement climatique."

Ce spot publicitaire a été créé en 2006 par l'Environmental Defense Fund. Je doute que quiconque, en dehors des écolos les plus férus (et encore), y réagisse positivement. Certes, le scénario est puissant et interpelle, mais il ne produit aucun sentiment d'efficacité : le meilleur moyen de réagir à cette situation serait de sauter sur le côté en tirant la petite fille derrière soi.

J'ai déjà montré que nous évaluons les nouvelles informations à la lumière de notre expérience récente. Dans les pays occidentaux riches, nous n'avons pas beaucoup d'expériences d'effondrement social ou de catastrophe climatique, mais nous disposons d'une grande bibliothèque mentale, contenant la plupart du temps des histoires bien ficelées, concernant des prophéties de désastre qui ne se sont pas réalisées. Et ce sont elles qui nous viennent plus facilement à l'esprit.

Après la guerre, la peur la plus grande et la plus durable fut celle d'une apocalypse nucléaire imminente, qui depuis s'est métamorphosée tout naturellement en peur de l'énergie nucléaire, au fondement du mouvement écologiste. Comme l'affirmait un article dans le journal climato-sceptique australien *Age*, sous le titre "Un climat de peur", "la bombe était de retour, comme un fantôme au banquet de l'angoisse. D'Al Gore au GIEC, tout le monde avait de bien sombres nouvelles pour la planète."

L'écologie elle-même a son compte de prophéties ratées. Le rapport du club de Rome, *Halte à la croissance ?*, texte fondateur de l'écologie moderne, prédisait un effondrement mondial imminent en raison de la croissance excessive de la consommation. Y figuraient, dès 1972, deux pages consacrées au changement climatique. Il se vendit à douze millions d'exemplaires, chiffre spectaculaire, et suscita un flot sans fin de pessimisme en prose. L'article du magazine *Time* sur ce rapport, intitulé "Le pire est à venir", racontait qu'"à Los Angeles, une poignée de survivants d'une épidémie, hagards, s'effor[çai]ent avec l'énergie du désespoir de labourer les terre-pleins des autoroutes, les cours des immeubles et les terrains vagues, avec l'espoir de produire une récolte suffisante pour subsister".

Et les sonnettes d'alarme se multiplient. Il y a la vache folle, la grippe aviaire, la grippe porcine, le bug de l'an 2000, les armes irakiennes de destruction massive, la menace terroriste et diverses "bombes à retardement" concernant la santé, l'alimentation, l'économie. Toutes sont entièrement plausibles et beaucoup sont plus valables que jamais. Mais ces menaces semblent ne jamais se concrétiser au moment annoncé, et il est impossible d'être constamment sur ses gardes.

L'histoire la plus couramment utilisée pour illustrer le phénomène des prophéties non réalisées, qui ressurgit régulièrement dans le discours négationniste depuis le début des années 1990, est la fable de Henny Penny, la petite poule qui, après avoir reçu sur la tête un épi de maïs, convainc ses compagnons que le ciel est en train de tomber. Le loup rusé de la fable exploite ces peurs et persuade les naïfs animaux qu'ils pourront trouver refuge dans sa tanière, où il finit par les dévorer.

Il s'agit en réalité d'une histoire très ancienne, dont on retrouve la trace dans des textes bouddhistes sacrés vieux de deux mille cinq cents ans. Elle a été reprise et réinventée à maintes reprises pour que sa morale corresponde aux valeurs de la société qui la raconte : les dangers de la panique générale (Inde), la nécessité de chercher soi-même des preuves (Tibet), la bêtise de l'individu (Europe) et, dans un dessin animé Disney de 1943, les dangers des rumeurs en temps de guerre. Dans chacune de ses manifestations, cette fable reste une illustration parfaite de la norme sociale à l'œuvre, et de la manière dont, par la répétition par les pairs, un mensonge peut acquérir une valeur sociale de preuve. C'est donc une histoire tout à fait pertinente dans le cadre du changement climatique.

Mais la métaphore la plus adaptée aux prédictions non vérifiées pourrait bien être la fable d'Ésope sur le garçon qui criait au loup. On demande à un garçon de garder un troupeau de moutons, mais il ne cesse d'annoncer l'arrivée des loups. Après que les villageois ont démasqué son mensonge à trois reprises, plus personne ne prête attention à ses cris. C'est alors que les loups arrivent. Selon Ésope, la morale est qu'il ne faut pas mentir, car personne ne vous croira quand vous direz la vérité.

Dans le domaine du changement climatique, la conviction repose, comme dans l'histoire du garçon qui criait au loup, sur l'autorité et l'honnêteté que l'on accorde au communicant. Aucune mise en garde ne peut être prise au sérieux une fois que le communicant a perdu la confiance de son auditoire. Mais les échéances sont elles aussi essentielles dans ce contexte : après tout, le garçon ne mentait pas vraiment, puisque les loups étaient effectivement là, ils représentaient un risque concret, et ils ont bien fini par venir et par manger les moutons, mais pas au moment annoncé par le petit berger.

En 1988, le climatologue de la NASA James Hansen posa la question suivante : "Devons-nous attendre que la proie, en l'occurrence l'environnement, soit prise entre les mâchoires du loup ?" Contrairement au reste de la communauté scientifique, il ne pensait pas que quelques années plus fraîches discréditeraient la question tout entière. "Il est temps de crier au loup", dit-il.

Hansen avait à la fois tort et raison. Il avait raison parce que "crier au loup" met la question au premier rang de l'ordre du jour international. Mais il était aussi justifié de s'inquiéter du discrédit que pourraient jeter quelques années de températures plus fraîches sur les mises en garde des climatologues. Les températures de surface de la planète semblent s'être stabilisées depuis 2000 (bien que les systèmes de mesure soient contestés). Mettant opportunément de côté les complexes explications scientifiques de ce phénomène, les climato-négationnistes en ont largement profité pour suggérer que les craintes initialement exprimées, souvent dans les mêmes journaux et programmes télévisés qui avaient fait de ces peurs leurs choux gras, étaient sans fondement.

La couverture médiatique est généralement fantasque et incohérente en la matière. Elle alimente joyeusement les peurs, partant du principe testé et approuvé : "Si le sang coule, l'encre aussi." Une étude concernant les articles portant sur un rapport de 2006 du GIEC a montré que les adjectifs *catastrophique, bouleversant, terrifiant* et *dévastateur* étaient fréquemment employés, bien qu'aucun de ces mots ne soit présent dans le document original. Il n'est guère surprenant que 40 % des Américains pensent que les médias exagèrent la menace du changement climatique.

Le climatologue Michael Mann estime que cette emphase s'inscrit dans un cycle médiatique qui alimente le déni. "Dire que le changement climatique est un désastre est devenu fade. Les journalistes ont donc ressenti le besoin de raconter une nouvelle histoire qu'ils ont paradoxalement contribué à créer, selon laquelle la climatologie avait surestimé le danger."

En parlant avec des scientifiques, je me suis rendu compte qu'en plus d'être inquiets de cette distorsion des données, ils sont aussi très mal à l'aise avec la construction de cette apocalypse narrative. Leur définition de l'intégrité professionnelle implique de fournir un produit équilibré, débarrassé de toute hyperbole émotionnelle, et le voir réinterprété ainsi par les médias est une insulte à leur égard, au même titre qu'un chef supporterait mal de voir ses plats être recouverts de sauce piquante.

Même sans tenir compte de leur fierté professionnelle, les climatologues ne savent pas comment faire pour que les graves menaces mises au jour par leurs recherches soient respectées, comprises et prises en compte comme il se doit par le public. Comme à l'ordinaire, les meilleures solutions adoptent des approches plurielles, avec différents communicants qui parlent de différentes manières aux différents auditoires. Comme le soutient Dan Kahan, nous interprétons ces mises en garde sous l'angle de nos valeurs et de notre culture. Certains veulent le menu dégustation scientifique à dix plats, d'autres un simple taco arrosé de sauce piquante.

Le problème est que, en raison du silence omniprésent autour de la question, on nous propose rarement ces options. Ceux d'entre nous qui travaillent dans le domaine supposent que tout le monde parle du changement climatique et que, comme le disait un article de trois psychologues australiens, "la couverture médiatique continue de la menace que représente le changement climatique, les représentations souvent apocalyptiques et les images universelles qui y sont associées donnent à cette menace une réalité virtuelle et psychologique très concrète".

Ce serait vrai s'il existait en effet une couverture médiatique continue du changement climatique. Mais, comme le fait remarquer le blogueur Joe Romm, aux États-Unis il n'y a presque aucune trace, d'aucune sorte que ce soit, de cette question dans la culture populaire de masse et, les rares fois où elle est évoquée dans les médias conventionnels, elle se retrouve coincée entre les jeux télévisés et divers spots publicitaires à plusieurs millions de dollars pour les énergies fossiles. La conclusion, là encore, est que ce qui est passé sous silence est aussi important que ce qui est dit.

En mai 2011, par exemple, les trois principales chaînes ont choisi de couvrir tous les détails du mariage d'un futur roi d'une île mineure (celle d'où je viens, en l'occurrence) sans jamais évoquer la fonte record de la couverture glaciaire arctique. Le changement climatique ne fait toujours pas le poids face à l'économie, au terrorisme ou à d'autres préoccupations pressantes. Et, pour tout dire, la plupart des gens ne s'intéressent pas non plus à ces questions-là : ils zappent en quête des chaînes de sport, de feuilletons et de téléachat, ou ils regardent des vidéos de petites bêtes marrantes, pas d'animaux en train de se noyer.

27

LA VIE EN ROSE

Les dangers des rêves positifs

Le récit de l'apocalypse climatique a son double positif, optimiste et autrement plus dynamique : le *bright-siding*, ou la vie du bon côté. Il fournit un récit bien plus cohérent que l'apocalypse et peut être ainsi résumé :

> Le changement climatique est un défi à relever, mais c'est aussi une superbe opportunité. Les êtres humains ont toujours triomphé de l'adversité et en sont sortis plus forts. Notre génie, nos technologies et le capitalisme ont été à l'origine de progrès inouïs et continuent de nous faire avancer. Nous pouvons choisir ce que nous serons, et le véritable ennemi est donc la négativité et le désespoir, qu'on doit empêcher d'empoisonner cette vision positive.

En termes cognitifs, le *bright-siding* fait directement appel au cerveau émotionnel et passe au travers de ses biais sans encombre. Il remplace l'incertitude par la confiance. Il substitue au sacrifice à court terme la proposition de récompenses immédiates en richesse et en statut. Et il compense le sentiment d'échec et d'impuissance qui traîne dans le sillage du changement climatique par une confiance excessive dans les technologies et la croissance économique.

Les Américains sont particulièrement sujets à cette tendance à voir la vie en rose. La journaliste Barbara Ehrenreich, qui a contribué à populariser le terme *bright-siding*, soutient que "la pensée positive est une activité intrinsèque aux Américains, associée dans nos esprits aux réussites à la fois individuelles et nationales, mais elle est motivée par un sentiment d'insécurité considérable, qui nécessite un effort constant pour réprimer ou bloquer les possibilités déplaisantes et les pensées négatives".

La vie du bon côté est le récit que privilégient les hommes d'affaires et les politiciens, et qui illustre leur disposition à prendre des risques et leur biais d'optimisme. Comme le disait Barack Obama pendant un débat présidentiel en 2008, "ce n'est pas simplement un défi à relever ; c'est une opportunité à saisir".

Pour les partisans du *bright-siding*, cet équilibre entre défi et opportunité se résume très bien dans l'idéogramme chinois signifiant "crise", *weiji*, qui, comme ils se plaisent à l'affirmer, est une combinaison des caractères "désastre" *(wei)* et "opportunité" *(ji)*. Et les voilà tous les deux associés dans une alliance parfaite : chaque crise, disent-ils, représente à la fois un désastre et une opportunité.

À la suite de John F. Kennedy, qui utilisa ce terme dans ses discours présidentiels en 1960, Al Gore plaça le terme *weiji* au centre de son témoignage sur le changement climatique devant le Sénat américain puis dans son livre *Une vérité qui dérange*[1]. Les caractères du mot *weiji* figurent sur la couverture de *The Death of Environmentalism (La Mort de l'écologie)*, une critique révisionniste de l'écologie publiée par le Breakthrough Institute. Sans surprise, le thème central de ce rapport est l'inefficacité de l'alarmisme des écologistes.

Cependant, la réalité linguistique ignorée par tous raconte une autre histoire : *ji* ne signifie pas "opportunité" mais simplement "un moment", et dans d'autres contextes il pourrait aussi désigner un avion ou la chimie inorganique – deux éléments qui, par ailleurs, donnent lieu à des métaphores encore plus pertinentes du changement climatique.

Ceux qui choisissent de voir la vie en rose ont tendance à utiliser ce type d'explications tronquées. Ali al-Naïmi, ministre saoudien du Pétrole, répond aux préoccupations concernant le dérèglement climatique par une citation d'une icône bien-aimée dans le milieu, Winston Churchill : "Un pessimiste voit la difficulté dans chaque opportunité, un optimiste voit l'opportunité dans chaque difficulté." Martin Luther King Jr. est un autre de leurs modèles en tant que charismatique protagoniste, et ils ne manquent pas de rappeler que son appel aux consciences américaines commençait par le positif "Je fais un rêve" et non "Je fais un cauchemar".

1. Traduit en français par Christophe Jaquet, La Martinière, 2007. *(N.d.T.)*

Cette quête du bon côté n'est plus alors qu'une vision alternative du monde ; c'est un antidote à la négativité de l'apocalypse, dont le véritable problème est le pessimisme lui-même. Friands de citations de grands meneurs d'hommes, les partisans du *bright-siding* citent souvent le discours inaugural de Franklin D. Roosevelt en 1933 : "La seule chose dont nous devons avoir peur est la peur elle-même."

David Orr, écologiste vétéran, ne se laisse pas berner par ces citations : "Franklin Roosevelt n'a pas affronté les tristes réalités de Pearl Harbor en adoptant cette approche optimiste. Et Winston Churchill, lui non plus, n'a pas employé ce ton en s'adressant au peuple britannique pendant le Blitz." Ils ont plutôt choisi, affirme-t-il, la voie de l'honnêteté, disant la vérité avec conviction et éloquence.

Ceux qui cherchent à voir le bon côté du changement climatique ont une nation bien à eux : Sustainia, une initiative basée à Copenhague, visant à montrer à quoi pourrait ressembler un avenir durable en se fondant sur un "nouveau récit d'optimisme et d'espoir" qui "cherche à inspirer et à mobiliser au lieu d'effrayer à coups de scénarios moroses ou apocalyptiques". On trouve évidemment le discours de Martin Luther King dans ses textes fondateurs.

Sustainia a même sa propre langue, le sustainien, qui décrit son "monde de possibilités enthousiasmantes, d'habitants intelligents et d'images positives". Sustainia est plus qu'un concept, c'est un "mode de vie riche et désirable dont vous ne pourrez pas vous passer".

Une vidéo promotionnelle animée nous montre un aperçu du luxe irrésistible que propose le monde virtuel de Sustainia. Les panneaux solaires et les éoliennes scintillent sous le soleil d'un après-midi d'été et des tramways glissent sans bruit devant des immeubles couverts de lierre, tandis que des Sustainiens au physique irréprochable, muscles saillants et membres étrangement distendus (sans aucun enfant geignard en vue), dînent sur leur terrasse ou gambadent dans des champs d'herbes hautes.

Je me suis entretenu avec Laura Storm, la directrice exécutive de Sustainia, une semaine avant la naissance de son premier enfant, ce qui, comme elle l'a décrit dans un sustainien parfait, représentait un "nouveau chapitre enthousiasmant de [sa] vie". Sustainia a été créé, selon ses mots, pour fournir aux entreprises des histoires autour du changement climatique susceptibles de les inspirer et d'inspirer leurs employés. Elle décrit Sustainia comme une "machine à traduire", faisant remarquer que "les organisations de défense de l'environnement ont joué un rôle crucial dans la sensibilisation au changement climatique, et que Sustainia revitalise cet élan en racontant tout ce qui est possible", ce qui signifie de plus en plus travailler main dans la main avec l'industrie en quête de solutions pratiques.

Dans cet esprit, Sustainia récompense chaque année ces solutions au cours d'une cérémonie de remise de prix à laquelle assistent des sommités, et qui est présidée par l'optimiste ultime, Arnold Schwarzenegger, peut-être la seule personne au monde qui ressemble effectivement aux avatars saugrenus du monde virtuel de Sustainia. Après avoir remis les trophées à la "nouvelle génération de héros des solutions vertes" en 2012, il a ajouté : "Étant moi-même champion de culturisme, héros de films et représentant politique, j'ai appris que la clé du succès était de mobiliser et d'inciter tout le monde à faire partie de la solution, et pas simplement à se considérer comme une part du problème."

On peut ainsi lire sur les plaquettes d'information brillantes de Sustainia l'histoire d'un héros du futur, Prabhu, un entrepreneur capitaliste travaillant dans le domaine des panneaux solaires et basé à Seattle, qui se rend à une réunion d'affaires dans son avion solaire équipé de "panneaux solaires légers fixés à chaque aile". À Sustainia, on peut entendre des phrases telles que : "Inutile de culpabiliser sur la quantité d'énergie utilisée – vous savez qu'elle est non polluante. Aaaaah… de l'air frais." *Frais*, avec ses comparses *propre* et *radieux*, est un mot-clé en sustainien et dans la terminologie des éternels optimistes climatiques.

L'un des principaux partenaires de Sustainia est le Climate Group, un réseau international de chefs d'entreprise et de gouvernement qui promeut “un avenir à basses émissions de carbone, qui sera plus astucieux, mieux organisé et plus prospère”. Le Climate Group revient souvent sur la révolution propre – et non pas, voyez-vous, cette vieille révolution traditionnelle et *sale* de la lutte des classes, de la justice sociale et des voyous en sueur et poilus coiffés de bandanas ; non, ici c’est la révolution *propre* des cadres supérieurs en chemise ouverte, qui travaillent sur leur ordinateur portable dans les salons des aéroports.

Zachary Karabell est l’un d’entre eux : directeur et expert financier, il a bâti sa carrière en étant, comme il le dit lui-même, “optimiste en tout point”. Sans doute est-ce pour cela que le Forum économique mondial lui a décerné le titre de Global Leader of Tomorrow, dirigeant mondial de demain. Selon lui, nous avons “choisi la voie du pessimisme au lieu d’emprunter le chemin de l’innovation”. Le changement climatique, dit-il, n’est pas un désastre à craindre mais plutôt “un obstacle supplémentaire que les êtres humains peuvent mettre à bas, et qui peut stimuler l’innovation et la créativité”. C’est ce qui “nous rendra plus forts”.

Cette vision pionnière laisse de côté, comme par hasard, les milliards de personnes pour qui la vie est déjà assez difficile et pour lesquelles un “obstacle supplémentaire” pourrait bien être la fin de tout.

Cependant, le récit construit autour des solutions technologiques et du contrôle par l’élite, qui imprègne cette vision du *bright-siding*, peut aussi rapidement s’assombrir et nous présenter un avenir dans lequel, grâce à des solutions d’ingénierie à l’échelle planétaire (ce qu’on appelle la géo-ingénierie ou, plus glaçant encore, la “remédiation climatique”), on retire le carbone de l’atmosphère ou on dévie les rayons du Soleil à l’aide d’un parasol spatial.

Ces technologies fascinent les entrepreneurs milliardaires comme Niklas Zennström, cofondateur de Skype, et Bill Gates, décrit par le magazine *Fortune* comme “le principal bailleur de fonds mondial dans la recherche en géo-ingénierie”.

En 2007, Al Gore et Richard Branson, fondateur milliardaire de la compagnie aérienne Virgin, annoncèrent la tenue d'un concours intitulé "Virgin Earth Challenge", qui promettait 25 millions de dollars au lauréat capable de "trouver des solutions viables sur le plan commercial pour ôter définitivement les gaz à effet de serre de l'atmosphère". Fait étrange, le nom des onze finalistes fut dévoilé à Calgary, en Alberta, sous le parrainage de l'industrie canadienne des sables bitumineux.

Tout en augmentant la dose d'optimisme à propos des solutions technologiques, cette vision du monde fait taire le bruit de la menace. Il s'en faut de peu qu'on ne plonge dans le déni le plus total. Les instituts libertariens Cato et Heartland, tout en contestant avec véhémence l'existence même du changement climatique, ne voient aucun problème à promouvoir la solution de la géo-ingénierie comme une initiative "rentable", qui "produit des résultats mesurables en quelques semaines, alors que les réductions de gaz à effet de serre mettront des dizaines ou des centaines d'années à faire effet".

Le fait que des climato-négationnistes déclarés approuvent la solution positive, tout en refusant d'accepter l'existence du problème négatif, est révélateur et mérite qu'on s'y attarde. Voir la vie du bon côté, c'est finalement choisir un récit régressif qui valide les hiérarchies existantes. Cette perspective promeut un mode de vie ambitieux et énergivore, tout en ignorant entièrement les profondes inégalités, la pollution et les déchets nécessaires pour permettre ce mode de vie. Et c'est pourquoi, malgré son discours enjoué, cette vision est, pour la plupart des gens ordinaires, à peu près aussi peu séduisante que l'apocalypse qu'elle cherche à remplacer.

28

SORTIR GAGNANT DE LA DISCUSSION

Comment le discours scientifique s'est transformé en un concours de logorrhées

Assis dans un café à Union Station, à Washington, je regarde Marc Morano engloutir une assiette d'huîtres. Tandis que Daniel Kahneman avait réussi l'exploit de métamorphoser la dégustation d'un bol de soupe à la tomate en un exercice de méditation taoïste, Morano trouve le moyen d'ingérer ses huîtres sans s'arrêter de parler. Et qu'est-ce qu'il parle ! Il le dit lui-même : c'est un véritable moulin à paroles, qui aime pérorer pour faire part de ses avis très tranchés. Je le trouve tour à tour drôle et affligeant.

Morano est l'un des chefs de file de la communication chez les climato-négationnistes, auquel la télé et d'autres médias font constamment appel et qui fait également office de service de presse informel permettant d'avoir accès à d'autres négationnistes. Je trouvais donc intéressant d'obtenir sa perspective en tant que spécialiste de la communication, plutôt qu'en tant que militant, sur sa manière de rendre son récit plus séduisant.

Sa stratégie repose entièrement sur la réaction : il attend de voir les preuves et le récit que produit le camp adverse, puis il "démolit tout ça". Le journaliste Ross Gelbspan, qui s'est entretenu avec presque tous les négationnistes professionnels, a conclu qu'ils étaient "intérieurement détachés de la substance de ce qu'ils nient et motivés avant tout par l'idée de montrer à quel point ils sont futés – comme s'il ne s'agissait que d'un jeu d'échecs". En l'occurrence, avec Morano, c'est un sport de contact un peu plus agressif qui vient à l'esprit.

Il n'est donc guère surprenant que Morano apprécie tout particulièrement le format du débat court prisé par le direct télévisé, et ses employeurs, le Committee for a Constructive Tomorrow (CFACT), le vendent aux médias comme un "invité reconnu" qui "proposera une discussion animée, équitable et équilibrée".

Il est incontestable qu'il rend les débats télévisés extrêmement distrayants grâce à sa mémoire remarquable, qu'il utilise pour descendre ses adversaires à grand renfort de citations. Andrew Watson, de l'unité de recherche climatique de l'université d'East Anglia, était tellement tendu après un débat en direct face à Morano qu'il en oublia que son micro était encore allumé ; tout le monde l'entendit très clairement lâcher : "Bon Dieu, quel connard !" Morano adore cette histoire.

Sa principale stratégie consiste à jouer sur le terrain de son adversaire et à discréditer individuellement les climatologues. Il dit qu'il aime s'amuser, s'attaquer à un scientifique qui se montre particulièrement benêt et cocasse, et le tourner en ridicule. Mais tout ça ne paraît plus aussi drôle lorsqu'il écrit sur son site : "Nous devrions frapper les scientifiques tant qu'ils sont à terre. Ils méritent d'être cloués au pilori sur la place publique." Il me répond en riant : "Voyons, ce n'est qu'une façon de parler !"

Les scientifiques, particulièrement ceux qui ont reçu un flot d'insultes et de menaces de mort après être apparus sur le blog de Morano, affirment qu'il encourage le harcèlement et l'intimidation. Lorsque j'ai raconté à l'un d'entre eux que j'avais parlé à Morano, il m'a répondu : "J'espère que vous avez pris une douche après." Un autre l'a qualifié d'"homme vicieux, méchant", et a dit qu'il pourrait tout à fait être "un éminent propagandiste nazi, un *Stormtrooper* ou pire encore". Tous les deux m'ont bien demandé de ne pas citer leur nom.

Michael Mann, le directeur maintes fois insulté de l'Earth System Science Center de l'université de Pennsylvanie, s'est forgé une telle carapace qu'il ne voit pas d'inconvénient à ce que je le cite nommément. Selon lui, Morano, "tueur à gages" qui "répand des mensonges vicieux sur les scientifiques, nous dépeint comme des ennemis du peuple, puis utilise un vocabulaire qui laisse entendre que nous devrions être menacés de mort, blessés ou tués".

Morano ne s'en excuse pas. Tout ce qu'il fait, dit-il, c'est publier les coordonnées des scientifiques qu'il trouve sur des sites publics puis inciter ses fans à leur dire le fond de leur pensée. Il est persuadé de faire une mission de service public. "Les scientifiques vivent dans une bulle, et c'est la première fois que le public s'adresse directement à eux. C'est rafraîchissant. C'est sain. C'est bon pour le débat public."

Les scientifiques participent volontiers à des débats avec leurs confrères, particulièrement dans le cadre respectueux des conférences, où des spécialistes échangent leurs points de vue, et des articles dans des journaux, méticuleusement référencés et validés par des pairs, écrits en réponse à d'autres articles. En revanche, ils détestent ces combats dans l'arène de la performance, qui ne peuvent être remportés que par le communicant qui cherche à faire couler le plus de sang. C'est pourquoi, plus que toute autre chose, les militants comme Morano ont besoin de ces débats télévisés : ils transforment la question complexe et pernicieuse du changement climatique en un récit rudimentaire opposant deux camps. Comme il le sait pertinemment, la simple existence d'un débat suffit à persuader les gens que le changement climatique reste contestable.

Mais les débats ne sont pas qu'un simple combat. Ils sont le reflet à plus petite échelle du processus de formation des opinions sur le changement climatique : nous pouvons ainsi mesurer la fiabilité du communicant, repérer les codes sociaux, estimer la "fidélité narrative" et, au bout du compte, choisir notre camp.

Le 23 mars 2007, la National Public Radio et cinquante stations de radio affiliées des quatre coins des États-Unis diffusèrent un débat opposant scientifiques et climato-sceptiques éminents autour du thème "Le réchauffement planétaire n'est pas une crise". Ce débat sortait de l'ordinaire car le public votait avant et après la discussion, transformant cet événement en une expérience vaste, quoique cruelle, sur les incidences des divers styles et récits des communicants.

Le vote montra qu'avant le débat les défenseurs de la climatologie disposaient d'une confortable avance. À la fin, ils avaient perdu un tiers de leurs sympathisants. Ils avaient l'équipe la plus compétente et soutenaient des idées défendues par les institutions scientifiques et les gouvernements du monde entier. Leur défaite fut néanmoins cuisante.

Le facteur décisif dans la victoire des sceptiques fut apparemment leur utilisation d'histoires et de codes sociaux, renforcée par l'humour. Ainsi, Philip Stott, un professeur de géographie à la retraite de l'université de Londres, ne se contenta pas de dire que le climat était une question complexe ; il déclara que le climat était aussi anarchique que Glasgow un samedi soir, et qu'essayer de le comprendre revenait à "essayer de jouer la merveilleuse *Symphonie concertante pour violon, alto et orchestre* de Mozart quand vous n'avez pas la partition de l'alto et seulement le quart de celle du violon".

Tandis que Stott adoptait le rôle du gentleman britannique, son coéquipier, le romancier Michael Crichton, diabolisait le messager. Il posa cette question : "N'avons-nous pas fait augmenter les températures à un tel point qu'il nous faut, en tant que gardiens de la planète, agir ?" Puis, sans perdre une seconde, il ajouta : "Ce sont les questions que mes amis ici présents se plaisent à poser tandis qu'ils montent à bord de leur jet privé pour se rendre dans leurs résidences secondaires." Les rires fusèrent dans le public. Crichton évoqua à plusieurs reprises ces écologistes hypocrites qui, dit-il, achètent une Prius, la conduisent un temps puis la donnent à la bonne.

Les tenants de la thèse du changement climatique s'essayèrent plusieurs fois à la métaphore. Gavin Schmidt, de la NASA, parla des scientifiques comme d'enquêteurs sur une scène de crime : des experts compétents s'efforçant de débusquer l'assassin. Richard C. J. Somerville, professeur de météorologie à l'université de Californie, à San Diego, soutint que choisir de ne pas combattre le réchauffement planétaire était aussi irresponsable que ne pas payer ses mensualités sur une carte de crédit à taux d'intérêt élevé.

Les codes sociaux étaient clairs. Ceux qui défendent l'existence du changement climatique sont élitistes, condescendants et hypocrites. Les climato-sceptiques sont des gens détendus qui savent profiter de la vie et s'amuser. Pour reprendre une question célèbre : avec qui aimeriez-vous dîner ? L'homme qui veut aller boire un verre à Glasgow et écouter du Mozart ou celui qui ne veut pas payer trop d'intérêts sur sa carte de crédit ?

Au bout d'un moment, les experts de l'équipe du changement climatique se sentirent frustrés et se mirent à revendiquer leur expertise. Lorsque Stott déclara que les rayons cosmiques avaient une incidence sur le climat, Schmidt répliqua : "C'est n'importe quoi. Vous ne savez pas que c'est n'importe quoi, mais moi je vous le dis." Les climato-sceptiques, se plaignit-il, "ne jouent pas à ce jeu sur un terrain neutre que les personnes ici présentes sont en mesure de comprendre". Il parvint ainsi à se mettre à dos à la fois ses adversaires et le public, dont une partie se mit à le huer.

J'ai rendez-vous avec Gavin Schmidt dans son petit bureau étriqué de l'Upper West Side, à New York, qui donne sur Broadway. Il se trouve juste au-dessus de Tom's Restaurant, décor de nombreux épisodes de la série *Seinfeld*. L'esprit combatif de la sitcom a dû s'insinuer jusqu'à lui par les conduits d'aération car il s'est révélé être, et de loin, l'interlocuteur le plus pugnace à qui j'ai eu l'occasion de parler dans le cadre de ce livre. Je n'étais même pas arrivé au bout de ma première question, plutôt prosaïque, qu'il m'avait déjà répondu en remettant en cause les termes employés et les hypothèses que j'avais formulées, comme un avocat essayant d'en mettre plein la vue au jury.

Schmidt regrette d'avoir participé au débat de la NPR. "Avec le recul, je dirais qu'il ne s'agissait que d'ego : je supposais que j'avais évidemment raison, et que je pouvais donc tout à fait dominer un adversaire qui avait évidemment tort." Il dit cependant qu'à le refaire, il ne changerait rien (à part refuser tout de go d'y participer). "Le théâtre de la politique n'est pas pour moi – il ne sera jamais adapté aux débats rationnels."

Je réfléchissais à tout ceci un soir, en zappant sans but sur les centaines de chaînes câblées disponibles, lorsque je tombai sur John Stossel, sur Fox, qui se plaignait qu'aucun scientifique ne veuille venir affronter son climato-sceptique invité. Mais, disait John Stossel, "nous avons trouvé un scientifique disposé à venir parler, du moment que ce n'est pas sous la forme d'un débat. Merci d'accueillir chaleureusement le scientifique de la NASA Gavin Schmidt." Tiens tiens, pensai-je, il a beau affirmer sa haine de l'arène politique, il accepte de participer à l'une des émissions les plus politisées de la télévision américaine.

Schmidt fut excellent : clair, concentré et érudit, il présentait ses données scientifiques avec l'aplomb si nécessaire pour bâtir la confiance du public en sa personne. Stossel voulut savoir pourquoi il avait refusé de participer au simulacre de débat. "Parce que je ne suis pas un politicien, répondit Schmidt. Si vous voulez que je vienne parler de faits scientifiques, n'hésitez pas à me contacter. Mais ça ne m'intéresse pas de me chamailler avec quelqu'un simplement pour faire la course à l'audimat."

L'argumentation sans concession de Schmidt, qui m'avait semblé péremptoire dans son petit bureau, était ici parfaitement justifiée. Cet homme qui était entré à reculons dans le débat politique était le seul scientifique prêt à sauter dans la gueule du loup, sur le plateau le plus politisé de la télévision, à s'asseoir sous un panneau où clignotaient les mots "TYRANNIE VERTE" et à expliquer sa science avec ses propres mots. Voilà peut-être ce qu'il manquait : un peu de hardiesse.

29

DEUX MILLIARDS DE TÉMOINS

Comment le Live Earth a tenté de construire un mouvement, et a échoué

Depuis son bureau de Beverly Hills, le bien-nommé Control Room, la salle de contrôle, Kevin Wall organise les événements publics les plus importants aux quatre coins du monde, comme les cérémonies d'ouverture de la Coupe du monde et les concerts de Bob Dylan, Michael Jackson, Prince et Elton John. Il jongle avec des chiffres qui dépassent l'entendement de la plupart d'entre nous. "Écoutez, me dit-il, combien de personnes ont vu le documentaire d'Al Gore, *Une vérité qui dérange* ? Deux millions, dix millions ? C'est une vraie réussite. C'est le documentaire le plus vu de l'histoire. Je me suis dit que, si je pouvais mettre sur pied un spectacle de vingt-quatre heures autour du contenu d'*Une vérité qui dérange*, peut-être qu'il pourrait attirer un milliard, voire deux milliards de personnes."

C'est ainsi qu'est né le rassemblement Live Earth : des concerts simultanés dans onze villes et sur six continents (Antarctique compris), la plus grande et la plus ambitieuse initiative jamais mise en place pour mobiliser un public de masse autour du changement climatique.

Wall reconnaît sans ambages que, la première fois qu'il a vu la présentation multimédia d'Al Gore, il est parti avant la fin tellement il la trouvait déprimante. À la sortie du film, sa première pensée a été : "Oh non, c'est la même chose." Le film l'a effectivement convaincu, mais il restait ennuyé par ce problème de présentation. Wall voulait marquer les esprits et, pour cela, il fallait voir grand – de grands noms, de grandes salles, de grandes ambitions, et risquer la survie de son entreprise. "J'allais peut-être perdre mon argent, ma réputation, mais j'étais passionné et je voulais parvenir à un résultat", me confie-t-il.

Wall affirme que le format des concerts permet d'obtenir un accès extraordinaire aux ondes. "Essayer d'exercer un contrôle éditorial sur trois heures de grande écoute, c'est impossible. Mais aller voir une chaîne et exercer un contrôle éditorial sur un concert caritatif de grande ampleur qui porte un message ? Ça, on peut le faire."

Mais quel était donc ce message ? Le Live Earth eut bien du mal à trouver une histoire unificatrice autour du changement climatique, capable de parler de la question avec précision tout en respectant l'intégrité professionnelle des artistes. Un compromis malaisé fut choisi : alterner le spectacle lui-même avec de courtes pauses informatives et des discours. Au cours de l'événement, ces interruptions ne furent pas très bien accueillies. Comme le dit le DJ britannique Chris Moyles après un discours sur la réduction de l'empreinte carbone : "Fini les trucs sérieux ! On reprend le show !"

Les récits écolos habituels étaient tous présents. Avant le bouquet final, au Wembley Stadium de Londres, toutes les lumières furent symboliquement éteintes. Puis elles se rallumèrent tandis que Madonna montait sur scène dans un justaucorps de satin noir, accompagnée d'une longue file d'enfants en uniforme d'école (le *New York Times* ironisa sur cet épisode, les qualifiant de "chorale de Poudlard"), et hurlait au public : "Si vous voulez sauver la planète, je veux vous voir sauter ! Allez, bande de connards, SAUTEZ !" On dénombra cent cinquante plaintes déposées.

Sa chanson, sur laquelle il n'était d'ailleurs pas aisé de sauter en rythme, commençait sur un ton joyeux et plein d'espoir : "Hey, ne renonce pas / les choses ne vont pas si mal / il nous reste une chance", avant d'adopter un discours un peu plus égocentré dans le deuxième couplet : "Hey, protège-toi / ne compte sur personne d'autre / aime-toi toi-même." Ces paroles faisaient tristement écho au Live Aid, organisé quelque trente ans plus tôt en vue de récolter des fonds pour l'Éthiopie où sévissait une grave famine, dont l'hymne comportait cette phrase qui tue : "Ce soir, Dieu merci, c'est eux et pas vous."

C'étaient les images qui passaient sur les écrans géants derrière Madonna qui ancraient l'événement dans la version écologiste du changement climatique : cheminées, embouteillages, inondations, ouragans, enfants affamés à la peau sombre, poulets accrochés à des courroies, ours polaires sur des icebergs, forêts tropicales en feu, glaciers en train de fondre, plateforme pétrolière, Martin Luther King. Les paroles de la chanson s'affichaient en haut de l'écran comme au karaoké, et étrangement les *s* s'étaient transformés en symbole du dollar : "UN JOUR TOUT CELA AURA UN EN."

Un jour tout cela aura un sens ? Par le passé, de gros événements comme le Live Aid et le Live 8, organisés eux aussi par Kevin Wall, avaient du sens au moment même où ils avaient lieu. Ils s'étaient efforcés d'attirer l'attention sur des questions qui avaient déjà une certaine proximité : la famine en Éthiopie et l'effacement de la dette. Mais le Live Earth s'attachait à sensibiliser son public à une problématique qui restait distante pour la plupart des gens.

Wall est "extrêmement déçu" que l'élan qu'il avait créé soit retombé si rapidement, et en rejette la faute sur les écologistes qui "n'ont pas réussi à travailler ensemble". Bob Geldof, organisateur du concert du Live Aid, avait déjà mis en garde contre l'absence de mesures concrètes associées au Live Earth, qui allait le transformer en un "simple concert pop géant". Un porte-parole du Live Earth avait répondu à Geldof : "Les gens sont déjà au courant du réchauffement planétaire, mais des millions d'entre eux ne font rien pour changer leur mode de vie."

Et c'est ainsi que l'accent finit par être mis sur des broutilles, des changements de mode de vie minimes, et non sur la construction d'un véritable mouvement. Les rockstars montrèrent qu'elles aussi faisaient leur part. Au concert de Tokyo, la chanteuse japonaise Ayaka déclara devant le stade : "Je porte partout avec moi mon sac écologique pour ne pas utiliser les sacs en plastique des supermarchés, et j'utilise mes propres baguettes plutôt que les jetables." Le célèbre groupe des années 1980 Duran Duran ouvrit son concert avec cette petite demande ironique : "Que tous ceux qui ne sont pas venus en jet privé lèvent les mains en l'air !" dit le chanteur, Simon Le Bon, qui leva lui aussi la main. Cette petite phrase rappelle étrangement l'observation sarcastique de Michael Crichton, au cours du débat en direct à la radio, sur ses amis écologistes qui prenaient leurs avions privés pour gagner leurs résidences secondaires.

Peut-être que tout ceci avait du en pour Madonna. Quelques semaines avant le concert, elle avait parlé écologie lors d'un dîner macrobiotique avec le Premier ministre britannique dans son pied-à-terre londonien de dix-huit chambres. C'est là qu'elle habite lorsqu'elle n'est pas dans sa maison à 12 millions de dollars de Beverly Hills ou dans son appartement new-yorkais à 40 millions. Un spécialiste contacté par la BBC estime à plus d'un millier de tonnes de CO_2 les émissions annuelles de la star.

Le changement climatique est un problème pernicieux en quête d'un récit, et les célébrités ne sont pas simplement des personnes : elles sont elles-mêmes des histoires. Le problème survient lorsque le récit qui leur est associé (celui de la fortune, de la célébrité planétaire, de la consommation ostensible) entre en conflit avec celui de l'écologie (la simplicité, le local, la consommation raisonnée). Comme le faisait remarquer l'un des spectateurs du Live Earth en ligne : "Feriez-vous un méchoui pour promouvoir le végétarisme ?"

Kalee Kreider, l'ancienne directrice de la communication d'Al Gore, n'a que des louanges à la bouche lorsqu'on parle des célébrités qui ont participé au Live Earth et qui, selon elle, ont mis au premier plan des questions qui autrement seraient restées dans l'ombre. "Personne ne dit : « Lady Di a *un peu* contribué à la question des mines antipersonnel. » Ces stars participent en tant qu'êtres humains qui font de leur mieux avec ce qu'ils ont. Et vous savez quoi ? Que Dieu les bénisse."

Mais, en fin de compte, la participation de célébrités n'était pas ce qui allait permettre de mesurer le succès de l'événement : elles n'étaient qu'une attraction qui inciterait peut-être les spectateurs à en savoir plus sur la question, en partant du principe que, s'ils disposaient des informations, le changement serait en marche. Al Gore déclara aux médias un peu avant les concerts : "Le moment charnière dans un système politique arrive lorsque la majorité des gens ont suffisamment de connaissances sur la crise et ses solutions pour s'en servir comme armes et s'approprier la question."

Ce fut donc la course aux chiffres pour armer cette majorité, et deux milliards de spectateurs sont un sacré bon chiffre. Un tel rassemblement, espérait-on, allait créer un moment historique, comme si les concerts pouvaient à eux seuls créer une norme sociale du passage à l'acte. Mais, en l'absence d'un objectif clair et d'un mouvement capable de galvaniser le public dans l'action, le Live Earth ne fit que créer un effet du témoin à l'échelle planétaire : deux milliards de personnes attendaient sur le banc de touche que quelqu'un d'autre fasse quelque chose.

30

CARTE POSTALE DE HOPENHAGEN

Comment les négociations autour du climat ne font que préparer le drame à venir

Tout le monde attendait beaucoup de la conférence de 2009 des Nations unies sur les changements climatiques à Copenhague – toutes les stations de métro et d'autobus affichaient le slogan "Hopenhagen[1]", parrainé par Siemens ou Coca. La ville devint un gigantesque parc d'attractions sur le thème du kitsch climatique : éco-globes en fibre de verre créés par des artistes locaux, ballons géants en forme de visages d'indigènes, sculptures de glace d'ours polaires en train de fondre, exposition photo des "cent endroits inoubliables qui auront bientôt disparu".

Sur la Rådhuspladsen, la place de l'Hôtel-de-Ville, fut installé un globe illuminé de 15 mètres de diamètre, sur lequel s'affichaient tour à tour des petites astuces pour faire des économies d'énergie et les logos des sponsors. D'un côté de la place Kongens Nytorv se trouvait une structure constituée d'échafaudages auxquels étaient accrochés des draps claquant au vent, sur lesquels étaient inscrits des plaidoyers en faveur d'une action politique. Et dans le port de Copenhague, à côté de la statue de la Petite Sirène, le sculpteur danois Jens Galschiøt avait créé une nouvelle œuvre, appelée *La Survie du plus gros*, représentant une allégorie obèse de la Justice (tenant à la main une minuscule balance) juchée sur les épaules d'un frêle Africain sur le point de sombrer sous l'eau.

Les négociations eurent lieu dans un centre de conférences exigu situé en bordure de la ville, accessible uniquement en voiture ou par le petit tramway surélevé qui glisse le long d'immeubles luisants et sans relief, et à côté d'une éolienne sans intérêt érigée par Siemens. Dans la lumière de la fin d'après-midi, la ressemblance avec l'éco-monde de Sustainia était troublante.

À l'intérieur du centre de conférences, rien d'aussi excitant : dix mille participants et cinq cents journalistes en sueur tournaient en rond, passant de réunions en conférences de presse, prenant des

1. Jeu de mots en anglais formé sur le mot *hope*, "espoir", et le nom de la ville, Copenhagen. *(N.d.T.)*

photographies d'eux-mêmes devant les sculptures de glace ou observant les militants déguisés en ours polaires qui paradaient avec des pancartes "Sauvons les humains".

Il y eut beaucoup de belles paroles prononcées pendant les discours politiques, mais la plupart prirent la forme du "nous" fuyant. Obama déclara : "Nous pouvons prendre des mesures audacieuses et décisives face à cette menace commune", tandis que Wen Jiabao, Premier ministre chinois, affirmait : "Nous respecterons nos promesses en agissant de manière concrète."

On utilisa les métaphores habituelles. Todd Stern, envoyé spécial des États-Unis, appela son auditoire à "s'unir face à un danger commun qui menace la Terre, comme dans les vieux *comics*. Ce n'est peut-être pas une météorite ou un envahisseur de l'espace qui nous menace, mais les dégâts que nous laisserons à nos enfants seront tout aussi grands." Dans son discours inaugural (qu'elle avait écrit avec autant de points d'exclamation qu'une adolescente californienne sur sa page Facebook), la ministre danoise de l'Énergie déclara : "C'est notre chance. Si nous la ratons, nous pourrions attendre des années avant d'en avoir une meilleure. Si tant est que nous en ayons une autre ! Ouvrons la voie à une nouvelle ère à basses émissions ! Mettons la main à la pâte ! Dès maintenant !"

Puis tout le monde regarda le clip officiel d'ouverture, *S'il vous plaît, aidez le monde,* quatre minutes d'éco-apocalypse mondiale dans lesquelles une petite fille désespérée tendait la main vers son ours polaire en peluche, qui tombait dans une crevasse du sol, avant qu'une vague énorme les engloutisse tous deux. Éteins les lumières ou l'ours en peluche y passe.

Un an plus tôt, Yvo de Boer, qui présidait au processus de négociation, avait prévenu que, si la conférence ne parvenait pas à déterminer une échéance précise, "alors toutes les échéances suivantes ne ser[aie]nt pas non plus respectées, et nous deviendr[i]ons le petit orchestre qui jouait sur le pont du *Titanic*". La conférence échoua à déterminer une échéance précise. Et le petit orchestre continua de jouer.

Il est inenvisageable ne serait-ce que de proposer de mettre un terme au processus de négociation. Oliver Tickell, éditeur du mensuel *The Ecologist*, se bat pour faire connaître les propositions de réforme du processus. Il dit que la seule chose que tous ces gens veulent, c'est conserver la tenue de cette réunion annuelle : "Ils se mettent subitement à négocier puis, souvent un samedi, ils se rendent tous sur scène et ils disent la même chose : nous avons trouvé un accord historique parce que nous avons convenu qu'à une certaine date, fixée loin dans l'avenir, nous allons nous entendre sur tous les points de désaccord qui subsistent encore. Même s'ils se disputent, ils ont en réalité tout intérêt à ce que ces festivités continuent à avoir lieu et qu'ils ne fassent que le minimum pour maintenir le statu quo."

Et c'est ainsi que José Manuel Barroso, président de la Commission européenne, reconnut comme il se devait qu'il était déçu, mais que l'issue de la conférence était un signe positif avant les prochaines étapes qui seraient décidées à l'avenir. Le secrétaire général de l'ONU, Ban Ki-moon, accueillit quant à lui favorablement la tenue de la conférence comme un "premier pas essentiel".

Les négociations sur le climat en sont sans cesse à leurs débuts ou, pour reprendre l'expression préférée des politiciens, "préparent le terrain" du drame à venir. L'ONU avait déclaré en 2007 que les pourparlers de Vienne sur le climat "préparaient le terrain pour la conférence sur les changements climatiques de Bali". Le Council on Foreign Relations des États-Unis expliqua que la conférence de 2009 à Copenhague "préparait le terrain pour la prise de mesures ambitieuses". Selon Connie Hedegaard, commissaire européenne à l'Action pour le climat, les négociations de Durban s'étaient soldées par un accord qui allait "préparer le terrain pour les grosses discussions de 2015".

"Préparer le terrain" n'est pas simplement un cliché de la langue de bois : c'est un cadre narratif. Cette expression sous-entend que, même lorsque les réunions n'aboutissent à rien, elles font partie des préparatifs du grand drame à venir, comme dans les films surréalistes de Luis Buñuel, où des convives bien nantis ne cessent de se retrouver pour dîner ensemble sans jamais se mettre à table.

Cette circularité évasive est devenue le style rhétorique de tous les discours officiels portant sur le processus de négociation, avec les mêmes expressions qui ne cessent de réapparaître dans différentes combinaisons : "notre objectif n'est rien de moins que" d'"appeler à prendre des mesures audacieuses" afin de "jeter les bases" grâce à des "engagements solides" en vue d'une "feuille de route pour des négociations futures".

Ou, comme l'a formulé l'humoriste britannique Marcus Brigstocke dans son billet radiophonique intitulé "Dr Seuss[1] à Copenhague" au cours de l'émission *The Now Show* :

> Et ils se plantèrent et cette belle opportunité gâchèrent,
> Entre immodestes diplomates folâtrer préférèrent,
> Et sur-le-champ, et sans tarder, décidèrent
> De convenir d'un avenir plus beau et plus vert
> En solutionnant la question à une date ultérieure :
> Non pas ici et maintenant, mais plus tard et ailleurs.

1. De son vrai nom Theodor Seuss Geisel, Dr Seuss est un auteur et illustrateur américain, connu notamment pour ses livres pour enfants *The Cat in the Hat (Le Chat chapeauté)* et *How the Grinch Stole Christmas (Le Grincheux qui voulait gâcher Noël). (N.d.T.)*

31

PRÉCÉDENTS ET PRÉSIDENTS

Comment les politiques climatiques ont perdu le nord

Nous avons eu la chance que la question du changement climatique soit apparue à une époque où régnait un optimisme inhabituel, juste après trois moments de coopération internationale qui établissaient des précédents ouvrant la voie à de nouvelles réussites. Avec le recul, nous avons aussi eu la malchance que ces trois questions soient extrêmement similaires au changement climatique, au point que les décideurs politiques n'ont pas su percevoir les différences cruciales et criantes.

Il y eut tout d'abord le Traité sur la réduction des armements stratégiques (START), négocié entre les États-Unis et l'URSS entre 1982 et 1991. Ce traité marqua l'utilisation de cibles et d'échéances pour fixer des objectifs de réduction mutuellement vérifiables, qu'on retrouve telle quelle dans le cadre des réductions des émissions de gaz à effet de serre. Al Gore, alors sénateur, fut un membre très actif du groupe bipartite de législateurs qui fit pression sur le président Ronald Reagan pour qu'il mette de l'eau dans son vin au cours des négociations du traité START, et Gore en parle encore souvent aujourd'hui comme d'un symbole des mesures politiques concrètes qui peuvent être prises sur le changement climatique.

Au milieu des années 1980, Al Gore et Tim Wirth, un démocrate du Colorado, participèrent également aux efforts de mobilisation du Congrès américain autour du contrôle de la production des substances chimiques dangereuses pour la couche d'ozone. Ce combat mondial constitua le deuxième exemple et modèle mental au fondement de la lutte contre le changement climatique.

La question de l'ozone était apparue dans les années 1970, lorsque des satellites rendirent compte d'un appauvrissement extrême de la couche d'ozone stratosphérique au-dessus de l'Antarctique. Tout comme dans le cas du changement climatique, les gaz atmosphériques invisibles et autrement inoffensifs responsables de la réduction de la couche d'ozone étaient des conséquences des modes de vie et des technologies modernes. Tout comme dans le cas du changement climatique, ils nuisaient à un élément indispensable à la vie sur Terre, notamment aux pôles. Et tout comme dans le cas du changement climatique, les seules sources d'information étaient les scientifiques spécialisés et les modèles informatiques, qui furent immédiatement défendus par les écologistes et contestés par les grandes entreprises et les think thanks libertariens. Sans oublier que les principaux gaz responsables de l'érosion de la couche d'ozone, les chlorofluorocarbures (CFC), sont aussi de puissants gaz à effet de serre.

Chacun de ces éléments et des acteurs sur la scène internationale ressemblait à s'y méprendre à ceux du changement climatique et n'avait en revanche rien en commun avec les autres menaces planétaires. Comment, dès lors, empêcher que ces deux questions ne deviennent inextricablement liées l'une à l'autre ?

Les scientifiques tirèrent leurs premières leçons. Début 1992, l'appauvrissement de la couche d'ozone au-dessus de l'Arctique s'avéra bien moins grave que ce que prévoyaient les scientifiques de la NASA. Ils furent accusés par la presse conservatrice d'avoir voulu servir les intérêts très politisés des écologistes. Cette expérience échauda la communauté scientifique, qui se montra par la suite excessivement prudente sur la confiance qu'elle plaçait dans ses projections concernant le changement climatique.

Comme le dirait la petite fille du spot télévisé en levant les yeux vers son papa : "Est-ce que l'histoire de la couche d'ozone finit bien ?" Eh bien oui, et c'est ce qui l'amena à influencer à ce point la question plus tardive du changement climatique. Les divers acteurs jouèrent le rôle qui leur était assigné : il y eut un affrontement entre un David et un Goliath, et une résolution qui, comme dans tous les bons mythes, permit le rétablissement du statu quo.

La question de l'ozone créa le modèle des solutions dues aux innovations technologiques d'entreprises privées et à la mise en place d'un système inspiré du libre marché pour les permis d'émission, appliqué à l'aide d'un accord international contraignant conclu en 1987 : le protocole de Montréal. Il est considéré par les Nations unies, qui avaient chapeauté les négociations, comme "l'accord de protection de l'environnement le plus fructueux à ce jour". Chacun de ces éléments fut repris directement et sans adaptation aucune dans la question émergente du changement climatique.

Les récits autour de la couche d'ozone et du réchauffement planétaire étaient tellement semblables que, pendant longtemps, le public les confondait. Une enquête de 1999 révélait que, selon un quart des Américains, la destruction de la couche d'ozone était la principale cause du réchauffement planétaire et, même trente ans après l'interdiction des CFC dans les aérosols, trois quarts des Américains restaient convaincus que les bombes aérosols étaient responsables du phénomène.

Il y eut un troisième précédent qui proposa un modèle de gestion du changement climatique : le succès qui couronna les politiques fondées sur l'offre et la demande pour réduire la pollution au dioxyde de soufre aux États-Unis. Cette question offre elle aussi d'étonnantes similitudes avec le changement climatique : des gaz (en l'occurrence du dioxyde de soufre et des oxydes d'azote), sous-produits de l'utilisation de combustibles fossiles, étaient à l'origine de graves problèmes de santé et, sous la forme de pluies acides, provoquaient des dégâts pour l'environnement sur tout le territoire.

Fred Krupp, le jeune et dynamique directeur de l'Environmental Defense Fund, avait annoncé dans un éditorial du *Wall Street Journal* l'arrivée d'une "troisième ère" de l'écologie qui "respecte la croissance, l'emploi et les intérêts du contribuable et de l'actionnaire". Krupp défendait avec ferveur une solution fondée sur le libre marché pour régler le problème des pluies acides, qui permettrait aux acteurs d'acheter et d'échanger des permis de polluer sur un marché concurrentiel. Ce modèle de commerce des émissions correspondait très bien au conservatisme libéral de l'administration républicaine d'alors et fut décrit comme "le Saint-Graal de la politique environnementale". La référence à un objet mythique indique clairement que l'attrait suscité par cette proposition reposait dans une large mesure sur un récit culturellement construit.

Le commerce des droits d'émission adopta le principe de la libre concurrence comme moyen de récompenser l'innovation et de protéger les puissants intérêts économiques. La technologie et l'ingénierie (en l'occurrence, l'installation de filtres sur les cheminées) allaient régler le problème. Il n'était pas nécessaire de renoncer aux combustibles fossiles ou de limiter la croissance, et la demande d'électricité augmenta de presque un tiers dans les dix années suivantes. Le problème était résolu et la fête pouvait continuer.

Cinq ans plus tard, en 1995, les principales nations du monde se retrouvèrent à Berlin afin de parler des mesures à prendre pour respecter les engagements pris en matière de réduction des émissions des gaz à effet de serre. À la suite du protocole de Montréal, elles se tournèrent vers les Nations unies pour que soit convoquée une convention internationale contraignante, cette fois-ci en vue de réduire les émissions de gaz à effet de serre. À la demande pressante des États-Unis (et avec le soutien appuyé d'Al Gore, alors vice-président), la démarche adoptée pour réduire ces émissions fut directement reprise du mécanisme de marché des pluies acides. On allait donner au carbone un prix en le transformant en un bien échangeable, et les pays pourraient ainsi acheter et vendre leurs quotas d'émissions. Encore aujourd'hui, les Nations unies déclarent que l'"outil fondamental pour la réduction des émissions" sera la création d'un marché mondial du carbone.

L'échange des droits d'émission de carbone a été profondément remis en cause. Les militants écologistes dénoncèrent ce système en le renommant "casino du carbone" et jetèrent en l'air des photocopies de billets de banque pendant les négociations. Fait surprenant, cette solution fit aussi horreur aux libertariens, qui voyaient dans ces "mécanismes de marché" un "socialisme de marché".

L'échange des droits d'émission se révéla par ailleurs être un mécanisme terrifiant de complexité, qui répartissait les responsabilités et séparait nettement les comportements individuels de la responsabilité morale. Grâce à ces échanges, peu importait si vous choisissiez de prendre l'avion ou la voiture, ou de vous fournir en électricité auprès d'une ferme éolienne ou d'une centrale au charbon, puisque les droits d'émission avaient déjà été décidés et attribués sous forme de permis de polluer.

D'ailleurs, le système ne fonctionne pas. Le nombre excessif de droits d'émission attribués et les crédits compensatoires frauduleux délivrés par la Russie et l'Ukraine, qui ont inondé le marché, ont débouché, comme le formule l'éminent bureau d'études Thomson Reuters Point Carbon, sur un "effondrement du marché" dans le système d'échange européen. En 2013, les pollueurs avaient économisé tellement de droits à prix réduit qu'ils pouvaient augmenter leurs émissions au point de contrebalancer toutes les réductions que les initiatives européennes d'énergies renouvelables et d'efficience énergétique combinées avaient réussi à atteindre.

En 2010, à la suite de l'élection d'un président sensible aux questions environnementales, des efforts furent déployés aux États-Unis pour faire adopter une législation sur le changement climatique. Une fois encore, Fred Krupp, de l'Environmental Defense Fund, joua un rôle prépondérant et, une fois encore, l'échange des droits d'émission fut présenté comme le seul outil viable pour réduire les émissions de gaz à effet de serre.

Comme à l'ONU et en Europe, pour comprendre des mécanismes de marché censés être simples et efficaces, il fallut préparer un manuel technique épais et jargonnant. Lorsqu'il finit par sortir de la commission Énergie et Commerce, le projet de loi sur l'énergie propre et la sécurité énergétique avait pris la forme de 1 428 pages homériques de processus de suivi, d'évaluation et d'attribution. Malgré les droits généreux accordés aux grands groupes pétroliers et miniers pour acheter leur coopération, le projet de loi était voué à l'échec.

À l'échelle internationale, l'ONU conçut le Mécanisme pour un développement propre (MDP), qui permet à des projets dans les pays en développement d'échanger leurs droits d'émission avec les pollueurs du Nord. Ce mécanisme fut qualifié par le magazine *The Economist* de "désastre", contaminé par des allégations répandues de fraude. Plus de la moitié de ses économies estimées venaient d'une poignée d'entreprises asiatiques qui produisaient en grande quantité un gaz à effet de serre peu connu et extrêmement puissant, le HFC-23, pour pouvoir ensuite le détruire et réclamer des crédits.

En 2012, le conseil d'administration du MDP annonça que des crédits seraient accordés aux centrales à charbon des pays en développement si elles amélioraient leur efficience. Aujourd'hui en Europe, une nouvelle centrale à charbon peut "compenser" ses émissions en achetant des crédits carbone à une nouvelle centrale indienne. Ce n'est pas tant déshabiller Pierre pour habiller Paul que déshabiller tout le monde pour vêtir Pierre et Paul de marques de luxe.

De l'examen de ce triste historique, les universitaires Steve Rayner, de l'université d'Oxford, et Gwyn Prins, de la London School of Economics, tirèrent la conclusion suivante : la réduction des armes, l'appauvrissement de la couche d'ozone et les émissions de dioxyde de soufre n'auraient jamais dû être choisis comme modèles pour l'action contre le changement climatique. Ces questions étaient, selon eux, des problèmes "solubles", avec des objectifs bien définis et atteignables. Le changement climatique, lui, est un problème "pernicieux" d'une ampleur, d'une complexité et d'une incertitude autrement plus terrifiantes. "L'expérience peut être un bien funeste fardeau", écrivent-ils.

Funeste, c'est le mot. Il se produisit là une erreur cognitive à une vaste échelle, qui, malheureusement, récapitule parfaitement tous les processus psychologiques défaillants passés en revue dans le présent ouvrage. Les responsables et les stratégistes politiques ne sont pas des surhommes et sont limités par les mêmes barrières cognitives. À chaque étape, ils s'inspirèrent des précédents disponibles et émirent des hypothèses en se fondant sur des ressemblances simplistes et métaphoriques. À cause du biais de confirmation toujours plus présent, ils promurent auprès de leurs pairs une norme sociale qui les mena à refaire encore et toujours les mêmes erreurs.

Ces précédents se situaient à un échelon bien plus gérable que le changement climatique. Le nombre d'acteurs impliqués dans les deux problématiques était réduit : seuls 25 fournisseurs publics d'électricité et 110 centrales étaient concernés par le programme sur les pluies acides. Les principaux responsables de la production de substances néfastes pour la couche d'ozone se résumaient à 12 entreprises et leurs filiales (DuPont représentant un quart de la production mondiale). Les PDG de toutes ces entreprises auraient tout à fait pu se retrouver à un même dîner de gala.

De plus, les dommages causés par l'appauvrissement de la couche d'ozone et les pluies acides pouvaient, une fois la pollution sous contrôle, être réparés en l'espace d'une génération. Ces problèmes furent à l'origine d'un récit optimiste de résolution et de renouveau qui est parfaitement inadapté au problème irréversible du changement climatique, dont le résultat reste incertain.

Les cadres ne se contentent pas de concentrer l'attention : ils définissent des zones de "désattention". Ces précédents restreignent le changement climatique à une série limitée de perspectives qui excluent entièrement d'autres approches du problème. Ils définissent le changement climatique comme une question environnementale, ce qui exclut de le considérer comme une question de ressources, d'énergie, d'économie, de santé ou de droits sociaux. Ils déterminent que la meilleure solution pour le gérer est l'échange des droits d'émission, ce qui exclut d'envisager des solutions en lien avec la réglementation, l'imposition de taxes ou le rationnement. Et l'ONU, forte de la réussite de ses dispositifs de lutte contre l'appauvrissement de la couche d'ozone, choisit de penser que le meilleur moyen de contrôler le changement climatique était un protocole international et non des accords régionaux ou multilatéraux.

Mais le pire cadrage que l'on doit aux précédents concernant la couche d'ozone et les pluies acides, le plus important, le plus extraordinaire et le plus nuisible de tous, est de définir le changement climatique entièrement et exclusivement comme un problème de *gaz*.

Voilà qui pourrait bien être notre erreur funeste.

32

TÊTE DE PUITS ET POT D'ÉCHAPPEMENT

Pourquoi nous nous obstinons à mettre de l'huile sur le feu que nous cherchons à éteindre

À certains égards, le changement climatique est en réalité très simple. Nous trouvons des combustibles fossiles. Nous creusons la terre, puis nous les pompons hors du sol. Nous les traitons avant de les vendre. Puis nous les brûlons. Cette opération produit des gaz résiduaires, dont le dioxyde de carbone, qui par un effet de serre réchauffe la planète. Bien sûr, le problème est plus complexe (il existe d'autres gaz, d'autres sources, d'autres zones d'accumulation de matières), mais ce que j'ai résumé là constitue le cycle de base du carbone, source du problème dans une large mesure, qui apparaît dans tous les manuels et constitue le socle de toutes les politiques.

Il y a donc une chaîne ou, si vous préférez, une sorte de tuyauterie. À une extrémité, on prospecte, on développe, on produit – c'est ce que j'appelle la tête de puits (un terme qui comprend ici également le carreau des mines de charbon). Et, de l'autre côté, on vend puis on brûle, ce qui provoque les émissions – appelons-le le pot d'échappement. Les politiques relatives au changement climatique devraient logiquement intervenir au niveau de chaque extrémité et à toutes les étapes qui les séparent.

Ce n'est pourtant pas le cas. L'attention portée aux gaz qui sortent du pot d'échappement et le peu de considération accordée aux combustibles de la tête de puits constituent le facteur le plus important du cadrage opéré par les gouvernements. Seuls les écologistes radicaux se sont efforcés de relier deux problèmes qui, dans l'esprit de la plupart des experts, évoluent dans deux univers complètement indépendants. Ce phénomène à lui seul ne suffit pas à expliquer pourquoi nous mettons de côté le risque que représente le changement climatique, mais il explique en revanche la déconnexion fondamentale à l'œuvre dans tous les récits et toutes les politiques autour de cette question.

Il explique comment un organisme de financement axé sur le changement climatique peut subventionner les prospections des entreprises pétrolières et gazières, et comment le musée des Sciences londonien se retrouve à exposer une vitrine sur le changement climatique financée par Shell. Il explique comment la Norvège, huitième pays exportateur de pétrole au monde, peut se considérer comme championne des mesures de lutte contre le changement climatique. Il explique comment Obama, s'exprimant comme à son habitude à la première personne du pluriel, peut se vanter en 2012 au cours d'un débat présidentiel que "nous produisons davantage de charbon, mais nous le faisons de manière plus propre et plus intelligente, tout comme avec le pétrole et le gaz naturel", puis, quelques mois plus tard, peut dire : "Nous devons agir, mais nous ne pouvons pas relever le défi énergétique et climatique simplement en cessant l'exploitation des combustibles fossiles."

Il explique comment Hillary Clinton, qui qualifie la crise climatique de "principale menace du XXIe siècle", a pu se rendre en Norvège en juin 2012 en vue de négocier pour les États-Unis un accès aux 900 000 milliards de dollars que représentent les gisements pétroliers arctiques. Ses contradictions internes atteignirent un sommet le 2 juin : sa journée débuta par un voyage sur un navire de recherche scientifique pour aller voir la fonte des glaces arctiques (une expérience qui selon elle "donne à réfléchir"), puis, une fois de retour sur la terre ferme, après une dégustation de fruits de mer locaux, elle s'assit à la table de négociation en compagnie du PDG de l'entreprise norvégienne Statoil et du directeur régional d'ExxonMobil afin de planifier l'expansion de la production pétrolière dans l'Arctique.

En Grande-Bretagne, au sein du gouvernement, l'énergie et le changement climatique sont réunis dans le même département, chargé à la fois de réduire les émissions et de stimuler la production de pétrole. Le ministre de l'Énergie et du Changement climatique se vante tour à tour de l'attribution des nouveaux permis permettant de déstocker vingt milliards de barils de pétrole pour le pays, puis de son plan ambitieux de réduction par le gouvernement de 10 % de ses émissions.

Bien que nombre de militants écologistes voient dans ces incohérences la preuve de l'influence occulte des grandes compagnies pétrolières, les politiques destinées à gérer d'autres problèmes mondiaux (y compris ceux qui impliquent des intérêts privés puissants) ne mettent jamais ainsi de côté l'aspect production. Les zones de pêche doivent respecter les droits de pêche et les quotas de production. On empêche la déforestation illégale au moyen de permis d'exploitation et de gestion des forêts. Et, pour prendre l'exemple d'un problème connu pour son aspect pernicieux, il serait impensable pour les politiques antidrogue d'ignorer la production, ce qui explique que le gouvernement américain dépense chaque année près de 2 milliards de dollars pour l'application de mesures internationales de contrôle. Si, comme le disait George W. Bush, nous sommes accros au pétrole, alors une politique sur le changement climatique qui ne tienne pas compte de la production des combustibles fossiles est comparable à une politique de lutte contre les drogues qui ne prendrait pas en compte les champs de pavot, les laboratoires de cocaïne, les réseaux et les trafiquants, et qui se concentrerait uniquement sur les drogués.

Ajoutons même qu'au vu de ces exemples, il apparaît d'autant plus évident que les politiques de lutte contre le changement climatique doivent intégrer la production. Seules dix compagnies ou, pour le dire autrement, seuls dix pays sont responsables des deux tiers de la production pétrolière mondiale. Les représentants de chacun d'eux pourraient tout à fait se retrouver dans la même pièce sans se marcher sur les pieds. Il y aurait même assez de place pour quelques représentants de la Chine et des États-Unis, qui à eux deux représentent les deux tiers de la production houillère mondiale. Aux yeux de l'économiste Thomas Schelling, dont les travaux sur la théorie des jeux lui ont valu un prix Nobel, c'était une évidence. Schelling considérait les mesures de lutte contre le changement climatique comme un "salmigondis d'une abominable complexité". Sa réponse paraissait élémentaire : "Pour simplifier tout ça, il faut fermer le robinet de la production de combustibles fossiles, et non freiner les industries : on ferme le robinet du pétrole et du gaz à la tête de puits, et celui du charbon au carreau des mines." Lorsque je lui demande pourquoi, à son avis, personne n'a jamais avancé une telle solution, il répond : "Je n'ai aucune bonne théorie sur la question, si ce n'est qu'aucun responsable politique américain ne parvient à évoquer le sujet du changement climatique de manière honnête et franche."

Robert N. Stavins, professeur et économiste à l'université de Harvard, approuve cette analyse. Il défend le système d'échange des droits d'émission mais soutient que le modèle d'échange qui aurait dû être utilisé est celui mis en place dans les années 1980 pour éliminer progressivement l'essence au plomb, qui portait sur la teneur en plomb de l'essence (la consommation de combustible) et non sur les gaz résiduaires (ce qui sortait du pot d'échappement). Selon Stavins, le système le moins coûteux et le plus aisé à mettre en place serait la taxation de la teneur en carbone des combustibles.

Je me suis donc posé la question suivante : à quel moment les gouvernements et les experts travaillant sur le processus international ont-ils soupesé ces diverses options avant de décider que les meilleures politiques nationales et internationales consistaient à réglementer les gaz et à échanger des droits d'émission, tout en mettant entièrement de côté les combustibles fossiles qui en sont la source ?

La réponse est simple : ce débat n'a jamais eu lieu.

Les recherches scientifiques sur le changement climatique ont toujours porté exclusivement sur les gaz à effet de serre et leurs incidences possibles. En 1990, le GIEC produisit les premiers tableaux sur les émissions de gaz à effet de serre pays par pays, à partir desquels eurent lieu toutes les négociations internationales. Le groupe n'était cependant pas compétent en matière de production nationale des combustibles fossiles. John Houghton, président et fondateur du GIEC, ne fait pas la différence entre les combustibles fossiles produits et les gaz à effet de serre qu'ils deviennent par la suite. "Bien sûr qu'ils font partie du même cycle", mais le problème, me confie-t-il, c'est que "parler de la source des combustibles fossiles nous aurait entraînés de l'arène scientifique vers celle de la politique. En raison de la pression que nous subissions, il nous fallait être d'une irréprochabilité exemplaire, et peut-être sommes-nous allés un peu trop loin, mais il le fallait."

Houghton ne se rappelle pas avoir entendu, au cours de ses quatorze années passées à la tête du comité scientifique du GIEC, de proposition ou de débat sur le contrôle de la production à la source. "C'est bien dommage que la question n'ait jamais été soulevée, mais elle n'est pas scientifique. Elle est politique."

Cela étant dit, elle a été pareillement négligée dans les cercles politiques. Jeremy Leggett, un géologue qui travaillait pour l'industrie pétrolière avant de rejoindre l'équipe de Greenpeace International sur le changement climatique, a assisté à toutes les négociations internationales sur le climat depuis 1990 et a participé à tous les débats majeurs sur les mesures à prendre. Et pourtant, lui non plus ne se souvient d'aucun intervenant proposant formellement une politique qui limiterait la prospection et l'exploitation de nouvelles sources de pétrole, de gaz ou de charbon. "Avec le recul, dit-il, je vois bien que nous aurions dû alors défendre cet argument."

Il ajoute cependant que les compagnies ou les producteurs de pétrole n'ont jamais activement milité pour l'approche qui a été adoptée. "C'était simplement dans l'air du temps de considérer le problème sous cet angle, et le hasard a fait que cet angle est dans l'intérêt des compagnies pétrolières."

L'observation de Leggett a son importance. Bien sûr, la production de combustibles fossiles était défendue par des intérêts nationaux et commerciaux très puissants. Toute tentative de limiter la production à la source aurait rencontré une résistance féroce. Mais il n'y eut pas de luttes, pas de disputes, pas d'entente conclue en coulisses. Ce n'était pas la peine : la question ne fut jamais abordée.

Jennifer Morgan a consacré le plus clair de son temps à suivre les négociations autour du climat. Elle était à la tête de la délégation du WWF pendant les négociations de Kyoto et a mené des équipes de campagne dans chaque négociation qui a eu lieu depuis 1994. Comme Leggett, elle ne se rappelle pas un moment où la décision fut prise de se concentrer sur les émissions. Selon ses propres mots, "c'était comme ça depuis longtemps". Morgan et Leggett pensent tous deux que les militants comme les négociateurs s'efforçaient de faire de leur mieux dans les conditions qu'on leur imposait – et ces conditions ne concernaient que le pot d'échappement.

C'est ainsi que nous avons âprement négocié les mécanismes de partage, de contrôle et d'échange des émissions. Les scientifiques ne parlaient que des gaz. Le processus international s'appuyait uniquement sur des modèles de politiques conçus pour contrôler et échanger les droits d'émission de gaz. Dès le tout début, la production de combustibles fossiles est restée à la marge des débats et, comme avec d'autres formes de silence socialement construit, les normes sociales à l'œuvre parmi les négociateurs et les spécialistes ont conservé ce statu quo.

Par conséquent, le lien entre les différentes histoires autour des incidences des combustibles fossiles sur l'environnement s'est brisé. Les récits sur les incidences de la production de pétrole, de gaz et de charbon se sont axés sur la santé, la sécurité et les mécanismes de compensation des effets sur l'environnement local. Les récits autour du changement climatique, eux, concernent désormais les émissions, la demande énergétique, l'efficience, le mode de vie des consommateurs et les conséquences du réchauffement à l'échelle mondiale.

Au printemps 2010, il se présenta l'occasion rêvée de réconcilier ces deux histoires divergentes. Les sénateurs John Kerry et Barbara Boxer menaient d'intenses négociations pour réviser un projet de loi sur le climat, en vue d'un vote au Sénat américain. Afin d'entretenir l'élan créé par cet événement politique, les principales associations de défense de l'environnement avaient lancé la plus grande et la plus coûteuse campagne de sensibilisation jamais entreprise sur le changement climatique. Puis, le 20 avril, la plateforme pétrolière Deepwater Horizon, de la compagnie BP, explosa : quatre millions de barils de pétrole brut se déversèrent dans le golfe du Mexique.

Cette catastrophe aurait dû être une aubaine pour les défenseurs du climat : un scandale largement relayé par les médias, concernant ces saletés de combustibles fossiles, au moment où les législateurs travaillaient sur une crise éventuellement encore plus importante provoquée par la pollution des mêmes combustibles. Une coïncidence aussi parfaite ne se produit qu'une fois dans la vie d'un militant.

Mais ces liens ne purent être établis : le projet de loi sur le climat, à l'instar des négociations internationales et du système d'échange des droits d'émission lié aux pluies acides, ne concernait que le pot d'échappement. En échange de leur engagement et de leur soutien, on accorda aux compagnies pétrolières, gazières et charbonnières de généreux permis de polluer et on étendit leurs droits de prospection. Trois semaines avant l'explosion, dans le cadre d'un grand marché passé avec le Sénat pour qu'il approuve le projet de loi, Obama avait annoncé des plans destinés à ouvrir 67,6 millions d'hectares au forage pétrolier sur la côte atlantique.

Il n'y avait donc aucun moyen de relier ces schémas narratifs, même si des groupes militants comme le Sierra Club montèrent courageusement au front. Dans le cas de Deepwater Horizon, on ne parla que des incidences locales et de la santé et de la sécurité dans les entreprises, et cette histoire pouvait compter un ennemi de première catégorie, personnifié par le PDG de BP, Tony Hayward, particulièrement fuyant.

Les écologistes les plus radicaux ont toujours cherché à reconstruire ce lien entre la tête de puits et le pot d'échappement. Patrick Reinsborough, du Center for Story-Based Strategy à Oakland, voit dans ces efforts la manifestation d'une vision plus large du mouvement inclusif en faveur de la justice sociale. "Un nouvel espace politique s'ouvre aujourd'hui, me dit-il, dans lequel nous voyons que le problème, ce sont les combustibles fossiles, et les personnes qui sont depuis toujours en première ligne dans la guerre aux combustibles fossiles sont celles que l'on devrait logiquement retrouver en première ligne de la recherche de solutions."

La bataille autour de l'oléoduc Keystone XL et le mouvement de mobilisation pour demander aux compagnies productrices de combustibles fossiles de se désengager du projet sont autant de tentatives tenaces pour recadrer la question du changement climatique sur sa source, la tête de puits. Un oléoduc n'a pas seulement la proximité d'une bataille visible ; il donne une forme concrète à la circulation du carbone, depuis les gisements jusqu'aux émissions.

Mais un problème subsiste, comme c'est le cas avec la langue et les images employées au sujet du changement climatique dans son ensemble : tant que seuls les militants radicaux feront ce lien, leurs arguments seront marginalisés et négligés.

Je suggère ainsi la chose suivante : la séparation entre tête de puits et pot d'échappement n'était pas, à l'origine, le fait des compagnies ou des politiques mondiales (même si ces éléments ont joué un rôle). Elle peut aussi être comprise comme une erreur de jugement extrême, due à une aberration cognitive et à une catégorisation erronée. Les scientifiques ont rangé le changement climatique dans la catégorie des problèmes d'émissions parce qu'ils ont estimé que la production était une question politique extérieure à leur champ de compétences. Les responsables politiques ont eux aussi considéré le changement climatique comme un problème d'émissions parce qu'ils s'appuyaient sur leur expérience récente, qui fournissait des exemples réussis de solutions à ce type de problème. Le biais de confirmation et une norme socialement construite de la désattention ont porté le coup de grâce.

Parce qu'il est multivalent et pernicieux, le changement climatique peut donner lieu à de nombreuses interprétations, mais il n'existe au bout du compte que dans la forme que nous choisissons de lui donner. Ce qui signifie qu'il n'existe pas dans la forme que nous choisissons d'ignorer. Le contrôle de la production n'est pas débattu parce qu'il n'existe tout simplement pas dans le débat.

Après vingt ans de négociations sur la question des émissions, nous nous retrouvons aujourd'hui dans une drôle de situation. La plupart des gouvernements occidentaux ont établi des programmes destinés à subventionner la production croissante d'énergies renouvelables, de biocarburants et (avec un succès moindre) d'énergie nucléaire. Et ils l'ont fait tout en encourageant, et même en finançant, des investissements toujours plus importants dans la prospection et l'exploitation de nouveaux combustibles fossiles.

En 2012, les investissements dans les énergies renouvelables à l'échelle de la planète atteignaient le spectaculaire montant de 244 milliards de dollars. En 2012, pour la première fois, les investissements du secteur pétrolier et gazier dans la prospection et l'exploitation de nouveaux gisements ont dépassé le seuil du millier de milliards de dollars. Tandis que le secteur des énergies renouvelables s'efforce de réduire les émissions à l'extrémité du conduit, les industries du pétrole et du gaz cherchent à pomper davantage de combustibles fossiles à l'autre extrémité.

Mais le cortège doit continuer à tout prix, et les chambellans prennent grand soin de porter avec plus de respect que jamais une traîne qui, en réalité, n'existe pas.

33

CE MACHIN NOIR GLUANT

Pourquoi les compagnies pétrolières attendent notre permission pour cesser leur activité

Shell Oil a ma sécurité à cœur. Sur un grand écran à côté de la réception, à son siège londonien, le responsable du bureau dit aux visiteurs : "Votre sécurité est notre préoccupation première. Nous avons une politique de l'objectif zéro : *tous* les accidents *peuvent* être évités. Respectez tous les panneaux d'avertissement. Ne courez pas dans les couloirs. Signalez à votre guide tout comportement dangereux. Nous vous souhaitons une très bonne, très positive et très sûre visite."

Tandis que je regarde le spot, l'employée de la réception essaie d'attirer mon attention.

– Votre chaussure, me dit-elle.

– Pardon ?

– Votre chaussure. Votre lacet. Le lacet.

À ce stade, toutes les personnes présentes à la réception me répètent la même chose en désignant le coupable du doigt.

– Votre lacet, monsieur. Il n'est pas bien fait. Vous pourriez trébucher et avoir un accident.

Ce à quoi je rétorque que j'aime vivre dangereusement.

À mesure que l'on monte l'escalier en colimaçon qui mène aux salles de réunion, on découvre des portraits avec les visages souriants de la famille Shell. C'est très enthousiasmant – disent les personnes qui figurent sur les pancartes. Jamais ennuyeux. Dynamique. Excitant. Nous partageons une vision commune. Nous savons ce que nous voulons être. Le directeur de la communication affirme : "L'un de nos défis majeurs est d'aider Shell à montrer aux Britanniques que le changement climatique est pris très au sérieux." Un sacré défi, en effet – mais ça tombe bien, Shell aime les défis.

Tandis que je monte les marches, lisant les pancartes au fur et à mesure, les réceptionnistes manifestent de nouveau leur inquiétude. Ils semblent encore plus nerveux et m'ont visiblement classé dans la catégorie des casse-cou, et donc comme une menace pour l'objectif zéro.

– Monsieur, monsieur ! S'il vous plaît, utilisez la rampe dans l'escalier.

– La quoi ?

– La rampe – vous pourriez tomber et avoir un accident.

C'est alors que je remarque la série de panneaux tout au long des marches, qui me mettent en garde contre le sol glissant et m'enjoignent de marcher avec précaution à l'aide de la rampe. Lorsque je m'assois enfin face à David Horne, le gourou du changement climatique chez Shell, il me lance un regard soucieux.

–Votre stylo, me dit-il.

– Pardon ?

– Votre stylo, George. Votre stylo. Il fuit. L'encre pourrait se renverser et abîmer vos vêtements.

J'ai envie de répondre : "Votre pétrole, monsieur. Votre pétrole. Il pourrait brûler et détruire la biosphère." Étant donné que Shell m'invite à "signaler à [mon] guide tout comportement dangereux", j'aurais beaucoup à dire sur la sécurité que représente la vente de produits qui déversent chaque année 380 millions de tonnes de CO_2 dans l'atmosphère.

En d'autres circonstances, cette obsession pour la sécurité des personnes serait bizarre. Son omniprésence au sein d'une institution impliquée dans l'activité la plus dangereuse de l'histoire de l'homme indique qu'une compagnie pétrolière majeure est tout aussi disposée à élaborer des mécanismes d'évitement irrationnels et des histoires farfelues pour se dégager de toute responsabilité que n'importe quel individu ou groupe social. Et pourquoi pas ? Après tout, c'est un réseau social qui a sa propre identité, sa culture interne, ses normes sociales.

Si l'on suit ce raisonnement, on s'étonne moins que Shell, à l'instar des autres géants du pétrole, gère le changement climatique au sein d'un département qui rassemble la santé, la sécurité et l'environnement.

John Adams, professeur à l'University College de Londres, éclate d'un rire tonitruant lorsque je lui raconte, plus tard, ma visite chez Shell. Adams est l'auteur du manuel le plus populaire sur la construction sociale du risque et déteste tout particulièrement les politiques de santé et de sécurité, qu'il appelle la "psychose de l'évaluation compulsive du risque". Il me raconte cette anecdote datant d'une présentation qu'il avait donnée au MI6, le service de renseignements qui emploie James Bond dans la fiction : un agent de sûreté aguerri s'était longuement plaint d'avoir reçu un blâme pour avoir utilisé l'escalier du bureau central de manière non sécuritaire.

Les recherches d'Adams se focalisent sur le rôle que joue notre perception du contrôle sur notre perception du risque. Il fait remarquer que l'accent un brin excessif placé sur la santé et la sécurité est courant dans les industries d'extraction de ressources et qu'il est le produit d'une culture qui voit les risques comme des éléments gérables, contrôlables. Il y a selon lui un biais provenant des définitions de l'influence et du contrôle derrière les préoccupations de Shell en matière de sécurité. "Où que je me tourne, je constate un biais culturel à l'œuvre, explique-t-il. Mon propre biais culturel me fait voir le monde à travers la théorie des biais culturels." Je suppose qu'on pourrait appeler ça un méta-biais.

Alors que je suis assis bien en sécurité en face de Horne, nourri des petits-fours qui garnissent les buffets gargantuesques des réunions de Shell en haut lieu, des biais culturels familiers interviennent dans notre conversation : endogroupes, exogroupes, normes sociales, apathie du témoin, désignation d'adversaires pour justifier ses propres actes et, comme d'habitude, séparation bien établie entre tête de puits et pot d'échappement.

Horne est un ingénieur chimiste australien au franc-parler, qui a fait toute sa carrière chez Shell. Tout comme les personnes qui figurent sur les pancartes le long de l'escalier, il trouve que travailler dans une entreprise de cette envergure est *enthousiasmant*. Il revient tout juste de l'Alberta (au Canada) et parle avec une admiration sans bornes de l'ambition grandiose de Shell concernant les sables bitumineux qui s'y trouvent. Une fois encore, je suis confronté à cette triste réalité : ce qui représente pour quelqu'un une catastrophe écologique peut être une audacieuse entreprise d'ingénierie pour quelqu'un d'autre.

Horne est d'une loyauté sans faille envers son employeur, malgré la tâche ingrate qui lui incombe : défendre le rôle de Shell sur une question qui, il l'avoue ouvertement, est une "vérité qui dérange" beaucoup pour son entreprise. Je suis agréablement surpris, alors que je m'attendais à entendre un flot de phrases toutes faites en langue de bois, de constater que Horne paraît franc et honnête. "C'est enquiquinant", admet-il.

En 2009, il fut filmé en train de parler de sa conviction, en tant que père, qu'il fallait "absolument ouvrir une nouvelle voie s'agissant du carbone" et de son "enthousiasme" (on l'aura compris) quant aux profondes transformations en cours dans son entreprise. Quelques semaines plus tard, Shell gelait tous ses investissements dans les énergies renouvelables.

Le défenseur du climat Bill McKibben affirme : "Au fond, c'est une question morale ; nous avons rencontré notre ennemi et il s'appelle Shell." Pour ma part, je suis tout à fait partant pour rencontrer nos ennemis et comprendre comment ils fonctionnent. J'ai donc très envie de savoir comment Horne concilie ses préoccupations sur le changement climatique et sa loyauté envers une entreprise apparemment sans morale, qui a décidé de dépenser des sommes encore plus gigantesques (actuellement, plus de 30 milliards de dollars par an) pour exploiter davantage de gisements de pétrole et de gaz.

Sans surprise, l'argument de Horne se rattache étroitement au schéma narratif du pot d'échappement : la responsabilité en incombe aux émetteurs qui donnent à Shell la "permission" d'extraire les combustibles fossiles qu'ils choisissent de consommer. Le mot *permission*, que Horne affectionne, revient souvent dans son discours. "Nous avons besoin de la permission que nous donne la société", dit-il, mais on "ne permet pas à l'industrie pétrolière de faire une transition pour abandonner progressivement les combustibles fossiles". Et la principale raison en est que "l'ordre du jour sur le plan international est piloté par des personnes qui ont des motivations politiques sans lien avec la recherche de solutions à ce problème".

Ces motivations qui font diversion comprennent le développement, les droits sociaux et les campagnes de lutte contre la pauvreté, mais surtout l'écologie qui conçoit, selon lui, le changement climatique comme une reformulation de la vieille bataille "socialisme contre capitalisme".

Horne tient à me préciser que l'identification de cet ennemi, histoire bien connue, est son opinion personnelle, et non celle de son entreprise. Mais soyons francs : ce n'est qu'une version plus brute et australienne d'une langue qui imprègne les scénarios produits par Shell sur l'avenir. Le plus récent nous met en garde contre une dystopie future dans laquelle de "puissants groupes de pression écologistes" réclameraient des "mesures viscérales, exagérées, ravageuses, mal pensées, politiquement motivées", dont, comme c'est choquant, des interdictions d'exploiter de nouvelles sources de combustibles fossiles. Et cela, on ne sait trop comment dans cette logique complexe, mènerait les émissions à augmenter de "manière constante".

Shell, on peut le comprendre, s'inquiète des restrictions susceptibles de freiner son expansion. L'association britannique à but non lucratif Carbon Tracker Initiative répète depuis longtemps aux investisseurs institutionnels que les actuelles cibles de réduction des émissions (aussi inadaptées qu'elles soient) ne pourront être atteintes sans laisser dans le sol de 60 à 80 % des gisements de pétrole et de gaz recensés. Ce qui signifie que la valeur des actions de Shell, qui repose sur ces gisements, est largement surestimée. Il n'est donc guère surprenant que les cadres de Shell choisissent d'accorder toute leur attention aux risques que représentent les sols glissants.

Le changement climatique est donc un enquiquinement collectif provoqué par un défi qui dérange. Shell veut continuer à trouver toutes ces matières et à les extraire du sol. Nous en consommons de plus en plus car nous sommes accros à l'énergie. Et tout le monde est menacé par le changement climatique. La solution à ce dilemme, que Shell n'a comme d'habitude pas la *permission* de mettre au point, est le captage et le stockage du carbone (CSC).

Le CSC est un ensemble de technologies capables d'extraire le dioxyde de carbone des gaz de combustion résiduaires (ou, dans le cas de l'essence, du pétrole lui-même) et de le remettre dans des aquifères souterrains. Certains cyniques ironisent sur le fait que tout ce dangereux carbone était stocké bien sagement sous la terre avant qu'on entreprenne de l'en extraire.

Aujourd'hui, il existe huit projets de CSC à grande échelle et huit autres en cours de construction, qui permettront de stocker un total de 36 millions de tonnes de dioxyde de carbone par an. Ce chiffre paraît prometteur jusqu'à ce qu'on se rende compte qu'il faudra seize mille structures supplémentaires de cette taille pour gérer les émissions actuelles. Les émissions augmentent encore aujourd'hui à une telle vitesse qu'il nous faudrait mille nouvelles centrales par an ne serait-ce que pour suivre le rythme de la croissance annuelle. Et aucune technologie n'est en mesure de capter les émissions liées aux transports, qui augmentent plus vite encore.

On continue, légitimement, de débattre de la viabilité économique de ces technologies, de la possibilité de stocker du dioxyde de carbone et de l'espace réellement disponible pour le stockage. Les coûts des technologies de CSC sont extrêmement incertains, atteignant le montant de 150 dollars par tonne de CO_2, alors que cette technologie ne deviendra viable que si le coût du captage du carbone s'élève à 25 dollars la tonne. Il reste un long chemin à parcourir.

David Reiner, expert en CSC de l'université de Cambridge, est persuadé que cet exploit technologique est techniquement possible, tant qu'il existe une pression économique et une volonté politique pour le porter. Selon lui, le CSC n'a aucune justification économique propre : il est entièrement lié au changement climatique et "la mise du point de systèmes de CSC n'avance qu'avec la hausse du niveau d'intérêt ou des préoccupations concernant le changement climatique".

Évidemment. Le CSC est la porte de sortie, qui permet aux gouvernements de continuer à faire des promesses mirobolantes tout en accroissant la production de gaz et de pétrole. Il sert à justifier le fait que les compagnies pétrolières et gazières restent en activité. Et il s'intègre parfaitement dans la vision du monde de l'industrie qui met en avant les solutions en lien avec l'ingénierie. Comme l'affirme le PDG d'ExxonMobil, Rex Tillerson, "ma vision est peut-être biaisée parce que je suis ingénieur, mais j'ai foi en nos technologies, qui seront capables de trouver des solutions au fur et à mesure qu'elles se présenteront à nous". Tillerson le dit lui-même : il y a un biais à l'œuvre ici.

Peut-être le CSC a-t-il une vraie chance. Je l'espère – c'est une solution technologique qui pourrait réellement contribuer à la transition vers un monde sans combustibles fossiles. Je crains cependant que le CSC ne soit pas tant une solution qu'un stratagème narratif bien nécessaire, apportant à une histoire instable et incomplète l'élément qui lui manquait. Pour entrer dans ce schéma, le CSC n'a pas à fonctionner à grande échelle. Il n'a pas à être économiquement viable ou à être capable de concurrencer les énergies renouvelables. D'ailleurs, il n'a même pas besoin de fonctionner. Tout ce qu'il lui faut, c'est exister de manière suffisamment tangible pour donner un alibi à la tête de puits : quelques sites de démonstration, quelques rapports publiés de temps à autre. Et un flot d'histoires et de récits créatifs saluant le génie humain.

C'est ainsi que Shell déclare que le CSC, tout comme l'énergie nucléaire, est "la pierre angulaire" sur laquelle reposeront les émissions. BP parle de "technologie essentielle à la réduction des émissions". En 2007, un groupe de travail de haut niveau sur l'avenir du charbon au Massachusetts Institute of Technology parvenait à la conclusion que le CSC était la technologie qui allait permettre de tout résoudre. Shell n'envisage pas de déployer le CSC à grande échelle avant 2030 mais d'ici là, en une vingtaine d'années, la compagnie prévoit que le monde développé aura converti 90 % de ses centrales à gaz et à charbon au CSC. Si ce ne sont pas d'évidentes manifestations d'actualisation hyperbolique et de biais d'optimisme...

"N'oubliez jamais, au grand jamais, que l'industrie du pétrole est la machine à produire de la richesse la plus extraordinaire que l'être humain ait inventée, dit Steve Kretzmann, le fondateur du groupe de sensibilisation écologiste Oil Change International. C'est pour cela qu'elle a été conçue et elle le fait très bien. Je n'ai entendu aucune proposition intelligente sur la manière de sortir cette industrie du pétrole tout en maintenant sa rentabilité."

Kretzmann a consacré vingt années de sa carrière à militer contre les compagnies pétrolières et a constaté un cycle sans fin : "De temps à autre, lorsqu'elles se sentent menacées, elles achètent un tas de vent, de soleil, d'algues, de CSC, peu importe. Puis leurs groupes de pression se mettent au boulot, la menace s'estompe, et c'est alors qu'elles déclarent que finalement, non, elles vont plutôt continuer comme avant."

Le journaliste Ross Gelbspan s'est entretenu avec six présidents de compagnies pétrolières américaines pour son livre *The Heat Is On (Chaud devant)*. Cinq d'entre eux ont reconnu l'existence du changement climatique. À l'instar de David Horne, tous ont dit la même chose : dès que les gouvernements réglementeraient le changement climatique, leurs compagnies deviendraient des "fournisseurs d'énergie". Entre-temps, raconte Gelbspan, ils ont tous avoué officieusement que le marché compétitif de l'énergie les obligeait à réprimer la vérité sur le changement climatique et à s'assurer que ces réglementations ne se mettraient jamais en place.

Gelbspan me dit qu'il a "beaucoup réfléchi pour essayer de comprendre comment ces hommes pouvaient être à la fois des grands-pères aimants et des cadres aussi indifférents". Sa seule conclusion : ils sont sacrément doués pour compartimenter les différents domaines de leur vie et pour éviter toute forme de connexion entre eux.

Steve Kretzmann se montre étonnamment compatissant lorsqu'il évoque les employés des compagnies pétrolières, reconnaissant que beaucoup jonglent avec ces contradictions et qu'ils "pensent sincèrement qu'ils ont de meilleures chances de faire bouger les choses de l'intérieur".

Cela étant dit, lorsqu'il s'agit en revanche de la bataille pour emporter l'adhésion de l'opinion publique, Oil Change International n'y va pas de main morte. L'un des spots publicitaires produits par l'association montre des "cadres" souriants face caméra, empruntant le ton feutré actuellement prisé par la publicité d'entreprise : "Réclamer une fortune en subventions tout en détruisant la vie de votre gamin. Chez Exxon, c'est ce que nous appelons une affaire qui marche bien. Ici, chez Exxon, nous détestons vos enfants."

"Ils n'ont pas trop aimé", glousse Kretzmann. Il ne cache pas que la réelle bataille publique n'est pas tant politique et scientifique qu'idéologique : il convient d'identifier l'ennemi et de réorienter le cadrage concernant le pétrole. "Dès que l'industrie pétrolière veut parler de ses merveilleux avantages, elle parle d'énergie. Lorsque nous voulons parler de ses effets, nous parlons de pétrole – ce machin noir gluant."

34

IMPÉRATIFS MORAUX

Comment nous racontons que le changement climatique n'est pas notre faute

Lorsque Dick Cheney, ancien vice-président des États-Unis, tira accidentellement sur son ami Harry Whittington en plein visage, il s'inspira de ses quarante années de carrière dans la politique et dans l'industrie pétrolière pour diviser ce fait en quatre étapes. "En fin de compte, expliqua-t-il, je suis celui qui a pressé la détente qui a fait partir le coup qui a atteint Harry." Son supérieur, George W. Bush, ajouta quelques autres strates de détachement : "Il a entendu un oiseau s'envoler, il s'est tourné et il a pressé la détente, et il a alors vu son ami recevoir le projectile."

Même lorsqu'ils tirent sur leurs amis, il semblerait que les politiciens font tout ce qui est en leur pouvoir pour créer de multiples niveaux entre eux-mêmes et la responsabilité de l'acte. La langue anglaise a cette particularité de ne pas distinguer les actes intentionnels des accidents. Dans de nombreuses langues, dire *I broke my arm*, littéralement "j'ai cassé mon bras", ne peut s'employer que si l'on est devenu fou et que l'on a décidé de se casser soi-même un bras. L'anglais a une autre possibilité pour supprimer l'idée d'intention, l'ingénieuse voix passive : *my arm was broken* ("mon bras a été cassé"), *my friend got shot* ("mon ami s'est fait tirer dessus"), *the climate got fried* ("le climat s'est fait griller") – pour reprendre l'expression de Christine Lagarde.

Et c'est la même chose avec le changement climatique. Nous diluons notre responsabilité en la divisant en strates multiples, chacune protégée par la voix passive. Le pétrole est produit. Le climat est changé. À la télé, la vie de quelqu'un est détruite par une catastrophe climatique. Ou, comme l'écrit le *Wall Street Journal*, "les préoccupations concernant le climat ne peuvent et ne doivent pas être mises de côté" – cette phrase est par ailleurs reprise d'un rapport défendant la production des sables bitumineux au Canada.

Mais alors où, dans cette chaîne, se trouve la responsabilité en matière de changement climatique ? Stephen Gardiner, professeur de philosophie à l'université de Washington, soutient que *toutes* les décisions concernant le passage à l'action ou la passivité face au changement climatique sont des problématiques éthiques, surtout si l'on prend en compte les droits des générations futures.

Pour Gardiner, cette considération donne lieu à une question intéressante : pourquoi ne met-on jamais sur le tapis l'éthique du changement climatique ? La réponse est qu'il s'agit là d'une autre manière d'éviter tout débat. Il est certain en tout cas que personne ne se presse pour inviter les déontologues aux discussions politiques. En 2010, l'ONU envisagea de créer une Déclaration universelle des principes éthiques relatifs au changement climatique. Après dix réunions de consultation internationales, le groupe de travail dédié à la question parvint à la conclusion qu'"il conv[enait] que les Nations unies aient la possibilité d'examiner la désirabilité de la préparation d'un projet de déclaration". Ce n'est jamais très clair avec les Nations unies, mais en l'occurrence je crois bien que ça veut dire non.

C'est typiquement le genre d'occultation qui pousse Gardiner à avancer ce qu'il appelle une "idée tout à fait déplaisante" : les responsables politiques créent délibérément des traités inutilement complexes et des processus impossibles à mettre en œuvre pour faire diversion sur la nécessité d'agir. Il n'est pas le seul à formuler cette observation. George Monbiot, journaliste au *Guardian*, soutient que "la politique gouvernementale n'est pas dans les rapports et les comptes rendus de ses commissions ; elle *est* ces rapports et comptes rendus". Il ajoute : "Le gouvernement crée l'impression que des mesures sont prises et empêche simultanément tout passage à l'action."

Le facteur clé qui détermine la responsabilité morale est l'intention. Les êtres humains prêtent une attention particulière à l'interprétation des intentions de leur entourage – même un enfant de trois ans est capable de réagir de manière différente à des actes de violence identiques selon qu'il les considère comme intentionnels ou non.

La raison pour laquelle notre cerveau émotionnel est stimulé par un récit d'adversité est que celui-ci met en jeu un ennemi qui essaie délibérément de nous faire du mal. Si les scientifiques avaient découvert que la Corée du Nord relâchait des gaz à effet de serre dans l'atmosphère avec l'intention de déstabiliser le climat de la planète, il y aurait un consensus politique immédiat sur la nécessité de réagir, quel qu'en soit le coût. Ce serait évidemment un énorme problème, mais il serait soluble.

Le changement climatique est donc coincé par le concept d'intention. Personne ne désirait que le climat change. Personne n'a jamais cherché délibérément à faire mal à d'autres en se servant du changement climatique. Comme l'écrit le journaliste Gwynne Dyer dans son ouvrage *Climate Wars (Guerres climatiques)*, "la crise qui nous attend n'est la faute de personne – ni de ma mère qui a eu cinq enfants, ni de William Levitt, inventeur des banlieues modernes, ni de Henry Ford".

Mais cette manière de voir les choses ne fonctionne plus. Il est bien plus difficile aujourd'hui de clamer notre innocence, alors que nous savons pertinemment que nos actions sont nuisibles. Si le changement climatique devient un acte délibérément préjudiciable à partir du moment où l'on sait qu'on en est la cause, est-ce si surprenant que la plupart des gens fassent tout leur possible pour éviter d'en savoir plus ou d'accepter son existence ?

Comme de nombreux climato-sceptiques, le physicien de Berkeley Richard Muller serait très heureux si on ne parlait pas du tout de morale. Parler de responsabilité, dit-il, c'est accuser. Muller se rappelle un Français accusant les Américains d'être arrogants car ils se reprochaient tout et n'importe quoi – comme si seule l'Amérique avait suffisamment d'importance pour peser dans la balance. Nous avons tous deux ri à cette idée : est-ce qu'accuser quelqu'un de s'accuser est une forme de méta-accusation ? Cette question, affirme Muller, a besoin de "gens capables de résoudre des problèmes, et non de gens qui accusent à tort et à travers".

Mais, si nous voulons résoudre le problème, encore faut-il décider où il réside exactement. Que la question soit la tête de puits, le pot d'échappement ou les deux, il faut se mettre d'accord : qui changera son comportement ? Cette décision nous replonge droit dans le domaine de l'équité et dans la dimension éthique. On ne peut échapper à la morale.

Tout le monde a à cœur le principe d'équité. Le problème est que tout le monde le définit en fonction de ses intérêts, ce qui peut être porté à l'extrême du ridicule. David M. McIntosh, le républicain qui présidait le débat de la Chambre des représentants sur le protocole de Kyoto, a défendu l'idée que ce protocole était "terriblement injuste" car il exemptait des pays qui avaient déjà les "avantages concurrentiels de la main-d'œuvre bon marché, des coûts de production réduits, et des normes environnementales, de santé et de sécurité moins sévères". Voici donc les avantages économiques de l'extrême pauvreté.

Les études en psychologie donnent deux raisons principales pour la difficulté à définir ce que sont des réductions équitables. La première, c'est que notre attachement au statu quo nous mène à accorder une valeur excessive à ce que nous possédons. Nous en venons à croire que ce que nous avons vient de notre talent, de nos compétences et de notre dur labeur, et que nous le méritons.

La seconde est que, si nous avons une réelle aversion pour les pertes, nous sommes encore plus sensibles à leur juste répartition. Des expériences ont montré que les sujets tolèrent une distribution inéquitable des gains permettant de conclure rapidement l'arrangement, mais ils protestent avec acharnement contre toute perte, jugée injuste, même s'ils retardent ainsi la conclusion de l'accord, ce qui les obligera à payer davantage.

Le problème revient souvent dans la question de la gestion des ressources environnementales communes : tout le monde veut profiter de leur exploitation, mais personne ne veut accepter les pertes qu'entraînerait la limitation de cette exploitation. Dans son article capital et très contesté publié en 1968 dans la revue *Science*, l'écologiste Garrett Hardin prétendait que nos pulsions, au fil de notre évolution, nous ont poussés à exploiter une ressource commune pour en tirer un maximum de bénéfices personnels, même lorsque nous savons que l'exploitation de cette ressource mènera à sa destruction. Il appela ce phénomène la "tragédie des biens communs".

Comme on pouvait s'y attendre, le changement climatique a été qualifié de tragédie *ultime* des biens communs mondiaux, même si, comme d'habitude, ceux qui utilisent cette expression parlent systématiquement des émissions de dioxyde dans l'atmosphère commune plutôt que de l'exploitation des gisements communs de combustibles fossiles.

L'article de Hardin est si connu que nous avons tendance à oublier qu'il ne s'agit pas d'un raisonnement argumenté fondé sur des preuves mais d'un pamphlet idéologique reposant sur des hypothèses. Il visait initialement à affronter des "tabous gauchistes" afin de défendre l'idée que les aides de l'État providence encourageaient la "multiplication" des pauvres. Ces inquiétudes sur la surpopulation n'empêchèrent évidemment pas Hardin d'agir dans son propre intérêt et d'avoir quatre enfants.

Le modèle déterministe de la nature humaine proposé par Hardin est parfaitement compatible avec les intérêts de l'autoritarisme et des élites économiques. Ainsi, parlant de l'atmosphère en tant que bien commun, Hardin déclare : "L'air et l'eau qui nous entourent ne peuvent être enclos, et ainsi la tragédie des biens communs utilisés comme fosse d'aisances doit être empêchée par divers moyens, par des législations contraignantes ou des mécanismes de taxation qui rendent plus rentable pour le pollueur le traitement de ses polluants plutôt que leur déversement sans traitement."

Si le changement climatique est une tragédie des biens communs, alors en appeler à la responsabilité et à la conscience de chacun n'est qu'une perte de temps et, comme le formule Hardin, seule peut fonctionner la "coercition mutuelle décidée mutuellement" pour mettre un frein à nos insatiables intérêts personnels.

Mais il y a bien d'autres manières de voir les choses. La politologue Elinor Ostrom reçut le prix Nobel d'économie pour ses recherches sur les nombreuses façons de gérer collectivement les ressources. Contestant directement la théorie de Hardin, elle soutint que les collectivités gèrent et même améliorent des ressources communes, tant que le dialogue entre les personnes est fluide, qu'il existe une vision commune et un haut niveau de confiance, et que les communautés participantes sont mobilisées à l'échelle de l'individu.

Et si cette question, comme l'affirme Stephen Gardiner, est une question de pollution morale collective par laquelle nous choisissons ce qui nous profite au détriment des générations futures, alors nous devons construire cette vision à partir de l'échelon local en nous accordant sur un ensemble de principes fondés sur nos valeurs communes. Malheureusement, nous faisons tout ce qui est en notre pouvoir pour éviter de penser au changement climatique sous quelque forme que ce soit, y compris, comme nous allons le voir, ses conséquences pour nos propres enfants.

35

TU AS FAIT QUOI PENDANT LA GRANDE GUERRE CLIMATIQUE, PAPA ?

Pourquoi ce que pensent nos enfants nous indiffère

En 1915, un imprimeur londonien du nom d'Arthur Gunn se demandait s'il allait s'enrôler dans l'armée. Il dit à sa femme : "Si je n'y vais pas, que dirai-je à Paul lorsqu'il me demandera : « Qu'est-ce que tu as fait pendant la Grande Guerre, papa ? »" Gunn se rendit compte alors qu'il tenait là un fabuleux slogan pour une affiche de recrutement et donna à Savile Lumley, un artiste de propagande, une esquisse ébauchée par ses soins. Lumley fit un beau travail, choisissant de représenter une petite fille pour poser la question fatidique. Assise sur les genoux de son père, un livre d'histoire ouvert devant elle, elle l'interroge tandis qu'il regarde au loin, l'air songeur.

Le dilemme moral à l'origine de cette célèbre affiche s'inscrit dans les thèmes éthiques récurrents de la communication sur le changement climatique. Veiller au bien-être de notre progéniture est l'une de nos pulsions primitives les plus fortes et fait partie des rares préoccupations qui passent avant notre intérêt propre. À première vue, écouter la voix de nos enfants au moment de prendre une décision et imaginer les éventuelles confrontations auxquelles ils pourraient nous pousser à l'avenir devrait être une motivation suffisante pour nous inciter à agir.

Le vétéran de l'écologie Jørgen Randers, coauteur du célèbre rapport de 1972 *Halte à la croissance ?*, affirme que notre "priorité première devrait être de monter des fondations solides en préparation d'une réponse inattaquable à la question : « Qu'as-tu fait, papa (ou papi), lorsqu'on a permis l'augmentation incontrôlable des émissions de gaz à effet de serre au début des années 2000 ? »"

Al Gore demande souvent à son public de réfléchir à la question qu'il voudrait entendre de la bouche des générations futures : "À quoi pensiez-vous ? Comment avez-vous pu laisser le pôle Nord fondre sous vos yeux ?" ou : "Comment avez-vous trouvé le courage moral de résoudre la crise ?"

Cette thématique s'applique également aux hommes d'affaires. John Varley, ancien directeur général du groupe international Barclays Bank, déclare ainsi : "Plus que tout, je veux que mes enfants puissent me regarder dans les yeux et disent avec conviction : « Tu as fait ce qu'il fallait. »" Peut-être ses enfants passeront-ils aussi quelques moments à consulter Internet avant de lui demander pourquoi il a accepté d'accorder près de 6 milliards de dollars de prêts à des entreprises minières ou à des compagnies charbonnières.

Il n'est guère surprenant qu'Obama, père dévoué, évoque souvent le bien-être des enfants et la fierté de pouvoir répondre que "ce fut le moment où l'élévation du niveau des mers ralentit et où notre planète prit la voie de la guérison".

Dans sa lettre d'adieux à ceux qui furent ses employés, Steven Chu, le jovial secrétaire à l'Énergie d'Obama, écrivait : "Nous ne voulons pas que nos enfants se demandent : « Mais à quoi pensaient nos parents ? N'avaient-ils rien à faire de nous ? »" Après tout, poursuivait-il, "ce n'est pas que nos ancêtres nous lèguent la Terre ; c'est que nous l'empruntons à nos enfants". À l'instar de nombreuses citations populaires sur le changement climatique, cette sagesse éternelle, traditionnellement attribuée aux Amish ou au chef amérindien Seattle, est en réalité tirée d'un discours prononcé en 1974 par le ministre australien de l'Environnement, Moss Cass (mais ne vous attendez pas à voir son nom sur les habituels autocollants).

Ces enjeux intergénérationnels font converger plusieurs thèmes cognitifs parallèles. Ils cherchent à créer de la proximité en nous montrant comment les événements futurs découlent des choix présents et en invoquant des images du moment où on nous demandera des comptes. Ils évitent les problèmes de la responsabilité non assumée et de l'effet du témoin en créant un lien direct entre nous et ceux qui subiront les conséquences. Ils s'appuient sur la préoccupation bien ancrée pour le bien-être de nos enfants. Et ils apportent des métaphores qui n'appartiennent pas à la sphère du changement climatique, comme la mobilisation en temps de guerre ou un savoir "tribal" idéalisé.

Ils semblent donc remplir tous les bons critères. Mais fonctionnent-ils pour autant ?

Les études comportementales indiquent que les parents ne se préoccupent pas plus du changement climatique que le reste de la population – peut-être même moins, en réalité. Un sondage mené aux États-Unis, au Canada et en Grande-Bretagne a mis en évidence des tendances systématiques : les personnes ayant des enfants estiment que le changement climatique n'est pas si grave, parlent moins de la question et ont beaucoup moins à dire sur la manière de résoudre le problème. Dans l'enquête canadienne, les parents ont 60 % de plus de chances que les sondés sans enfants de dire que le changement climatique n'existe pas vraiment.

Il y a de bonnes raisons de penser qu'avoir un enfant mobilisera toute une gamme de biais et de stratégies d'évitement. Devenir parent est le plus souvent un choix, et ce que nous choisissons, c'est de mettre délibérément en avant les raisons de faire des enfants et de réprimer ce que nous savons du monde dans lequel ils naîtront. Si l'on part du principe que nous voulons ce qu'il y a de mieux pour nos enfants (et Sigmund Freud, adepte des controverses, disait que les aînés en voulaient subconsciemment aux plus jeunes), il est probable que se manifeste le biais d'optimisme concernant le changement climatique et, plus généralement, les perspectives qui s'ouvrent à nos enfants.

Les climatologues et les militants écologistes professionnels (dont je fais partie) supposent que leur privilège immunisera leurs enfants des pires effets du dérèglement climatique. Par exemple, Peter Kelemen, professeur des sciences de la Terre et de l'environnement à l'université Columbia, exprime un certain soulagement à l'idée que ses enfants sont “veinards, ils font partie des 3 %, ils sont talentueux, sportifs, cultivés”. Selon lui, ce sont “les personnes qui ont moins de possibilités qui estiment qu'elles ne peuvent rien faire à leur niveau pour éviter la destruction, les déplacements de population et la misère”.

En tant que parents, nous préférons ne pas admettre qu'avoir des enfants implique de contribuer bien davantage au changement climatique. Dans un pays industrialisé, un enfant triple l'empreinte carbone de ses parents, augmentant leurs émissions de CO_2 de 9 441 tonnes. C'est en se fondant sur ces chiffres qu'une amie sans enfants (qui est aussi l'ancienne directrice des campagnes d'une organisation majeure de défense de l'environnement) justifie ses vols annuels vers la Nouvelle-Zélande.

Ainsi, le choix de devenir parent nous pousse à écrire une histoire dans laquelle le pronostic global est plus optimiste, nos propres émissions sont moins graves, nous sommes moins vulnérables, et nous acceptons au nom de nos enfants un monde de conséquences extrêmement inégalitaires.

Ajoutons qu'il est aussi plus facile, quand on est parent, de se laisser porter par la routine quotidienne des larmes, des rires et de la chasse à la chaussette perdue, et de mettre le changement climatique dans la catégorie de ces sujets épineux qu'on évite.

Même sans accepter la responsabilité morale, nous sommes toujours en train de préparer une série d'alibis pour nous défendre des problèmes futurs : je ne savais pas, il n'y avait rien que je puisse faire, c'était comme ça, j'ai fait ce que j'ai pu.

Ou alors nous demandons pardon. Les excuses institutionnelles sont devenues un véritable rituel par les temps qui courent. Bill Clinton s'est excusé auprès des Hawaïens, des Afro-Américains et des Nippo-Américains. Nous autres Britanniques avons une culture fondée sur les excuses hypocrites et, ces dernières années, la reine Élisabeth s'est répandue en excuses auprès des Sikhs et des Maoris – qui continuent de se montrer devant elle cul nu. En retour, les Fidjiens du village de Navatusila se sont excusés avec la plus grande sincérité pour avoir, cent quarante ans plus tôt, tué puis mangé un missionnaire britannique "tout entier, à l'exception de ses bottes". La psychothérapeute Rosemary Randall voit dans cette mode de l'excuse politique un lien direct avec les récits apocalyptiques relatifs au climat. D'après elle, les deux démontrent une peur de la vengeance, par des populations ou par la nature elle-même, et les excuses sont ainsi directement liées à la thématique de la réparation née de la culpabilité et de la perte.

Mais il est aussi envisageable que les générations futures ne nous en veuillent pas du tout : elles pourraient très bien adopter le même comportement et s'approprier notre stratégie de passivité ou d'indifférence. Pour le philosophe Stephen Gardiner, c'est ce trait intergénérationnel du changement climatique qui le rend si moralement dangereux. Comme il le dit, "chaque génération porte tout le fardeau de la passivité qui l'a précédée, sans pour autant tirer d'avantages d'un essentiel passage à l'action".

Je ne cherche pas à dire que les mises en garde d'ordre moral qui se fondent sur les droits des générations futures n'auront aucun effet, mais il faudra les fabriquer sur mesure et avec grand soin pour les adapter aux différentes valeurs et cultures. Dans les groupes de discussion, les républicains montrent une grande aversion envers les exigences morales de limitation du changement climatique, mais réagissent de manière bien plus positive aux messages conseillant de réduire l'utilisation des combustibles fossiles si c'est en vue de donner à nos enfants et petits-enfants une vie meilleure.

Ce qui ne veut pas dire qu'ils réagissent bien aux tentatives de concilier ces deux messages. En réalité, il y a de grandes chances qu'ils s'indignent avec véhémence face à l'accusation qui leur est faite de mettre en danger l'avenir de leurs enfants. Comme le disait le climato-négationniste britannique James Delingpole, "les gamins n'arrivent pas à s'endormir le soir tellement ils ont peur que leurs animaux de compagnie se noient à cause du monstre Carbone". Voilà de nouveau l'histoire du chiot noyé qui remonte à la surface – ce qui n'est guère étonnant, étant donné que le désastreux spot publicitaire auquel il fait référence exploitait clairement le filon du "Tu as fait quoi pendant la Grande Guerre climatique, papa ?"

Puisqu'on en reparle, sachez que, malgré son intérêt en tant que document d'époque, l'affiche ne fut pas considérée comme de la propagande réussie et, semble-t-il, tous les soldats se battant dans les tranchées la détestèrent – au point que Lumley, l'artiste qui l'avait dessinée, finit par la désavouer. Ce qui convainquit réellement les volontaires de s'enrôler fut la campagne du maréchal lord Kitchener appelant à former des "bataillons de camarades", que des amis pouvaient incorporer pour se battre et mourir côte à côte. Les défenseurs du climat feraient bien de se souvenir que, dans l'expérience meurtrière que représente le recrutement militaire, c'est le mélange de pression sociale, de confiance envers les communicants, de normes sociales et de loyauté d'endogroupe qui persuada la population de s'engager – et non un slogan moraliste, aussi astucieux qu'il puisse paraître.

36

LE POUVOIR DE L'INDIVIDU

Comment le changement climatique, c'est votre faute

Ce qui distingue le changement climatique de tous les autres problèmes à l'échelle planétaire, c'est que nos contributions individuelles peuvent être calculées au gramme près. Il nous est impossible de savoir dans quelle mesure nous contribuons à tout autre problème pernicieux comme la pauvreté, le terrorisme ou la toxicomanie – sans même parler de le quantifier. Mais, avec le changement climatique, nous pouvons savoir avec précision si notre contribution augmente ou diminue, la comparer à celle des autres, et savoir comment la réduire. Certes, nous ne construisons pas nous-mêmes nos voitures, mais nous choisissons de prendre le volant. Nous ne cultivons pas nos asperges ni n'élevons nos bœufs, mais nous choisissons où et quand les acheter, ou de ne pas en consommer du tout.

Les émissions à l'origine du changement climatique viennent de décisions prises à de multiples étapes, négociées au prisme du marché. Mettre de côté la production à la tête de puits est une erreur aberrante, mais il est tout aussi aberrant de ne pas prendre en compte le rôle des décisions prises par les consommateurs. Nous nous sentons souvent impuissants face au changement climatique alors qu'en réalité il s'agit du seul problème sur lequel nous avons un véritable contrôle ou un rôle à jouer. Les deux tiers des habitants des États-Unis et du Royaume-Uni, et davantage encore en Australie, conviennent que les individus peuvent et devraient s'efforcer de réduire leurs contributions personnelles au changement climatique.

Sans compter que changer ces comportements individuels pourrait bien être la clé pour faire évoluer les attitudes. Selon la "théorie de la perception de soi", les comportements constituent un code essentiel pour l'image de soi. Ainsi, si l'on parvient à persuader une personne d'adopter des comportements écologistes, il est possible qu'elle en vienne, au fil du temps, à se percevoir comme une écologiste. On est ce que l'on fait. Et on fait ce que l'on est.

C'est en se fondant sur cette idée qu'au début des années 2000, les associations de protection de l'environnement commencèrent à mettre l'accent sur la responsabilité individuelle des consommateurs dans le changement climatique. C'était une étape naturelle pour elles, car elle conjuguait leur intérêt de longue date pour la défense des consommateurs, la responsabilité individuelle et les modes de vie éthiques.

Afin d'enfoncer le clou, ces associations établirent des listes de petits gestes à appliquer chez soi : certains avaient du sens (réduire les trajets, isoler les habitations et installer des systèmes de chauffage efficaces), d'autres étaient plus marginaux (ne pas laisser le moteur de la voiture tourner à l'arrêt et éteindre les appareils électriques au lieu de les laisser en veille), tandis que plusieurs n'avaient guère d'utilité (ne pas utiliser de sacs plastique et débrancher les chargeurs de téléphone). L'intégration de ces changements mineurs dans les modes de vie était soutenue par une vaste documentation scientifique jargonneuse qui, pour la citer, affirmait qu'il s'agissait d'étapes "faciles", susceptibles de "s'étendre" et de devenir des comportements de masse, et qu'"attirer les populations avec des demandes mineures" était l'occasion de "mettre un pied dans la porte", ce qui permettait de les engager dans un "cercle vertueux".

Nombre de livres parurent pour indiquer aux gens comment *Mesurer son empreinte carbone, Réduire la consommation de carbone, Devenir plus verts, Sauver la Terre à moindre coût, Ne pas laisser d'empreinte sur la planète, Se battre contre la dépendance au carbone, Se lancer dans une diète climatique* ou, comme s'intitule ma propre contribution à ce sous-genre éphémère et rapidement remisé, *Se désintoxiquer du carbone.*

Peut-être sommes-nous tous allés trop loin et, dans notre empressement à trouver des messages douillets qui séduiraient les populations, sommes-nous tombés dans le piège pernicieux de la restriction du changement climatique aux solutions que nous proposions. *Une vérité qui dérange* qualifiait le changement climatique de menace existentielle mais se perdait dans une série de petites recommandations : changer les ampoules, gonfler les pneus, prendre un peu moins la voiture. Les concerts du Live Earth de 2007 visaient à insuffler de l'élan à un mouvement mondial mais finirent par promouvoir, eux aussi, de petites astuces pour la maison. Six mois après les concerts, je reçus un e-mail guilleret de l'équipe du Live Earth me conseillant de "réutiliser les boîtes à chocolats de la Saint-Valentin pour en faire de petits cadres, des porte-bijoux ou des sacs à dos pour poupées".

Les gouvernements ne tardèrent pas à emprunter cette voie. Aux États-Unis, des listes de gestes simples permettant d'empêcher le changement climatique furent mises en avant par l'Environmental Protection Agency, la Federal Highway Administration, les programmes à l'échelon des États comme *Cool California* et les programmes scolaires. Le *New York Times* écrivit que les enfants, enthousiasmés par les programmes écologistes de leurs écoles, étaient devenus la "petite conscience assise à l'arrière de la voiture", sermonnant leurs parents et chantant à tue-tête : "Le jour de la Terre, c'est tous les jours !"

Les improbables chefs de file dans ce domaine furent les gouvernements ouvertement non verts du Canada, de l'Irlande et de l'Australie. Au début des années 2000, ces trois pays furent pris d'une frénésie de construction de nouvelles routes et d'aéroports flambant neufs, et d'exploitation de combustibles fossiles, à l'origine d'un essor économique. Ils piétinèrent allégrement les engagements internationaux conclus au titre du protocole de Kyoto ou, dans le cas de l'Australie, refusèrent carrément de le ratifier. Et pourtant ces trois pays lancèrent ensuite de vastes campagnes nationales pour inciter leurs citoyens à agir *au niveau individuel* pour contrer la menace mondiale du changement climatique.

En Irlande, la campagne *The Power of One* ("Le pouvoir de l'individu") promut l'"idée étonnamment simple" selon laquelle n'importe qui peut "faire toute la différence". En Australie, la campagne *Climate Clever*, à 20 millions de dollars, cibla tous les foyers du pays. Le gouvernement canadien finança à hauteur de 45 millions de dollars des publicités télévisées pour le *One-Tonne Challenge*, dans lesquelles l'humoriste Rick Mercer interpellait des citoyens ordinaires pour les inciter à réduire leurs émissions de dioxyde de carbone, par ces mots : "Allez ! On est canadiens ! On est capables !"

À première vue, ces petits gestes apparaissaient comme un moyen d'éviter les divisions politiques partisanes qui compliquent la question du changement climatique. L'action politique est brouillonne et n'a rien de contraignant. Les listes de petits gestes semblaient beaucoup plus bénignes, faisant écho à des valeurs d'unité nationale tout en permettant aux consommateurs de prendre des décisions éclairées. Le front fut déplacé dans les allées des supermarchés et les pages des catalogues.

Mais, lorsque les gouvernements mettent ainsi l'accent sur la responsabilité individuelle, c'est aussi politique : c'est même extrêmement politique, car ils recadrent le changement climatique dans une idéologie néolibérale plus large qui promeut les droits à la propriété privée et le libre marché. Comme le dit le sociologue de gauche Ulrich Beck : "Nous sommes tous aujourd'hui des entrepreneurs de morale plombés par notre responsabilité individuelle, sans accès aucun au processus décisionnel."

Il y a pire : ces campagnes furent des échecs cuisants. Les populations ne purent relever le défi et se tinrent bien loin du fameux cercle vertueux. Des évaluations indépendantes, aujourd'hui enterrées dans les archives, montrèrent que la campagne *The Power of One* "ne fonctionnait qu'auprès des convertis" et que le *One-Tonne Challenge* n'avait rien changé en termes de consommation d'énergie globale. En Australie, les gens se préoccupaient encore moins du climat et, après la campagne, le nombre de ceux qui jusque-là avaient considéré le changement climatique comme un problème majeur diminua d'un tiers.

Personne ne prête attention à ces évaluations sans appel parce que ces campagnes n'ont jamais réellement porté sur la réduction des émissions. Ce qu'elles cherchaient, c'était la création d'un nouveau récit, la définition du changement climatique comme un problème qui réside à l'extrémité la plus lointaine du pot d'échappement, au niveau des décisions de consommation de l'individu. Derrière les slogans inspirants et les appels à l'unité nationale, le message véritable était : "Le changement climatique, c'est votre faute."

Et c'est là que le bât blesse. Dès lors qu'on invoque la responsabilité, on crée le reproche. Le reproche crée à son tour de la rancœur, et parler de responsabilité dans les foyers rend cette rancœur très personnelle. Aucun d'entre nous ne se rendait compte alors que ces messages anodins allaient servir à alimenter les préjugés sectaires des populations.

Les conservateurs, en particulier, furent horrifiés de recevoir des ordres de la part des gouvernements et d'écologistes gauchistes. Au cours d'une étude révélatrice menée par une équipe de l'université de Pennsylvanie, nombre d'entre eux refusaient d'acheter une ampoule basse consommation si l'emballage précisait que le produit protégeait l'environnement. À ma réunion avec les militants du Tea Party, Craig m'avait raconté qu'il avait pris à partie un écologiste en lui disant : "Vous allez sur Internet en utilisant un ordinateur qui marche à l'électricité produite par le charbon que vous détestez tant, sorti du sol par un homme à qui vous ordonnez de ne plus manger de viande." Les vivats qui saluèrent sa tirade avaient été les plus explosifs de la soirée.

Il y a ici quelque chose de très paradoxal. Les recherches menées par le psychologue Jonathan Haidt sur les fondements moraux de différentes visions du monde ont montré que c'étaient les conservateurs qui mettaient le plus gros accent moral sur la responsabilité individuelle et que les écologistes de gauche, prônant des valeurs hautement individualistes, constituaient le groupe le moins adapté à la recherche de solutions collectives vers un objectif commun.

Les conservateurs n'étaient pas les seuls rebutés par le discours écologiste : les syndicalistes de gauche aussi. En menant des discussions avec des militants de l'un des plus grands syndicats de

Grande-Bretagne, j'ai constaté qu'ils étaient exaspérés au plus haut point par l'expression "changement de mode de vie", qui pour eux était contaminée par ses liens avec l'écologisme des classes moyennes et le désengagement des pouvoirs publics. Quelque chose coince : de tous les segments de la population, les syndicalistes ne sont-ils pas les plus réceptifs à l'appel à une action collective contre une menace commune ?

D'une façon ou d'une autre, tout est allé de travers. Ces campagnes qui incitaient les gens à assumer leur responsabilité individuelle et à œuvrer main dans la main pour "sauver la planète" disaient les mauvaises choses au bon public et les bonnes choses au mauvais public. Voilà comment tomba à l'eau l'espoir que de petits gestes personnels allaient faire évoluer les comportements et nous rapprocher ; le seul effet qu'elles semblent avoir eu a été de renforcer les préjugés et de nous diviser.

Ce phénomène s'explique par le fait que notre disposition à faire des sacrifices au niveau individuel est étroitement liée à notre sentiment d'identité sociale. Si nous nous sentons des affinités avec le groupe, alors nous apporterons volontiers notre contribution pour prouver notre loyauté. En temps de guerre, nous sacrifierions même notre vie. Mais ce sentiment renforcé d'identité d'endogroupe et notre sens de l'équité, inculqué par le groupe, nous amènent à décrier les règles sociales imposées par des membres d'autres groupes, surtout si eux-mêmes ne semblent pas les suivre.

Par ailleurs, ces petits gestes qui changent notre mode de vie ne nous entraînent pas forcément dans le cercle vertueux des plus grands engagements. D'autres recherches ont montré que même ceux qui acceptent la menace du changement climatique s'empressent volontiers d'adopter un seul geste comme preuve de leur préoccupation, sans jamais aller plus loin. La psychologue de l'université de Columbia Elke Weber a recensé de nombreux exemples, tirés des secteurs de l'agriculture, de la santé et de la politique, de personnes qui réagissent à un problème par ce qu'elle appelle un "biais de l'action unique". Selon elle, ce pourrait être un autre biais lié à notre passé en tant qu'espèce, lorsque les menaces étaient plus simples et à court terme, et qu'une action unique à court terme pouvait nous soulager du danger et de l'angoisse générée par l'inquiétude.

Nous avons tendance à utiliser cette action unique comme justification personnelle (ce que les psychologues appellent la "licence morale") pour compenser d'autres comportements nuisibles, à l'image du client qui commande un grand Coca light comme antidote au double cheeseburger avec bacon. Les études ont ainsi montré à maintes reprises que ceux qui achètent des ampoules et des appareils ménagers à basse consommation ont tendance à les utiliser davantage. Ceux qui refont l'isolation montent ensuite le thermostat.

Ce sentiment d'être moralement autorisé à agir de manière néfaste pour l'environnement se transfère d'un domaine à l'autre. Lorsque les résidents d'un immeuble de Boston reçurent des brochures (avec de jolies images de feuilles d'arbres) leur demandant d'économiser l'eau pour "préserver l'environnement", ils réduisirent leur consommation d'eau de 7 %. Puis ils augmentèrent leur consommation d'électricité de 6 %.

Des chercheurs de l'université de Toronto ont constaté que cet effet de licence morale est si puissant que, dans une expérience, les participants qui venaient d'acheter des produits écoresponsables devenaient nettement plus enclins à saisir une occasion de tricher aux examens et même de voler de l'argent.

Dans le cadre du changement climatique, nous utilisons la licence morale dans un processus délibéré pour réduire la portée de notre responsabilité propre. Au cours d'entretiens, les participants accentuent leurs petits gestes et se dépeignent en des termes héroïques. Un homme d'un groupe de discussion britannique se vanta de tous les efforts de recyclage qu'il déployait : pas une seule feuille de papier ne se retrouvait dans la poubelle à déchets. Ainsi, ajouta-t-il, il se sentait "moins coupable de prendre autant l'avion".

Une fois encore, le changement climatique s'est défini, de manière pernicieuse, par ses solutions. Pour ceux qui acceptent l'idée que le changement climatique est une menace majeure, proposer des solutions à base de petits gestes quotidiens diminue considérablement le sentiment de danger, et le carbone devient une autre sorte de déchet qu'il ne faut tout simplement pas produire.

Pour ceux qui doutent de la réalité du changement climatique, les exhortations à changer leur mode de vie ne font que confirmer leurs soupçons : la menace véritable vient de ces gauchistes d'écolos qui veulent contrôler chaque aspect de leur existence.

Ce qu'il faut, et le plus vite possible, c'est un cadre politique cohérent qui fournisse un contrat de participation partagée – que ce soit au moyen de mesures volontaires ou, comme le demandent à présent nombre de militants, sous forme de taxe, de rationnement ou de dividende –, dans lequel les actions individuelles soient reconnues et récompensées, au même titre que les contributions tout aussi importantes des gouvernements, des entreprises et des compagnies exploitant les combustibles fossiles. Nous ne voulons pas le pouvoir de l'individu, mais celui du peuple.

37

DEGRÉS DE DISTANCIATION

Comment les experts du changement climatique arrivent à trouver le sommeil malgré tout

À une table ronde à l'assemblée annuelle du Tyndall Centre for Climate Change Research, en 2012, je me souviens parfaitement du malaise tangible qui plana dans la pièce lorsque les discussions abordèrent la question des quatre degrés. Il y eut un moment d'hésitation. Les voix se firent plus basses, moins assurées. Malgré tout, la totalité des participants parlaient de ces quatre degrés de réchauffement comme d'un phénomène extrêmement probable, si ce n'est inévitable.

Plus tard, lors de la réception, les scientifiques devisaient gaiement en paires ou en petits groupes, un verre de vin blanc chaud dans une main et une assiette de petits-fours dans l'autre. Dans leurs vêtements démodés et un peu froissés, par leur attitude polie et attentive, ils étaient semblables à n'importe quel autre groupe de professionnels cultivés – à mes yeux, ils auraient tout aussi bien pu être le public d'un concert de musique de chambre contemporaine.

Écouter leurs conversations me rappela cependant que cette réunion n'avait rien d'ordinaire. Les experts présents dans la pièce constituaient une grande partie, peut-être même la majorité, des personnes qui, en Grande-Bretagne, comprennent véritablement en quoi une augmentation de deux degrés de la température reste gérable, et en quoi une augmentation de quatre degrés déboucherait sur un cataclysme pur et simple. Après tout, ils ont passé leur vie à étudier ces scénarios. Qui de mieux placé pour savoir ce que l'expression “quatre degrés” signifie en termes d'effondrement social, économique et environnemental ? Et ce que ne cessent d'indiquer leurs modèles, c'est que nous fonçons droit dans cette direction et pourrions bien l'atteindre dans les soixante prochaines années[1].

Selon Lonnie Thompson, climatologue à l'université de l'Ohio, lui et ses confrères forment une communauté flegmatique, qui ne verse pas dans les “divagations théâtrales sur le ciel qui nous tombe

1. J'expose certaines des incidences qu'aurait une augmentation de quatre degrés des températures dans le dernier chapitre de ce livre.

sur la tête". Mais, ajoute-t-il, ils se sentent aujourd'hui obligés de parler de ces menaces car "nous sommes presque tous convaincus aujourd'hui que le changement climatique représente un danger clair et immédiat pour la civilisation". Aussi extraordinaire que soit cette déclaration, il est plus extraordinaire encore qu'elle ait été publiée dans un rapport autrement très sobre du journal d'une respectable association scientifique internationale.

Année après année, leurs avertissements sont devenus de plus en plus clairs et graves. Et, semble-t-il, sont de moins en moins crus. Pour revenir à la citation qui ouvre ce livre, ces scientifiques ressemblent tristement, je le crains, à la poignée de personnes qui en 1942 savaient ce qui arrivait aux Juifs d'Europe et portaient le lourd fardeau de ce terrible savoir sans parvenir à convaincre quiconque de l'existence d'un crime d'une telle ampleur.

Un scientifique m'a confié qu'il était si perturbé par ses dernières conclusions qu'il avait écrit à quelques-uns de ses amis – il m'a nommé quelques-uns des scientifiques les plus connus au monde – pour leur demander : "L'avenir de l'humanité dépend de ces résultats, y a-t-il une chance même minime, s'il vous plaît, que nous ayons tort ?" Ils ont répondu sur-le-champ, évoquant leurs propres inquiétudes à ce sujet, et (contrairement à ce que prétendent les climato-sceptiques) affirmant qu'ils étaient toujours ouverts à la possibilité d'avoir tort. Mais, passant en revue les données et les faits, ils ne pouvaient, eux non plus, éviter la terrible conclusion : ils avaient vu juste. "Nous sommes de fervents fatalistes", a-t-il conclu.

Les militants doivent eux aussi lutter contre ce sentiment d'angoisse, victimes parfois d'insomnies et de crises de panique. Dorian Williams, une anthropologue de l'université Brandeis qui mène la campagne de boycott du campus pour l'ONG 350.org, déclare qu'elle ressent parfois "des états de mal-être profond, très préoccupants, qui peuvent durer des heures, des jours ou des semaines". Selon elle, ces phases sont inévitables, mais "il faut simplement réussir à les surmonter pour continuer à se battre".

En observant ceux qui affrontent concrètement le changement climatique au quotidien, on peut déduire les comportements de l'humanité dans son ensemble face aux enjeux psychologiques et moraux qui y sont attachés. Presque toutes les analyses portent sur la psychologie des sceptiques qui refusent d'accepter les données scientifiques – ce qu'ils n'apprécient guère, comme on peut s'y attendre. Mais *quid* des convaincus ? Ils sont le groupe parti en reconnaissance et, à mesure que le changement climatique deviendra tangible, nous nous engouffrerons dans la brèche ainsi ouverte.

Leurs dilemmes moraux intérieurs culminent lorsqu'ils tentent de concilier ce qu'ils savent des incidences des styles de vie énergivores et la pression qui pousse à se conformer à une société dans laquelle ces modes de vie ne sont pas seulement encouragés mais nécessaires pour marquer son appartenance au groupe social.

J'ai un petit projet personnel de recherche sociale (après tout, la vie n'est qu'une longue expérience) qui consiste à demander gentiment aux experts du changement climatique ce qu'ils ont fait de leurs vacances. Un grand économiste de la Banque mondiale et expert climatique m'a avoué qu'il se rendait souvent en Afrique du Sud en avion, mais prétend que c'est pour la bonne cause car les contreparties de la fixation de carbone qu'il achète "contribuent à établir les prix sur le marché du carbone". Un correspondant pour l'environnement d'un média public a décidé de partir au Sri Lanka avec sa famille parce que, dit-il, "il n'y a pas d'espoir". Un climatologue expert en études polaires prend souvent des vols long-courriers pour aller skier parce que "le boulot est tellement stressant". La directrice de campagne pour le climat de l'une des plus grosses associations américaines de défense de l'environnement prenait l'avion si souvent dans le cadre de son travail qu'elle pouvait partir fréquemment en vacances en utilisant ses *miles* avec un surclassement automatique en classe affaires.

Tous parlaient de ces voyages en avion avec un certain malaise, et j'ai constaté l'existence d'une norme de silence, de méta-silence même, autour de cette question. Mais, si on leur pose la question, tous ces professionnels sont capables de donner des raisons complexes justifiant leurs propres comportements, souvent en utilisant le principe de la licence morale ou en se référant à la norme sociale qui existe au sein de leurs confrères de la classe moyenne. Ils soutiennent tous qu'ils aimeraient arrêter de prendre l'avion mais – et ils s'appuient là sur leur savoir d'expert de l'ampleur du problème – un unique sacrifice individuel ne sert à rien à moins qu'il ne s'inscrive dans une évolution sociale plus large et systémique. Paradoxalement, leurs propres justifications si bien argumentées fournissent la preuve la plus éclatante que les informations scientifiques ne peuvent suffire en elles-mêmes à contrecarrer des comportements socialement enracinés.

Kevin Anderson, ancien directeur du Tyndall Centre, sort du lot par sa réticence à prendre l'avion, quel qu'en soit le motif. Son public lors d'une récente conférence en Chine fut stupéfait et impressionné d'apprendre qu'il était venu (et repartirait) en train. Il est persuadé que cette information a renforcé la légitimité de ce qu'il avançait.

Anderson juge "extrêmement perturbant" le fait que les personnes qui façonnent les lois contre le changement climatique prennent autant l'avion. Il me rapporte une conversation qu'il a eue avec le directeur de l'un des plus grands fournisseurs d'énergie britanniques, qui lui annonçait nonchalamment qu'il partait le week-end suivant en Chine avec son cheval pour faire de l'équitation. Anderson ne parvient pas à retenir son indignation : "Nous étions sur le point de présenter nos conclusions au gouvernement lors d'une audience sur le changement climatique et il me parlait d'emmener son foutu cheval en Chine !... Et, lorsque je lui ai pointé ce fait, il m'a regardé comme si j'étais un gauchiste radical !"

D'après Anderson, les experts semblent penser que la sagesse qu'ils répandent sur la Terre depuis leur siège en première classe à 10 000 mètres de hauteur est si importante qu'elle pèse plus lourd dans la balance que leurs émissions et celles de leurs confrères. Ils ne comprennent pas que le problème du changement climatique est causé par des gens comme eux ou, précise-t-il sur un ton plus conciliant, “des gens comme moi”.

Ou comme moi, me faut-il ajouter. Moi aussi, je prends souvent l'avion. J'essaie de voyager le moins possible et de justifier chacun de ces vols. Mais, comme le révèle le verbe *justifier*, je suis aussi enclin à bâtir une histoire susceptible de résoudre le conflit intérieur qui sourd en moi chaque fois que je prends place dans un avion. Tout ceci est extrêmement frustrant car je dois bien avouer que j'adore voyager et, dans ma période prémilitante, je partais souvent à l'étranger. Je suis donc bien placé pour savoir à quel point l'avion est addictif.

Mark Ellingham, fondateur des livres de voyage Rough Guides, a inventé l'expression *binge flying*, “prendre l'avion à l'excès”, qu'il compare à la dépendance à la nicotine. Les entretiens avec de grands voyageurs révèlent qu'ils emploient les mêmes termes que les toxicomanes. Ils parlent ainsi d'extase ou de transe, de désinhibition, de sens nouveau qu'ils trouvent à la vie, et de la déprime au moment de la descente.

Peut-être est-ce pour cela que les histoires que nous, experts, mobilisons pour justifier nos voyages personnels sont aussi semblables à celles que les toxicomanes inventent au sujet de leur dépendance : j'en ai besoin, je ne fais de mal à personne, tous les autres le font, je l'ai bien mérité, je peux m'arrêter à tout moment, d'autres font bien pire.

Le climatologue texan John Nielsen-Gammon affirme que le public doit se rappeler que les professionnels travaillant sur les questions de changement climatique sont certes intelligents mais qu'ils sont des êtres humains comme les autres, “guidés par des degrés variés d'ambition, de curiosité, d'entêtement, de confiance et d'altruisme”.

Mais les experts du changement climatique ne sont pas des êtres humains comme les autres en ce qui concerne un aspect essentiel : ils sont les principaux communicants sur cette question, et leurs actions seront toujours passées à la loupe comme preuve de leur fiabilité. Il existe d'autres domaines dans lesquels des incohérences de comportement chez les décisionnaires ont une importance cruciale : les préjugés racistes des juges, la fraude fiscale des responsables politiques ou les abus sexuels des prêtres font l'objet d'un vif intérêt de la part de l'opinion publique car nous savons intuitivement qu'un conflit intérieur pourrait nuire à leur action.

Immanquablement, nous courons le risque de projeter nos propres valeurs, incohérences et silences sur la trame narrative que nous bâtissons. Est-il vraiment surprenant, étant donné ces luttes internes, que ne pas prendre l'avion ne fasse presque jamais partie des listes de ces gestes individuels promus par les groupes de défense de l'environnement et l'Environmental Protection Agency américaine ? Ou que l'aviation internationale n'ait été intégrée ni dans les calculs des émissions nationales, ni dans le protocole de Kyoto ?

Renee Lertzman, chercheuse en psychologie à l'université de Portland, soutient que nous ne devrions pas juger ces incohérences comme de l'arrogance, de l'hypocrisie ou de l'indifférence. C'est plutôt, selon elle, une stratégie par laquelle les experts se protègent de leurs angoisses et des dilemmes intérieurs qui les font souffrir. "Nous ne pouvons tolérer notre propre complicité, alors nous externalisons et projetons nos préoccupations sur les autres – l'industrie aéronautique ou l'échec des politiques gouvernementales qui ne parviennent pas à la contrôler", me confie-t-elle.

Elle me raconte qu'un participant à l'un de ses ateliers se plaignait que ceux qui prennent l'avion "mentent" quand ils disent se soucier du changement climatique. Mais non, insiste-t-elle, "ce n'est pas un mensonge – ce sont des intentions contradictoires qu'ils essaient de concilier". Il n'y a pas non plus véritablement de rupture entre ce qu'ils prônent et ce qu'ils font. Elle préfère considérer cette question comme une toile tissée de besoins incompatibles, ou comme une tapisserie.

Rosemary Randall, une psychothérapeute qui a énormément travaillé avec des climatologues, affirme qu'elle se retrouve souvent confrontée "à leur étonnement, à leur sentiment de déprime ou à leur désespoir face à la vindicte ou à l'indifférence publiques". La solution qu'ils ont trouvée, dit-elle, a été de "se retirer encore davantage dans le monde de la raison – avec des graphiques plus nombreux, des arguments plus étayés, une précision accrue".

Une autre psychologue, qui travaille également auprès de climatologues dans l'un des plus gros centres de recherche britanniques (et qui préfère m'en parler de manière officieuse), ne cache pas son inquiétude devant le fait que ses collègues passent leur temps à prendre l'avion sans jamais parler de leurs angoisses à ce sujet ou des implications de ces voyages sur leur travail. Elle est persuadée que, par conséquent, produire davantage de savoir est devenu une fin en soi. Ils ont créé "une énorme machine à générer des données, manipulée uniquement par des experts, validée par d'autres experts, et ils ne font rien d'autre que s'asseoir à la table des comités d'experts pour se présenter les uns aux autres leurs exposés d'experts".

Cette culture rationaliste de l'expert le protège de la teneur émotionnelle de son travail. Lorsque Renee Lertzman s'entretint en 1998 avec des scientifiques de l'Environmental Protection Agency, qui sont en première ligne, elle s'attendait à ce qu'ils fassent part de leur conflit émotionnel. Mais, à sa grande surprise, tout ce qu'elle entendit fut : "Je suis un scientifique, je ne m'implique pas personnellement dans mon travail."

Dans son fascinant article intitulé "Quand les biologistes œuvrant à la conservation de l'espadon mettent de l'espadon dans leur assiette", le biologiste marin Giovanni Bearzi pointe du doigt les biologistes qui consacrent leur temps à dénoncer les pratiques de pêche non durables tout en étant capables de commander au restaurant de l'espadon ou du thon alors que leurs nombres sont en déclin. C'est comme si, dit-il, "des moines prônant la pauvreté portaient des bijoux et de luxueuses robes de soie".

Et pourtant, si Lertzman et Randall ont raison, on peut voir ce phénomène sous un autre angle. Lorsque ces experts font sans aucune obligation le geste qu'ils déconseillent, ils accomplissent un rituel de désaveu public. Ils gèrent leur angoisse émotionnelle en établissant une division cognitive stricte entre le travail et les loisirs, l'information et la responsabilité, le cerveau rationnel et le cerveau émotionnel. Les militants citent souvent la devise "Soyez le changement que vous voulez voir dans le monde", attribuée au Mahatma Gandhi (bien qu'évidemment il n'ait jamais prononcé ces mots). D'une certaine façon, ces experts agissent comme s'ils vivaient dans le monde qu'ils voulaient voir, un monde dans lequel ils font leur boulot, les gouvernements font leur boulot, les ressources sont gérées de manière durable, et ils peuvent aller passer les vacances en Italie et manger ce steak d'espadon bien mérité. Non mais !

Chris Rapley, ancien directeur du musée des Sciences de Londres et climatologue britannique renommé, est devenu un improbable partisan de la psychanalyse, qu'il défend ardemment contre les préjugés positivistes au sein de la communauté scientifique, selon lesquels "la psychothérapie n'est ni rigoureuse ni quantitative".

Rapley parle avec une honnêteté et une clarté remarquables des tensions internes qui l'accablent à cause de ses connaissances. "C'est tellement difficile de rester optimiste, me confie-t-il, même lorsqu'on essaie de se persuader d'adopter une attitude optimiste. Je sais que j'ai tendance à gérer mes propres angoisses en plaçant mon savoir dans des compartiments étanches. Le fait que nous, climatologues, parvenions à dormir la nuit suffit à montrer qu'inconsciemment nous sommes devenus experts en cloisonnement."

Renee Lertzman et ses confrères et consœurs soutiennent que nous sommes tous des êtres humains irrationnels, inconscients et désorientés, et que nous luttons tous pour donner du sens à ce problème. C'est pourquoi elle estime "incroyablement limitées" les explications cognitives justifiant notre évitement du sujet du changement climatique. Elles rejettent la faute sur le dos "des ignorants, des égoïstes, des aveugles, par contraste avec les personnes éclairées et évoluées". L'accent placé sur les affiliations politiques est lui aussi superficiel, car il ne dit rien de ce qui pousse les gens à s'identifier si fortement à ces idéologies. La haine, selon elle, est toujours un bon indice qu'il se trame quelque chose d'autre.

Pour Lertzman, l'argument selon lequel le changement climatique est trop difficile à accepter est "ridicule" et, si nous regardons la situation sous un autre angle, nous constaterons que "tout indique que nous avons une énorme capacité à nous préoccuper de ce qui nous entoure et à en prendre soin". Dans ce cas, la question se résume à trouver une manière de recadrer cet argument pour le détacher de l'idée d'évitement et le broder dans les fils de la tapisserie. Il faut que nous nous sentions légitimes dans nos angoisses, que nous soyons en mesure de dire : "Oui, la situation est effrayante ; c'est difficile", et ce n'est qu'alors, dit Lertzman, que nous pourrons être véritablement matures, créatifs, stratèges et audacieux.

38

NOUS SOMMES MORTELS

Pourquoi l'avenir est sombre

Le Centre de congrès Jacob K. Javits à New York est en pleine effervescence – quinze mille fans se pressent entre ses murs pour le deuxième jour du Comic-Con, le deuxième plus grand festival de *comics* de la côte est. Je m'y rends pour poser aux participants cette simple question : "Selon vous, de quoi sera fait l'avenir ?"

Mon raisonnement est le suivant : ces gens sont jeunes, intelligents et intéressés par la technologie et les mondes du futur. Ils auront sans doute, tandis qu'ils font la queue pour obtenir un autographe, le temps de répondre à quelques questions d'un chercheur britannique égaré dans cette foule – et non costumé, bien qu'une femme me demande en examinant mon imperméable froissé : "Par curiosité, êtes-vous déguisé en Inspecteur Gadget ?"

Je demande donc au hasard de mes rencontres : "Selon vous, de quoi sera fait l'avenir ?"

Je suis surpris de constater qu'ils n'en savent rien et, semble-t-il, qu'ils ne sont pas très curieux à ce sujet. Une femme me répond : "Je ne pense jamais à l'avenir lointain – j'aime vivre dans le présent." Un homme un peu plus loin dans la file s'inquiète d'un futur "où tout le monde porterait la même combinaison monochrome". "Comme dans *L'Âge de cristal*", ajoute-t-il en voyant mon air perplexe.

Brian Ferrara tient une boutique où il vend pour 900 dollars des répliques d'armes de jeux vidéo futuristes. "Je ne suis pas du genre à prédire l'apocalypse, mais je suis réaliste", affirme-t-il. C'est ainsi qu'il ne voit pas l'avenir très rose, mais il reste vague sur les détails. Peut-être, suppose-t-il, que nous serons immobilisés et attachés à des fauteuils, nourris par une sonde.

Un couple que j'interroge, plus militant, me parle de son expérience aux côtés des activistes du mouvement de contestation Occupy Wall Street. Ils envisagent une sorte de dystopie à la tête de laquelle trôneraient de grosses entreprises, mais il y a aussi d'autres problèmes, ajoutent-ils. La surpopulation. La lutte sans fin sur les droits reproductifs. "Oui, dit la femme, réagissant au quart de tour à cette question. Politiciens, dégagez de mon utérus ! Laissez mes parties génitales tranquilles !" Dans son costume de Catwoman, une tenue en latex d'un seul tenant, elle me paraît pour le moment en sécurité.

Et le changement climatique ? Vingt rencontres plus tard, aucun de mes interlocuteurs ne m'en a parlé, à moins que je ne pose directement la question. Et, à ce moment-là, ils ont beaucoup de choses à dire. Personne ne doute qu'il est effectivement en train de se produire ni qu'il débouchera sur un véritable désastre. "Ça va finir en catastrophe", "Si nous ne faisons rien, nous nous éteindrons comme les dinosaures." Mais qu'on leur demande de déterminer le moment où les incidences se feront sentir, et c'est le silence. "Peut-être mes arrière-petits-enfants devront-ils en affronter les conséquences", suggère Catwoman.

Qu'est-il donc arrivé à l'idée d'avenir ? Dans mon enfance, moi qui surfe sur la dernière vague des baby-boomers, l'avenir nous souriait de toutes ses dents. Immeubles de verre brillant, pilules alimentaires, mines dans les océans, monorails. Les images étaient partout. Aujourd'hui, nous disent les sondages, les gens n'ont même plus envie ne serait-ce que d'y penser.

Bruce Tonn, de l'université du Tennessee à Knoxville, a passé les dix dernières années à demander aux gens comment ils envisagent l'avenir. Ses recherches montrent que, pour la plupart d'entre nous, "l'avenir" se situe dans les quinze prochaines années et, passé la barre des vingt ans, notre capacité à imaginer l'avenir "s'obscurcit". Quand je demande à Tonn d'expliquer l'utilisation de ce verbe étrange, il répond que les gens ne sont "pas capables d'imaginer l'avenir, sous quelque forme que ce soit. Ils ne peuvent visualiser leur vie, la société, les incidences de différentes mesures politiques ou de leur absence." Les études de Tonn ont révélé un pessimisme profond, latent. Près de la moitié des participants interrogés n'auraient pas souhaité naître plus tard et anticipent l'extinction de l'humanité, principalement pour des raisons environnementales.

Selon une enquête menée auprès de cinq cents préadolescents américains, la moitié d'entre eux estiment que le monde est en chute libre et un tiers pensent qu'il n'existera plus lorsqu'ils seront adultes. En Australie, un quart des enfants pensent que la planète sera détruite avant qu'ils atteignent l'âge adulte.

L'extinction est un schéma narratif émergent autour du changement climatique – pas simplement l'extinction en général, mais la nôtre en particulier. *Homo disparitus*[1], un essai d'Alan Weisman sur la régénération environnementale de notre planète si nous venions à disparaître, s'est vendu à des milliers d'exemplaires. Dans d'autres ouvrages tels que *The Fate of the Species (Le Destin de l'espèce)* de Fred Guterl ou *Requiem pour l'espèce humaine*[2] de Clive Hamilton, les auteurs soutiennent que l'extinction de notre espèce est le danger ultime.

L'ouvrage d'Elizabeth Kolbert *Field Notes from a Catastrophe (Carnets de terrain d'une catastrophe)* s'achève sur ces mots : "Qu'une société avancée sur le plan technologique choisisse de s'autodétruire est difficile à croire, mais c'est pourtant, en essence, ce que nous sommes en train de faire."

Ces dernières années, on a également constaté l'émergence d'un nouveau champ d'études sur l'extinction. Le Future of Humanity Institute, qui fait partie de la faculté de philosophie de l'université d'Oxford, se spécialise dans l'étude des risques catastrophiques qui menacent l'avenir de l'humanité. L'université de Cambridge, sa rivale, a fondé le Centre for the Study of Existential Risk avec le soutien de Jaan Tallinn, multimillionnaire cofondateur de Skype. Avouons-le : tout ça est plutôt cool.

Le Future of Humanity Institute a réalisé un sondage auprès d'experts universitaires sur les risques mondiaux. Ils estiment à 19 % la probabilité que l'espèce humaine s'éteigne avant la fin de ce siècle. Selon les calculs figurant dans le rapport Stern sur l'économie du changement climatique, le risque d'extinction au cours des cent ans à venir s'élève à 9,5 %.

1. Traduit en français par Christophe Rosson, Flammarion, 2007.
2. Traduit en français par Françoise Gicquel et Jacques Treiner, Les Presses de Sciences Po, 2013.

L'extinction a parfaitement sa place dans un récit autrement plus désinvolte et fataliste, qui raconte qu'il est trop tard pour agir. Comme le disait l'humoriste George Carlin :

> Sauver la planète ! Quoi ?! Ils déconnent, ces gens-là ! La planète va pas s'envoler. Nous, par contre, oui ! On s'en va, faites vos valises, les gars. De toute façon il ne restera pas grand-chose de nous. On n'est qu'une mutation qui a foiré parmi tant d'autres, le maillon final d'une chaîne d'erreurs génétiques. La planète va se débarrasser de nous comme un chien de ses puces. Des parasites de surface.

Ou, dans une version plus posée de ce qui est en fait la même histoire, le maître zen Thich Nhat Hanh nous dit que "la colère et la violence collectives" du réchauffement planétaire mèneront à notre destruction dans les cent années à venir, mais que nous sommes en mesure de l'accepter car "la Terre notre mère sait qu'elle a le pouvoir de se guérir".

Ces récits n'appartiennent pas exclusivement à une façon particulière de voir le monde. Ils se bâtissent sur notre expérience, emportant l'adhésion de plus en plus de personnes à mesure que nous les entendons et les racontons à notre tour. Ils sont déjà répandus. Le monologue nihiliste de Carlin a déjà été visionné plus de cinq millions de fois sur YouTube.

Si c'est un mécanisme de défense, c'en est un qui court-circuite complètement la question de notre responsabilité morale. Il revient à passer de la veille au chevet du malade à l'accompagnement du deuil chez un psy, sans être passé par le décès lui-même.

Et lorsqu'on parle de *notre* extinction, c'est le plus fuyant des "nous" qui soit. Comme je le montrais plus tôt, les gens sont toujours plus optimistes en ce qui les concerne qu'en ce qui concerne l'humanité en général. Parmi ceux qui utilisent ces formules, personne ne semble envisager sérieusement que leurs proches ou eux-mêmes soient directement menacés – ces cadres les préparent à accepter la souffrance de l'autre comme inévitable et nécessaire.

Les images associées au changement climatique puisent dans l'iconographie de la mort : famine, terre craquelée, crânes nus, arbres morts. Les reportages sur les phénomènes météorologiques extrêmes, que les gros titres qualifient de "meurtriers", mettent en avant le nombre de victimes. Les métaphores de maladie en phase terminale, de cancer et de crime font des apparitions fréquentes dans les articles de la rubrique écologie. L'un des articles du *Sydney Morning Herald* a décrit le changement climatique comme une maladie terminale sous le titre "Pronostic pour la planète : mort imminente".

Le spécialiste de l'environnement James Lovelock, qui a une longue carrière derrière lui, a exploité ces métaphores en profondeur. Selon lui, un climatologue est comme une "jeune policière" qui doit "annoncer à des parents dont l'enfant a disparu qu'on a retrouvé son cadavre, et qu'il a été assassiné dans un bois voisin". Les centres d'études scientifiques sont l'"équivalent du laboratoire de pathologie d'un hôpital" et parviennent à la conclusion que la Terre "attrapera bientôt une fièvre morbide et tombera dans un état proche du coma".

Au-delà de ces associations saisissantes entre le changement climatique et la mort repose une question plus intéressante : est-ce l'essence même du changement climatique qui fait naître cette peur de la mort, ou notre réaction est-elle façonnée par cette peur ?

L'anthropologue Ernest Becker soutenait que craindre la mort est le cœur de toute croyance de l'être humain. Le déni de la mort, affirmait-il, est un "mensonge vital" qui nous amène à investir nos efforts dans la culture et le groupe social pour créer un sentiment de permanence et de survie au-delà de la mort. Ainsi, poursuivait-il, lorsque nous nous retrouvons face à des rappels de notre mortalité – ce qu'il appelle la saillance de la mort –, nous y réagissons en défendant ces valeurs et cette culture.

L'hypothèse de Becker, appelée "théorie de la gestion de la peur", s'est vérifiée au cours de plus de trois cents expériences et énonce que, lorsque nous sommes confrontés directement à un rappel de notre mortalité, nous rationalisons immédiatement la menace, souvent en niant le risque personnel qu'elle représente ou sa proximité, à l'image des fumeurs qui déclarent : "Je reste en très bonne santé, autant en profiter encore un peu."

Janis Dickinson, professeure de neurosciences à l'université Cornell, souscrit à la théorie de Becker en ce qui concerne le changement climatique. Elle évoque l'idée que nos réactions conventionnelles à ce phénomène, la rationalisation extrême, le déni ou l'évacuation du problème des incidences loin dans l'avenir sont cohérents avec les réactions que nous pouvons avoir face à la mort.

Nous ne supportons pas la pensée de la mort de nos enfants, mais nous sommes capables d'accepter l'idée qu'ils mourront après nous. De la même manière, nous pouvons éviter la peur du changement climatique en projetant ses conséquences au-delà de la durée de notre passage sur Terre. Dans les groupes de discussion, les participants choisissent volontiers cette option, justifiant leur indifférence par le fait que tout ça se produira dans des années, bien après leur mort.

Cependant, il existe un autre aspect, plus subtil, de la théorie de la gestion de la peur de Becker. Lorsque le rappel de notre mortalité est implicite ou tellement subliminal que nous ne le remarquons pas, nous avons un sentiment exacerbé de supériorité de notre groupe social, ce qui peut nous mener à accorder une attention démesurée au statut, à l'argent et à l'image que nous avons de nous-mêmes. Becker estimait que notre manière intuitive d'affronter la mort était d'investir dans notre groupe social et dans ses réalisations – ce qu'il appelait "notre projet d'immortalité".

Selon Janis Dickinson, ce sont les associations subconscientes du changement climatique à la mort qui ont sur nous le plus gros impact, alimentant la polarisation extrême entre ceux qui nient et ceux qui croient, et entraînant avec elles la majeure partie de la population vers un mode de vie énergivore, synonyme de statut privilégié.

Elle en veut pour preuve le fait que nous interprétions les images de destruction de l'environnement comme des échos de notre propre mort. Comme le prévoit la théorie de Becker, l'exposition à des images de mort renforce l'inquiétude de ceux qui ont déjà des valeurs écologistes, et la réduit chez les autres.

Tout au long de cet ouvrage, j'ai évité les arguments qui ne sont pas étayés par des faits indéniables mais, en l'occurrence, il me semble justifié de lancer quelques hypothèses, ne serait-ce que parce que nombre de grands penseurs (Bill McKibben, Bob Inglis, Daniel Kahneman et Joe Romm, notamment) ont, de manière spontanée au cours de nos entretiens, émis l'idée que le changement climatique est une parabole de la mort.

Pour l'essayiste écologiste Carolyn Baker, impossible de ne pas établir ce lien : "L'effondrement nous oblige à défiler en une procession funèbre vers la fin de la vie telle que nous la connaissons – et la fin de nous-mêmes tels que nous nous connaissions. Et qui pourrait bien vouloir souscrire à ce projet d'avenir ?"

Nombreuses sont les personnes travaillant sur le changement climatique à se retrouver aux prises avec un profond sentiment de deuil. Le journaliste Ross Gelbspan se demande pourquoi il a tant de mal à pleurer lorsqu'il se sent envahi d'une tristesse terrible à l'idée de l'avenir perdu des jeunes générations qui n'attendent que de commencer à vivre. "Au lieu de fuir ces pensées, j'essaie de prendre une grande inspiration, de fermer mes yeux, et de les accepter."

L'écologiste Bill McKibben s'accorde lui aussi à dire que le changement climatique ressemble étrangement à notre propre mort. Lorsque je lui demande de m'en dire un peu plus, il émet une réserve : le changement climatique est bien différent d'une mort naturelle. "Nous faisons le deuil de ce que nous sommes en train de faire et de notre incapacité à y faire face. Nous savons tous que nous allons mourir mais, auparavant, nous étions capables d'envisager l'idée que notre vie contribuait à quelque chose qui nous dépassait et qui nous survivrait. Aujourd'hui, nous ne pouvons même plus avoir cette pensée-là." Aujourd'hui, même le "projet d'immortalité" qui devait compenser notre mort nous a été retiré.

Nous entendons de plus en plus dire que, quoi que nous fassions, une catastrophe future et incertaine est inévitable, qui menace de rendre notre passé insignifiant. Tout ce que nous pouvons faire, c'est attendre qu'elle survienne. Cette situation semble à la fois réelle et irréelle ; on nous a dit qu'elle se produirait, nous la rationalisons, mais nous n'arrivons pas tout à fait à y croire.

Cette impression étrange d'impermanence était le thème central du livre pionnier de McKibben sur le changement climatique, *La Nature assassinée*[1] : "Notre impression réconfortante de la permanence du monde naturel, notre conviction qu'il changera petit à petit et de manière imperceptible – s'il change – est ainsi le résultat d'une perspective subtilement pervertie... Nous arrivons à la fin de la nature."

Je laisse le mot de la fin au fondateur de la psychothérapie, Sigmund Freud, dont les travaux tournent si souvent autour de la mort, qui a une place centrale dans notre psyché. Dans son court essai *Éphémère destinée*[2], Freud réfléchit à la manière dont l'anticipation de notre mort prochaine nous amène à sous-estimer notre présent. À l'été 1915, il se promenait avec un ami dans un bois, quelques mois après que cent mille hommes eurent perdu la vie dans la bataille des Flandres :

> Le poète admirait la beauté de la nature environnante, mais sans en ressentir de joie. Une pensée le troublait, à savoir que toute cette beauté était vouée à la disparition, qu'en hiver elle se serait enfuie, mais aussi, et tout autant qu'elle, toute humaine beauté, et tout ce que les hommes avaient créé et pourraient créer de beau et de noble. Toutes les choses qu'ordinairement il aurait sans cela aimées et admirées, lui semblaient dévalorisées par le destin auquel elles étaient promises, à savoir leur caractère éphémère.

1. Traduit en français par Éric Conan avec la collaboration d'Anne Etcheverry, Fixot, 1990.
2. Dans le recueil *Huit études sur la mémoire et ses troubles*, traduit en français par Denis Messier, Gallimard, 2010.

39

DE LA TÊTE AU CŒUR

L'artificielle division entre science et religion

Le style modeste et feutré de Tim Nicholson contraste de manière déconcertante avec sa personnalité flamboyante et casse-cou. En 1995, Nicholson et sa femme Major Jo, ancienne militaire, avaient accédé à une certaine notoriété après avoir roulé depuis leur ville, Oxford, au Royaume-Uni, jusqu'à Oxford, en Nouvelle-Zélande, dans leur Morris Oxford de 1954 – une voiture britannique boulotte à l'allure d'un bonbon, à peu près aussi puissante qu'une tondeuse à gazon.

En 2009, Nicholson faisait de nouveau la une, cette fois-ci des journaux internationaux, lorsqu'il intenta un procès à son ancien employeur, une grande agence immobilière, au motif qu'il avait été renvoyé en raison de sa conviction inébranlable de la réalité du changement climatique. Nicholson étaya son dossier en s'appuyant sur les lois européennes qui défendent les travailleurs contre toute discrimination fondée sur une "conviction religieuse ou philosophique". Il s'était délibérément lancé dans une autre sorte de voyage, cette fois à travers le champ de mines qui s'étend entre ceux qui voient le changement climatique anthropique comme un fait scientifique indiscutable et ceux qui le considèrent comme une croyance de nature idéologique.

Les sceptiques virent dans cette affaire une confirmation de ce qu'ils soutenaient depuis longtemps déjà : le changement climatique est une religion nouvelle et fausse. Les militants écologistes applaudirent le courage de Nicholson, et un journal, qui renforça par là bien inutilement la thématique religieuse, lui décerna le titre de "martyr écolo".

Les scientifiques, eux, ne se montrèrent guère convaincus. La scientifique et essayiste Wendy Grossman déclara que Nicholson n'aurait jamais dû utiliser cet argument. "La science n'est pas un système de croyance mais le meilleur moyen dont nous disposons pour établir la vérité, écrit-elle. Si la question du changement climatique se rapporte à une histoire de convictions religieuses, alors ceux qui mettent en garde contre la catastrophe qui nous attend peuvent être ignorés sans problème."

Nicholson lui-même ne soutiendrait jamais que le changement climatique s'apparente à une conviction religieuse. Ce qu'il affirmait, et qui lui permit de remporter le procès, c'est que des données scientifiques pouvaient être au fondement d'une philosophie morale capable de transformer profondément la vie de quelqu'un, ce qui rendait son cas similaire à celui des croyants menant leur vie selon des principes d'empathie, de responsabilité et de prévenance. Comme me le dit Nicholson lui-même : "Dans le fond, le changement climatique n'est pas simplement une série de faits et de chiffres ; il se résume à ce qu'il y a dans votre tête. Et ça, c'est une croyance."

La plupart des climatologues détestent parler de *croyance*, qu'ils perçoivent comme diamétralement opposée aux faits fondés sur la réalité. Adam Frank, professeur d'astrophysique à l'université de Rochester, me déclare : "Ça me fait toujours bizarre qu'on me demande si je crois au changement climatique, comme si c'était le lapin de Pâques ou le père Noël." Ian Chubb, grand scientifique australien, se plaint de cette situation : "On me demande tous les jours : « Vous y croyez ? » Et de temps en temps je fais un faux pas et je réponds par oui ou par non. Mais ce n'est pas une croyance. C'est une manière de comprendre et d'interpréter des preuves."

Comme avec nombre d'arguments autour du changement climatique, la question n'est pas tant l'usage du mot "croyance" que les cadres religieux qu'il met en branle et la fausse polarité qu'il fait naître entre cerveau rationnel et cerveau émotionnel. Dans les luttes menées contre les négationnistes, le mot "croyance" est devenu empoisonné, et pour nombre de scientifiques il est l'antithèse parfaite de la science validée par les pairs. C'est pourquoi je préfère utiliser le terme "conviction", qui indique une opinion à laquelle on tient fermement, et à laquelle on parvient par une évaluation personnelle des preuves dont on dispose.

De nombreux négationnistes nourrissent une haine profonde envers toute religion, cherchant à dénigrer le changement climatique par association. De l'avis d'un chroniqueur financier, les partisans de la lutte contre le changement climatique sont comme ces "télévangélistes américains complètement fanatiques, qui prédisent l'arrivée de l'Antéchrist pour le mardi suivant ou la purge des homosexuels par Dieu".

La métaphore est particulièrement prégnante en Australie. Ian Plimer, un géologue pétrolier à la retraite qui s'est lancé dans une nouvelle carrière fort lucrative en tant que négationniste australien en chef, a écrit tout un livre, *Heaven and Earth (Le Ciel et la Terre)*, sur ce thème, défendant l'idée que le changement climatique "crée une peur de la damnation, force la conciliation en vendant des indulgences aux croyants et diabolise les dissidents". Même le cardinal Pell, grand catholique australien, décrit les réductions des émissions de carbone comme des "sacrifices religieux" et compare la vente des crédits carbone à "la pratique qui avait cours avant la Réforme, consistant à vendre des indulgences".

Le climato-scepticisme forme cependant, d'une certaine manière, une grande chapelle, qui inclut ainsi ceux, en particulier dans la droite chrétienne américaine, voyant dans le changement climatique une hérésie qui "fait écho aux aspirations spirituelles inhérentes à l'âme humaine et séduit les enfants dans nos écoles par une tromperie spirituelle". Ce sont les mots de Calvin Beisner, fondateur de la Cornwall Alliance, qui vend un ensemble de douze DVD capables de vous "équiper d'une armure" pour partir sur le champ de bataille et terrasser l'écologie ou, comme il l'appelle, le Dragon Vert.

En 2006, Beisner et vingt-deux évangélistes lancèrent *Une déclaration évangélique sur le changement climatique*, affirmant qu'il s'inscrit dans un cycle naturel. L'un des défenseurs les plus fervents de cette déclaration, Bryan Fischer de l'American Family Association, soutient que nous avons un droit, une obligation même, reçue de Dieu, de brûler des combustibles fossiles car "la parabole des talents nous dit que le serviteur mauvais et paresseux est l'homme qui a enterré son talent et ne fit rien pour le faire fructifier".

Cependant, les évangélistes conservateurs, comme la droite politique dans son ensemble, sont divisés entre ceux qui estiment que le changement climatique (si tant est que le climat change) fait partie d'un cycle naturel et ceux qui acceptent son origine anthropique et considèrent que lutter contre ce phénomène revient moralement à protéger les vies à naître et à préserver la famille. C'est ce que déclare l'Evangelical Environmental Network dans son manifeste concurrent, *Le Changement climatique : un appel évangélique à l'action*. Ce réseau parvint à faire largement connaître sa campagne grâce à un spot publicitaire inspiré sur les incidences des trajets en voiture sur l'environnement, qui se terminait par la question : "Que conduirait Jésus ?" Il existe aujourd'hui des initiatives similaires au sein des juifs, des musulmans, des catholiques, des bouddhistes et des hindous, qui incorporent le changement climatique dans leurs propres récits et traditions.

Malgré tout, soulignons le maigre engagement des religions sur la question du changement climatique. Par le passé, les mouvements de justice sociale, des campagnes contre l'esclavage à celles pour les droits civiques, contre l'apartheid, la dette et la pauvreté, ont pris leur essor dans les réseaux formés par des Églises.

Les croyants ont du mal à intégrer ce nouveau problème dans leur vision du monde telle qu'elle est. Le changement climatique est perçu comme une question environnementale mal définie et remise en cause dans leur théologie. Pour les chrétiens conservateurs, il est souillé parce qu'il est associé au mouvement écologiste de gauche et s'est amalgamé aux autres questions qui définissent leur loyauté de groupe.

Les écologistes, quant à eux, se méfient de la religion et semblent former des alliances stratégiques avec quiconque n'est pas religieux. Il s'agit là d'une erreur tactique majeure. Toutes les grandes religions du monde sont en expansion, le christianisme et l'islam plus que toute autre, et l'origine de cette expansion est à chercher du côté des courants les plus fondamentaux de ces fois. Aux États-Unis, seuls

5 % de la population sont membres d'associations écologistes. En revanche, plus de 70 % des Américains déclarent appartenir à une religion, et plus d'un quart se qualifient de chrétiens évangéliques.

Même les chrétiens qui se préoccupent de l'environnement tendent à garder leur foi et le changement climatique "dans deux cases bien séparées", comme le dit Erin Lothes Biviano, professeure de théologie au College of Saint Elizabeth, dans le New Jersey. Elle a passé un an à s'entretenir avec des militants écologistes dans les communautés religieuses et me dit qu'ils rejettent le parallèle entre ce militantisme et leur foi parce qu'"ils ont une relation empirique à leur foi qui est spéciale, et ils ne pourraient pas dire que la croyance dans le changement climatique a cette même qualité lumineuse et personnelle".

Le parallèle établi entre religion et changement climatique est-il alors pertinent ? D'un côté, ils sont clairement incompatibles. Les religions reposent sur des textes anciens et un savoir révélé. Le changement climatique se fonde sur des données scientifiques en évolution constante et soigneusement vérifiées. Les religions ont à voir avec l'immatériel, le spirituel, l'au-delà. Le changement climatique appartient entièrement à ce bas monde dans ses causes et ses solutions, et n'offre rien de spirituel.

Cependant, les climatologues très croyants soutiennent que ces divisions ont toujours été illusoires. Katharine Hayhoe, directrice du Climate Science Center à l'université Texas Tech, est aussi chrétienne évangélique et mariée à un pasteur – un mélange pour le moins inhabituel, qui a conduit le magazine *Time* à la faire figurer dans sa liste des cent personnes les plus influentes au monde. Selon elle, "les faits ne sont pas suffisants. Lorsque nous regardons la planète, lorsque nous observons la création, ce qu'elles nous disent est une expression de ce que Dieu a voulu. Alors, au lieu d'étudier la science, j'ai l'impression d'étudier ce à quoi pensait Dieu lorsqu'il a créé notre planète."

John Houghton, fondateur puis président pendant quatorze ans du GIEC, est aussi prêtre dans une église méthodiste. En 2002,

Houghton organisa une conférence entre scientifiques et responsables évangéliques américains à l'université d'Oxford (parce qu'on lui avait dit que "les Américains adorent aller à Oxford"), qui représenta la première tentative pour ces deux groupes de se parler l'un à l'autre du changement climatique en utilisant la langue de la foi. La conférence connut un succès retentissant et marqua le début d'un changement de paradigme chez les participants, qui furent nombreux à le décrire plus tard comme une conversion. Cette initiative prouve que même les personnes les moins convaincues peuvent se laisser persuader par des pairs dignes de confiance qui comprennent leurs valeurs et sont en mesure d'utiliser une langue commune.

Comme Katherine Hayhoe, Houghton dit que ses convictions religieuses et ses recherches scientifiques sont parfaitement compatibles. Dieu, me dit-il, crée les lois, et son rôle en tant que scientifique est de les découvrir. Il reconnaît que les scientifiques parlent de preuves plutôt que de croyance mais, pour lui, la religion elle aussi repose sur des preuves. "Même si certains aspects nous échappent, tout fonctionne ensemble de manière inévitable et les lois qui gouvernent notre monde sont incontestables."

Les croyants ont toujours compris qu'il n'y avait en réalité pas de division claire entre cerveau rationnel et cerveau émotionnel, mais plutôt un dialogue. Comme le disait le patriarche de Constantinople Bartholomée : "Nous savons ce qu'il nous reste à faire [au sujet du changement climatique] et nous savons comment. Pourtant, malgré les informations à notre disposition, presque rien, malheureusement, n'est fait. C'est un long voyage qui commence, de la tête au cœur ; et c'est un voyage plus long encore du cœur aux mains." Nous avons là une nouvelle métaphore du défi que représente la conversion de la compréhension du changement climatique par le cerveau rationnel au passage à l'action dicté par le cerveau émotionnel.

Dans le cadre de ce livre, cependant, ce qui m'intéresse dans le parallèle entre croyance religieuse pertinente et conviction du changement climatique est que toutes deux se heurtent aux mêmes obstacles cognitifs. Comme je l'ai dit plus haut, le changement climatique est extrêmement délicat parce qu'il exige de nous que nous acceptions qu'une chose est vraie en nous fondant uniquement sur l'autorité du communicant, il se manifeste par des phénomènes qui sont loin de nous dans le temps et l'espace, et il met en cause notre expérience de la vie quotidienne et nos hypothèses sur le monde. Par-dessus tout, le changement climatique exige de nous que nous fassions des sacrifices à court terme afin d'éviter des coûts incertains à long terme.

La religion fait face à ces mêmes obstacles, mais à une plus grande échelle encore. Elle est encore moins certaine, n'est étayée par aucun fondement scientifique objectif, est fondée sur des preuves qui n'ont rien à voir avec notre quotidien, et exige de nous que nous acceptions des règles qui gouvernent notre vie dans ses aspects les plus intimes : le sexe, le régime alimentaire, l'éducation des enfants. Elle a, je le concède, l'avantage majeur de proposer une récompense personnelle sous la forme d'un au-delà, bien que celui-ci soit également très incertain.

Comme me le disait Sally Bingham, prêtre épiscopalienne et militante pour les énergies renouvelables, “nous sommes capables de croire que Marie était vierge, que Jésus a ressuscité d'entre les morts, que nous pourrions aller au paradis. Pourquoi, deux mille ans plus tard, croyons-nous encore à cette histoire ? Et comment pouvons-nous croire ceci et refuser de croire ce que nous disent les climatologues les plus renommés de la planète ?”

La religion exige aussi de nous que nous fassions preuve de retenue en ce qui concerne nos désirs matériels. On retrouve une tradition d'abstinence et de contrôle de soi dans toutes les grandes religions, tant orientales qu'occidentales. Pour citer Mahomet : “Le confort matériel de ce monde n'est pas pour moi. Je suis comme le voyageur qui se repose à l'ombre d'un arbre, puis qui se relève et poursuit son chemin.”

Les religions incarnent la réflexion sur le long terme, encouragent leurs adeptes à assumer la responsabilité de leurs actes et investissent dans un héritage qui s'étend bien au-delà de notre vie sur Terre. Le slogan de la Coalition on the Environment and Jewish Life, par exemple, est "Protéger la création, génération après génération".

Après tout, les religions sont parvenues à bâtir une foi forte dans des allégations extrêmement incertaines par le pouvoir de la preuve sociale et la confiance dans le communicant. Peu sont moins certaines et plus couronnées de succès que le mormonisme, qui est aujourd'hui la religion à l'expansion la plus rapide aux États-Unis.

Mitt Romney, ancien gouverneur du Massachusetts, fut le premier mormon (et un évêque, rien que ça) à prendre part à des élections présidentielles. Il fut aussi le premier candidat à rejeter en bloc la climatologie. Ce qui nous amène à une question très intéressante – quelles sont les différences clés qui peuvent mener un homme extrêmement intelligent et matérialiste à dire : "Je ne suis pas certain que le réchauffement planétaire soit imputable à l'être humain" et à accepter comme un fait certain qu'une transcription de tables retrouvées enterrées sur une colline contienne la parole de Dieu ? Je ne cherche pas ici à tourner les mormons en ridicule, mais à poser une question légitime : qu'est-ce qui fait que quelque chose puisse paraître insignifiant et faux à quelqu'un tout en étant pour quelqu'un d'autre la pierre angulaire de son existence ?

Peut-être que la question ne porte pas tant sur la ressemblance entre le changement climatique et la religion mais plutôt sur l'idée que, dans notre détermination à séparer les deux, nous avons négligé les modèles les plus efficaces, éprouvés et testés pour surmonter le scepticisme et le déni.

40

CONVICTION CLIMATIQUE

Ce que l'équipe des verts peut apprendre de la brigade des croyants

Les images qui défilent sur l'écran renvoient au style documentaire habituel : des basses profondes, quelques notes de piano, un lever de soleil, une main caressant le sable au ralenti. La vidéo me fait étrangement penser à l'ouverture de *2001, l'odyssée de l'espace* – qui n'est sans doute pas le film préféré des vingt-cinq mille chrétiens évangéliques qui se lèvent en tapant joyeusement dans leurs mains, tandis que les riffs de basse prennent le relais et que les treize membres du groupe de rock apparaissent sur la scène. "Est-ce que vous entendez ça ? Vous l'entendez ? C'est le son de la liberté ! – Ouais !" répondons-nous en chœur.

Lakewood Church, la plus grande église des États-Unis, a beaucoup à offrir à ses membres. Un bâtiment formidable. De la musique formidable. Une formidable boutique de souvenirs. Le pasteur Joel Osteen a le sourire facile et ses sermons sont à la fois rustiques et euphorisants. Sa femme Victoria, une blonde pimpante, est son pendant séducteur, parcourant la scène en jupe crayon et talons aiguilles. "Lorsque votre amour grandit, vous grandissez en moi. Allez chercher en profondeur. Au fond de vous-même. Cet amour grandit encore – allez chercher Dieu plus loin encore." Diantre.

Dans cette église, personne ne veut parler du changement climatique. Les Osteen n'ont aucune envie de m'accorder une entrevue, malgré mes nombreuses demandes. Lorsque j'interpelle d'autres membres de l'assemblée à la fin du service, beaucoup se détournent de moi et refusent de m'adresser la parole. D'autres se disent ignorants ou indifférents à la question.

Bob et Michelle, de Nashville, sont coincés en ma compagnie sur le banc, les paumes ouvertes vers le ciel pour absorber les bénédictions qui pleuvent sur eux. Qu'en pensent-ils ? Michelle se détourne, refusant même de m'adresser la parole. Bob pense qu'il s'agit d'un cycle naturel, mais il est certain que Dieu le contrôle. Un peu plus tard, je me plains qu'il fait un froid glacial dans ce stade de basket-ball climatisé qu'ils appellent une église. "Ouaip, répond-il en gloussant, pas de réchauffement planétaire ici."

La question qui me taraude – et qui me semble bien légitime – est de savoir ce que Lakewood Church a que la crise la plus importante au monde n'a pas. Chaque semaine, Lakewood parvient à mobiliser des foules dont les militants du changement climatique ne font que rêver. Voyez plutôt : en février 2013, soixante associations de défense de l'environnement ont tout donné pour mobiliser quarante-cinq mille personnes en vue de la plus grande manifestation de lutte contre le changement climatique jamais organisée à Washington. Cette semaine, le même nombre de personnes sont venues à Lakewood. Le service retransmis à la télévision et sur Internet a six fois plus de spectateurs qu'*Une vérité qui dérange* au moment de sa sortie dans les salles américaines.

Les militants du changement climatique qui se plaignent du manque de financement de la part de fondations ou de couverture médiatique devraient essayer de gérer une église évangélique. Elles produisent leurs propres médias, lèvent leurs propres fonds, publient leurs propres livres, et se vendent elles-mêmes entièrement par la qualité de l'expérience qu'elles proposent aux convertis. Elles sont, en quelque sorte, des expériences en temps réel sur ce qui nous motive, nous mobilise et nous persuade.

Ara Norenzayan, psychologue social à l'université de Colombie-Britannique, est déterminé à identifier les qualités psychologiques clés au fondement des religions dominantes du monde. Après tout, me dit-il, il existe dix mille religions dans le monde, alors il doit y avoir des raisons fortes pour que les deux tiers des populations optent pour le christianisme, l'hindouisme ou l'islam. Selon lui, les grandes religions "descendent de quelques mouvements religieux marginaux qui ont investi le marché culturel par le biais de deux mille ans d'expérience réussie".

Norenzayan est lui-même un marginal, étudiant des zones que les autres psychologues laissent systématiquement de côté. Il est l'un des inventeurs de l'acronyme WEIRD et est parvenu à la conclusion que ce sont les mêmes hypothèses de repli sur soi qui ont mené les psychologues à sous-estimer dans une large mesure la pertinence de la religion. Il remarque que les chercheurs en psychologie expérimentale ont tendance à considérer leur petit cercle et à dire : "Personne d'important pour moi n'est religieux, ce n'est donc sans doute pas très important."

Il est tout à fait d'accord avec moi lorsque je suggère qu'on pourrait faire la même critique au mouvement de lutte contre le changement climatique. "Ces militants oublient les mouvements sociaux plus larges dans le monde, ainsi que ceux qui ont prouvé à maintes reprises qu'ils avaient le pouvoir d'inciter les foules à passer à l'action", affirme-t-il.

Mais alors, je lui demande, qu'est-ce que le mouvement climatique pourrait tirer comme leçon de ses travaux sur la psychologie de la religion ? Il réfléchit un moment, puis me livre cette réponse fascinante : "D'un point de vue WEIRD, le changement climatique apparaît comme un cas désespéré parce que nous ne sommes pas prêts à faire des sacrifices dictés par un calcul rationnel. Mais ce n'est pas le cas des religions, dans lesquelles entrent en jeu des valeurs sacrées qui sont tellement essentielles qu'elles sont tout simplement non négociables. Elles ne peuvent être achetées ou vendues, et les croyants feront tous les sacrifices nécessaires pour les défendre."

Les valeurs sacrées ne concernent pas seulement la religion. L'imagerie cérébrale a révélé que les zones de notre cerveau associées aux valeurs sacrées sont celles qui sont liées à d'autres choix moraux. On retrouve des valeurs sacrées partout dans notre culture ; la défense de nos enfants, par exemple, est une valeur sacrée et nous ne la vendrions pour rien au monde. On considère que torturer est mal et c'est une pratique qui ne fait l'objet d'aucune actualisation temporelle – la torture sera aussi condamnable dans dix ans qu'aujourd'hui. Les parcs nationaux sont une valeur sacrée pour les Américains – jamais vous ne vendrez le Yellowstone.

Pour Ara Norenzayan, une solution radicale consisterait à faire de la lutte contre le changement climatique une valeur sacrée non négociable. Mais comment mobiliser des valeurs sacrées sans religion ? C'est tout à fait possible, répond-il, et de toute façon une religion, "ce n'est pas comme une chose ; c'est un assemblage de caractéristiques qui devient un groupe appelé religion. Mais on pourrait coopter ces qualités qui fonctionnent et les utiliser dans d'autres contextes." Cette théorie rappelle les travaux du sociologue américain Robert Bellah, qui soutenait que la religion "est transmise davantage par la narration, l'image et la représentation que par des définitions et des démonstrations logiques".

Quelles sont alors les caractéristiques des grandes religions et comment pourrions-nous les mobiliser pour créer des valeurs sacrées autour du changement climatique ?

Tout d'abord – et je ne fais pas ici l'apologie de la violence et de la coercition qui souvent accompagnent ces entreprises –, elles ont toutes lourdement investi dans la conversion de nouveaux membres, par l'envoi de missionnaires et le prosélytisme. La croissance du mormonisme est en grande partie due au statut glorifié du service missionnaire. Les Églises n'ont de cesse de trouver de nouvelles façons d'intéresser de nouvelles cultures. Prenez par exemple les différentes stratégies utilisées par les missionnaires catholiques en Chine. Les franciscains sonnèrent la charge, annonçant : "Voici le nouveau Dieu." Les jésuites, sur les instructions de leur supérieur, se vêtirent d'habits chinois, apprirent le chinois et évitèrent tout contact avec les Européens.

Tout en recrutant de nouveaux membres, les religions ont mis en place des institutions destinées à resserrer les liens, par le rituel et le culte, d'une communauté partageant la même croyance. Pour le père de la sociologie, Émile Durkheim, la religion n'était pas simplement une chose sociale ; c'était une union entre Dieu et la société. Les croyants sont récompensés par une appartenance à la congrégation – et le coût de l'incroyance est l'exclusion sociale.

Lakewood Church, qui quoi qu'on en dise est un succès éblouissant sur le marché culturel, est alimentée par l'enthousiasme irrésistible de ses assemblées. Ses détracteurs, parmi lesquels de nombreux chrétiens traditionnels, n'y voient guère plus qu'un concert de rock hebdomadaire. Mais c'est plus intelligent que ça. Joel Osteen choisit de parler de ce qui est pertinent, donnant à ses fidèles quelque chose à emporter chez eux ensuite. Ses prêches portent sur des sujets simples qui concernent directement le quotidien. Et, surtout, il est enjoué et parle de croire en soi, d'avoir confiance et, empruntant une phrase à Jésus, de "devenir ce que vous croyez". Allez plus loin dans votre vie, nous encourage-t-il, surmontez les obstacles sur votre chemin, vivez en bonne santé, dans l'abondance, la guérison et la réussite. Et c'est la raison pour laquelle Bob, de Nashville, l'aime autant : "On se sent toujours tellement mieux après."

On peut très bien recevoir la bénédiction de Dieu et se sentir bien tout en parlant de responsabilité environnementale ou de changement climatique. Northland Church à Longwood, en Floride, arrive presque au niveau de Lakewood pour ce qui est de sa taille et de son sens du spectacle, mais elle parle aussi dans ses messages du changement climatique et du soin que nous devons apporter à la création divine. Sous la houlette de son charismatique pasteur, Joel Hunter, Northland Church s'est hissée parmi les trente premières églises du pays. Elle sort du lot par les expérimentations qui y sont faites avec les nouvelles technologies de la communication. Hunter décrit sa nouvelle église à 40 millions de dollars comme un "outil de communication sous forme de sanctuaire", ce qui permet la diffusion en direct des services dominicaux auprès d'une congrégation qui compte plus de quinze mille personnes dans trois églises, ainsi que des services tenus au domicile des fidèles.

Hunter est chaleureux, attentionné et drôle. Avec ses cheveux argentés et son large sourire, il a un petit air de Jack Palance. Je peux tout à fait comprendre pourquoi le président Obama est heureux de compter Hunter parmi ses amis et guides spirituels.

Ce qui ne fait pas de Hunter un gauchiste, loin de là. Dans son essai *A New Kind of Conversative (Des conservateurs d'une nouvelle espèce)*, il met en avant l'autorité centrale de la Bible contre le mariage homosexuel et demande davantage de responsabilité personnelle et moins de gouvernement. Hunter aime se qualifier d'indépendant, prenant position au cas par cas.

Cette indépendance a mené à des critiques acerbes et prévisibles de la part de l'extrême droite de Floride, en raison de son partenariat ouvert avec des prédicateurs musulmans. Mais ce n'est rien par rapport aux attaques qu'il subit pour le simple fait de croire au changement climatique. Les courriers haineux se sont un peu calmés mais, bien qu'on l'accuse de moins en moins d'être un "messager de Satan", il arrive encore que des gens lui glissent : "Je pense que vous êtes un homme bon, et vous voulez bien faire, mais vous êtes trop influençable."

Hunter a été sensibilisé à cette question par son confrère évangéliste Richard Cizik – "mes amis me mettent toujours dans le pétrin", me dit-il – qui avait assisté à la conférence organisée à Oxford en 2002 par John Houghton. Cizik décrit cette expérience comme une conversion : "J'ai senti, comme le dirait John Wesley, mon cœur se réchauffer, un changement que seul Dieu pouvait opérer, comme la conversion de Paul, tombé de sa mule sur la route de Damas."

Hunter décrit aussi sa croyance dans le changement climatique comme une conversion religieuse. Il cite l'Évangile selon Jean, dans lequel Jésus dit : "Il vous faut naître d'en haut. Le vent souffle où il veut : tu entends sa voix, mais tu ne sais ni d'où il vient ni où il va." Ainsi est-on appelé à suivre une nouvelle voie.

Toujours en quête de nouvelles histoires, je demande à Hunter de m'expliquer les manières dont son église identifie et alimente la croyance dans le Christ et si elles peuvent nous aider à faire accepter plus largement le changement climatique. Trois concepts clés ont émergé, qui concernent directement le changement climatique.

Premièrement, la croyance est entretenue par le groupe et circule au moyen de témoignages partagés et attestés par les pairs et la communauté. Hunter décrit ceci comme le "cœur de la question" :

“Les autres croyants vous accompagnent. C’est l’encouragement dont nous avons besoin : côtoyer des personnes qui ont les mêmes intérêts, les mêmes objectifs, les mêmes valeurs que nous.”

L’église devient alors un lieu sûr, où l’on peut confier les problèmes que l’on rencontre et la croyance et le doute avec lesquels on se débat. “Il faut créer un environnement – excusez ce jeu de mots – où l’on reconnaît pleinement que tout le monde aura des doutes et des difficultés, et que tout le monde aura besoin d’encouragement. Nous voyons si nous pouvons aider les personnes dans cette situation et nous en parlons ensemble.”

Deuxièmement, on peut amener les fidèles à prendre un engagement lorsqu’ils se trouvent à un carrefour. Dans la Bible, les personnages se retrouvent face à plusieurs choix : comme le dit Dieu au peuple d’Israël, “je vous propose la vie et la prospérité, la mort et la destruction, les bénédictions et les fléaux… Choisissez à présent la vie, pour que vous et vos enfants puissiez vivre.” L’évangélisme cherche à générer un moment où les fidèles choisiront activement de s’engager dans leur foi dans un contexte public, qui établit pour les autres une norme sociale. Les croisades de sensibilisation du grand évangéliste Billy Graham atteignaient leur apogée lorsqu’il appelait les nouveaux fidèles à l’autel pour recevoir une bénédiction spéciale. C’est une manière simple mais très efficace de contrer l’effet du spectateur. Comme le dit Hunter : “Même si vous êtes un peu hésitant, vous voyez tous ces gens s’approcher de l’autel et vous vous dites : « Je n’ai rien à craindre. Je serai à leurs côtés. On ne m’abandonne pas à moi-même. Je veux rejoindre le mouvement. »”

Et, Hunter n’a pas besoin de le préciser, cet appel à l’autel est aussi le moment où l’église peut identifier de nouveaux membres éventuels et les accueillir, les soutenir. La sensibilisation évangélique, comme la campagne publicitaire extrêmement populaire *Je L’ai trouvé* dans les années 1970, propose toujours aux populations d’établir personnellement le contact par l’intermédiaire de leur église locale. La sensibilisation écologique autour du changement climatique, en revanche, ne fait que diriger les intéressés vers des sites web et des endroits où ils pourront trouver davantage d'informations.

Troisièmement, Hunter soutient que la croyance dans le changement climatique peut être comprise comme une révélation personnelle. Les moments de révélation personnelle sont une expérience humaine universelle qu'environ trois quarts des gens disent avoir vécue, quelles que soient leur culture ou leur religion. En 1969, plus de sept mille personnes répondirent à une petite annonce placée dans un journal britannique, qui les invitait à partager leur "expérience d'une présence ou d'une puissance différentes de ce que vous êtes au quotidien". Elles qualifiaient leur expérience de joyeuse, parfois d'effrayante, et toujours d'"ineffable" et d'"indéfinissable". Bien qu'elles soient souvent décrites comme des expériences religieuses, seul un quart des personnes interrogées utilisèrent le mot *Dieu*.

Brian Hoskins, professeur et directeur du Grantham Institute for Climate Change à Londres, se distingue de ses confrères en déclarant que les données scientifiques ont besoin de ce moment de conversion. "Souvent, ce que nous faisons, c'est dessiner le paysage dans lequel saint Paul aura cette révélation. Je ne pense pas que ces moments sortent de nulle part ; ils naissent de toutes les informations disponibles, lorsque d'un coup leur sens s'éclaire pour quelqu'un. Nous [en tant que scientifiques] créons l'éther dans lequel les gens pourront avoir cette illumination."

Lynda Gratton, l'une des présidentes du Forum économique mondial, confirme que les programmes de développement durable les plus ambitieux dans le monde des affaires découlent invariablement de l'expérience intérieure transformatrice vécue par une personne influente. Jochen Zeitz, ancien président de Puma, déclare que son séjour dans un monastère bénédictin lui a inspiré l'idée d'intégrer une évaluation des incidences environnementales dans la comptabilité. H. Lee Scott, ancien PDG de Walmart, aurait eu une "épiphanie" lors d'un voyage de terrain dans le New Hampshire où il a entendu parler des incidences du réchauffement planétaire sur les érables.

Eamon Ryan, ancien ministre de l'Environnement au sein du gouvernement irlandais, m'a raconté qu'un cours d'écologie dans son école jésuite, qu'il avait commencé pour "pouvoir faire l'idiot et fumer derrière les arbres", est devenu son "épiphanie personnelle sur les liens qui nous unissent à la nature". Sa langue elle-même est un écho de l'enseignement d'Ignace de Loyola, fondateur du mouvement jésuite, qui avait trouvé sa vocation alors qu'il était assis au bord d'un cours d'eau.

Bob Inglis, ancien représentant républicain de la Caroline du Sud, se demande comment nous pourrions favoriser ce type de conversion capable de changer le cours d'une vie. En s'appuyant sur son expérience de l'Église, il me dit : "Vous envoyez auprès d'eux un messager crédible et vous affirmez leur vérité. Puis vous les aidez à voir ce qui correspond à leur histoire et vous leur rendez hommage en étant là, à leurs côtés. Et alors vous aurez des conversions."

Conversions ? Affirmer ? Attester ? Épiphanie ? Voilà bien des termes qui n'apparaissent jamais dans les campagnes de sensibilisation au changement climatique. On part du principe que l'acceptation du changement climatique se transmet, comme par osmose, en lisant un livre ou en regardant un documentaire. Une fois acquise, on suppose que, comme les données sur lesquelles elle repose, elle est solide et inébranlable. Étant donné qu'il n'existe pas de reconnaissance pour le fait de croire au changement climatique, il n'y a pas non plus de langue pensée pour formuler les doutes quant au phénomène, personne ne nous offre d'encouragement ni ne nous aide à "emprunter ensemble cette voie". Il n'y a pas de défense contre la régression ou le déni, et il n'existe pas de mécanisme pour nous aider à faire notre deuil.

Et c'est ainsi qu'en dehors des cercles de militants écologistes actifs, il n'y a pas de congrégation. Il n'y a pas de dispositif social pour partager cette croyance, et encore moins l'attester. Les climato-croyants se retrouvent seuls face à eux-mêmes dans les moments de peur ou d'espoir, limités par un silence socialement imposé, et personne ne les encourage si l'on excepte les quelques choix de consommation censés économiser de l'énergie. Si la chrétienté était promue comme l'est le changement climatique, elle se limiterait à lire l'exemplaire de la Bible dans le tiroir d'une chambre de motel et à essayer d'être gentil avec notre entourage. Les détracteurs ont raison à cet égard – si le changement climatique était une religion, elle serait bien triste, ne proposant que la culpabilité, les reproches et la peur sans jamais promettre salut ni pardon.

Culpabilité est un mot qui revient sans cesse dans le domaine du changement climatique. "Est-ce que je suis le seul à me sentir coupable d'être en vie, ou est-ce comme ça pour tout le monde ?" écrivait dans un éditorial du *New Scientist* le journaliste scientifique Jeremy Burgess. Ce qui manque, faisait-il remarquer, c'est le pardon et, sans ceci, "nous ne pouvons nous attendre qu'à un châtiment".

La psychothérapeute Sally Weintrobe est d'accord avec lui. Sans pardon, écrit-elle, nos sentiments envers le changement climatique se métamorphoseront "en un climat de haine, de récriminations amères et d'acharnement, nous nous sentirons jugés et nous ne parviendrons pas à accepter la réalité de la perte".

Les mécanismes de pardon individuel sont fondamentaux dans la tradition abrahamique. Chez les chrétiens, c'est le pouvoir de pardonner qu'a Dieu qui offre la possibilité d'une transformation personnelle. Dans le judaïsme, lors du rituel de la grande confession, la veille du Jour du Grand Pardon, Yom Kippour, on récite les fautes commises contre soi, contre les autres, et contre Dieu. Fait peut-être plus intéressant encore dans le cadre du changement climatique, ce rituel voit dans l'inaction et le silence des équivalents moraux explicites de la faute intentionnelle.

Les schémas narratifs autour du changement climatique ne comprennent pas de langue du pardon. Ils demandent aux croyants d'accepter leur culpabilité et leurs responsabilités pleines et entières, sans proposer de nouveau commencement. Il n'est donc guère surprenant que nous rejetions tout de go ce lot moralisateur qui nous est proposé, ou que nous fabriquions notre propre pardon au moyen d'ingénieuses licences morales.

Fred Luskin, directeur des Forgiveness Projects de l'université Stanford, s'est engagé dans le domaine toujours plus populaire de la recherche sur le pardon. Il m'informe que le nombre d'études publiées sur le sujet a quadruplé en une dizaine d'années, bien qu'aucune ne porte sur le pardon en lien avec le changement climatique. Il convient qu'il s'agit là d'une omission majeure, notamment, selon lui, parce que les incidences du changement climatique se font de plus en plus sentir, ce qui “donnera lieu à une course effrénée en vue de punir, de trouver les coupables, de restreindre les libertés et d'établir qui sont les gentils et les méchants”.

C'est déjà ce qui se produit au cours des négociations internationales, dans lesquelles la responsabilité non attribuée des émissions passées continue de faire échouer les accords sur l'approche collective à adopter en vue de les réduire à l'avenir. Selon Luskin, le pardon ne sert pas à justifier ou à excuser ; c'est “un processus consistant à transformer les sentiments pérennes et ravageurs de culpabilité, de reproche et de colère en émotions positives, comme l'empathie et l'optimisme”. L'absence d'un arc narratif du pardon nous empêche de considérer les nombreuses options qui existent pour résoudre le problème de façon constructive.

Parler avec Joel Hunter et d'autres évangélistes m'a revigoré. Si on met de côté le contexte immédiat de la chrétienté évangélique (et je dois ici reconnaître ouvertement que, bien que je la respecte, je ne partage pas leur foi), ils fournissent un vocabulaire et une méthodologie nous permettant de surmonter les obstacles cognitifs, qui n'existent pas dans les débats autour du changement climatique.

Dans cet ouvrage, j'ai montré que les données scientifiques, bien que sans aucun doute essentielles pour attirer l'attention de notre cerveau rationnel sur l'existence d'une menace, n'incitent pas notre cerveau émotionnel à passer à l'action. En effet, comme je l'ai avancé plus haut, le changement climatique a une qualité intrinsèque d'incertitude suffisamment forte pour nous permettre de mettre délibérément de côté ce que nous savons et le tenir à distance de ce que nous croyons et faisons.

Tirant des leçons de ce que nous apprennent les religions, je propose que nous trouvions une approche différente du changement climatique, qui reconnaisse l'importance de la conviction – ce moment où le rationnel rejoint l'émotionnel, où la tête rejoint le cœur, et où nous pouvons dire : “J'en ai entendu assez, j'en ai vu assez – à présent, je suis convaincu.”

Si l'on mettait ce principe en œuvre pour le changement climatique, nous pourrions accepter qu'il s'agit d'un procédé de sensibilisation qui ne fait que croître, bien qu'il puisse aussi progresser par le biais d'une révélation personnelle ou de choix éclairés et d'engagement public. La conviction ne doit pas empêcher la remise en cause et le doute – et il est d'ailleurs essentiel que la climatologie ne soit pas entièrement incontestable –, et ces incertitudes, angoisses et craintes doivent être ouvertement reconnues au sein d'une congrégation partageant la même conviction et capable de soutenir ses membres.

Nous pourrions enfin trouver des manières de répondre aux sentiments de culpabilité et de faute qui mènent de nombreuses personnes à négliger ou à nier le problème, en leur permettant d'admettre leurs manquements, d'être pardonnées et de viser plus haut. En nous orientant sur des “valeurs sacrées” universelles et non négociables, nous pourrions éviter les calculs coûts-bénéfices arides qui nous encouragent à transmettre ces coûts aux générations futures.

Ces idées n'existent pas seulement dans le cadre de la religion : on les retrouve dans tous les mouvements sociaux et politiques de l'histoire qui ont fini par obtenir gain de cause. Nous savons déjà comment surmonter les mécanismes cognitifs qui nous amènent à ignorer le changement climatique. Nous avons toutes les cartes en main, il nous suffit de bien les jouer.

41

POURQUOI NOUS SOMMES PROGRAMMÉS POUR IGNORER LE CHANGEMENT CLIMATIQUE… ET POURQUOI NOUS SOMMES PROGRAMMÉS POUR AGIR

Au fil de notre longue évolution, nous avons hérité d'un réseau de connexions cognitives fondamentales et universelles, qui façonne notre vision du monde, interprète les menaces et nous pousse à y faire face. Sans aucun doute, le changement climatique a des caractéristiques qui s'accordent très mal à ces tendances innées. Il est complexe, mal connu, invisible, intergénérationnel et évolue lentement. De toutes les combinaisons possibles de pertes et de gains, le changement climatique implique la plus difficile : il faut accepter des pertes à court terme pour réduire le risque de pertes incertaines à plus long terme.

Le changement climatique remet aussi en cause et infléchit certaines suppositions profondément ancrées en nous. Il nous dit que le mode de vie que nous associons à notre confort et à la protection de notre famille est désormais une menace ; que les gaz que nous pensions inoffensifs sont toxiques ; que notre environnement immédiat est en train de devenir dangereux et incertain.

Notre intelligence sociale sait très bien conserver la mémoire des dettes et des faveurs, et veiller à une distribution équitable des gains et des pertes. Le changement climatique est là encore un gros problème, car toutes les solutions impliquent que des groupes sociaux rivaux s'accordent sur la répartition des pertes, puis sur l'attribution de biens communs atmosphériques considérablement diminués.

Nous sommes mieux préparés à anticiper les menaces que posent d'autres êtres humains. Nous sommes extraordinairement compétents pour ce qui est de distinguer nos alliés de nos ennemis, de repérer les codes sociaux qui définissent la loyauté à notre groupe et qui identifient les membres d'exogroupes adverses. Mais ces catégorisations sont extrêmement problématiques dans le cas du changement climatique. Il n'est pas causé par un ennemi externe ayant l'intention de nous faire du mal. Nous avons donc tendance à attribuer le phénomène à des ennemis qui existent et aux intentions qu'on leur prête : une superpuissance rivale, un gouvernement trop interventionniste, les élites intellectuelles, les écologistes de gauche, les grandes compagnies pétrolières, les groupes de pression, les think tanks de droite, ou nos manquements en tant que société (surconsommation, surpopulation, égoïsme).

Pire encore, et c'est ce qui rend le changement climatique unique parmi d'autres menaces majeures, nous contribuons tous directement par le biais de nos émissions et sommes par conséquent personnellement responsables des coûts toujours croissants qui s'imposent à nous, à notre endogroupe, à nos enfants et nos descendants. Ce défi moral, combiné à un sentiment d'impuissance relative de l'action individuelle, nous pousse à déclencher toute une série bien enracinée de mécanismes de défense qui nous permettent de passer outre au problème – tant par le déni personnel que par le silence socialement construit.

Il existe une division fondamentale, ancrée dans la structure physique de notre cerveau, entre les systèmes de traitement analytique et expérientiel – ce que j'ai appelé cerveau rationnel et cerveau émotionnel. Les deux cerveaux fonctionnent ensemble sur des tâches complexes, mais l'implication du cerveau émotionnel est essentielle pour passer à l'action, particulièrement sur le plan social. Les différences entre ces deux systèmes s'expriment dans une tension constante entre la manière excessivement rationnelle dont se présentent les données scientifiques et leur transposition en récits susceptibles de faire appel à l'émotion.

Les systèmes cognitifs demandent que les questions complexes soient transformées en histoires, principal biais par lequel le problème et les codes sociaux qui orientent notre attention sont transmis au sein des populations. La signification que revêt le problème est donc créée par notre manière d'en parler (ou, comme je l'ai suggéré, par les manières de choisir de ne pas en parler).

Ces histoires et récits ont des qualités universelles, et nous nous efforçons d'intégrer de nouvelles informations à ces schémas existants. Nous justifions ensuite ces histoires en nous référant à notre expérience disponible la plus récente – qui est d'ordinaire elle-même une forme d'histoire socialement fabriquée.

Le changement climatique est, selon moi, exceptionnellement multivalent : ses causes, ses échéances et ses incidences prêtent le flanc à de nombreuses interprétations. Il est par conséquent extrêmement vulnérable à notre disposition innée à sélectionner ou à adapter des informations de manière qu'elles confirment nos présuppositions – ce qu'on appelle l'assimilation biaisée et le biais de confirmation. Si le changement climatique peut être interprété de plusieurs façons, nous tendrons à l'interpréter de la manière qui nous arrange le plus.

Ces histoires construites contiennent ainsi la raison finale pour laquelle nous arrivons à faire aussi peu de cas du changement climatique : elles acquièrent des caractéristiques si spécifiques à une culture donnée que ceux qui ne s'identifient pas à ces valeurs rejettent tout bonnement le problème.

Les histoires fabriquées par les premiers militants ont peu à peu dominé puis structuré toutes les discussions ultérieures. L'accent initialement placé sur les émissions au niveau du pot d'échappement plutôt que sur la production à la tête du puits est devenu un méta-cadre qui a influencé tous les récits racontés par la suite pour définir le problème, la responsabilité morale et les solutions politiques à mettre en place.

Tandis que la question prenait de l'ampleur, les climato-négationnistes se sont faits plus bruyants et plus forts, et ont créé leurs propres histoires qui sont venues "polluer" le discours. Ces histoires se sont bâties sur les récits existants et y répondent, souvent en adoptant et en retravaillant leurs cadres, pour créer des histoires convaincantes dans lesquelles les ennemis traditionnels sont motivés par leur intérêt personnel, consistant à faire délibérément du mal aux autres.

Ces histoires répétées et transmises au sein de l'endogroupe ont ainsi acquis un statut de preuve sociale, et sont venues renforcer les autres codes sociaux générés par les médias et les élites politiques. À mesure que la question prenait de l'ampleur, ces codes se sont accumulés et les échos sociaux puissants renvoyés par les médias ont eu tendance à les exacerber, nous amenant à surestimer le consensus au sein de notre groupe social et à altérer ou à réprimer notre propre opinion si elle n'était pas conforme à la norme.

Sans compter que nous participons tous activement à ce processus, élaborant des histoires individuelles qui nous permettent de gérer l'angoisse, l'enjeu moral et les sacrifices que nous devrions faire, en choisissant de rendre le changement climatique encore plus distant, moins certain, plus désespéré, ou en sous-évaluant son importance par rapport à nos valeurs. Nous interprétons même les normes sociales plus larges en sélectionnant les codes sociaux qui renforcent le plus la position que nous avons choisie. C'est-à-dire que, même avec les meilleures intentions du monde, nous ne pouvons pas nous empêcher de mettre en place des schémas conçus pour être mis en échec par les biais qu'ils sont censés surmonter.

Ce n'est donc pas une raison particulière qui mène les gens à négliger le changement climatique. Suggérer l'existence d'un facteur unique revient à créer une prophétie autoréalisatrice en définissant le problème en fonction de cette proposition. Il existe plutôt un ensemble de négociations interconnectées entre notre intérêt personnel et notre identité sociale, dans lesquelles nous construisons activement le changement climatique de la manière qui nous permet d'éviter d'y penser.

En fin de compte, si nous n'acceptons pas le changement climatique, c'est parce que nous cherchons à éviter l'angoisse qu'il génère et les transformations profondes nécessaires pour y faire face. À cet égard, il ressemble assez à toute autre menace majeure. Cependant, comme il ne porte aucun des traits distinctifs qui mèneraient normalement notre cerveau à passer outre à nos intérêts à court terme, nous complotons activement entre nous et mobilisons nos biais pour le maintenir à l'arrière-plan.

... et pourquoi nous sommes programmés pour agir

Nous sommes certes limités, mais nous pouvons accepter et comprendre n'importe quel problème, puis intervenir. Nous sommes tout à fait capables d'être en société, de nous soutenir les uns les autres, de faire preuve d'altruisme. Nous pouvons opérer les changements qu'exige de nous la lutte contre le changement climatique. Ce sera difficile, mais pas impossible.

Au-delà des menaces immédiates à notre personne, aucun de nos instincts n'est plus fort que la défense des intérêts de nos descendants et de notre groupe social. Le changement climatique n'est pas une simple gêne – même si certains récits décident de le décrire ainsi. C'est une menace existentielle d'une ampleur que n'égale que la guerre nucléaire. Il est menaçant à tous les niveaux : pour notre habitat, notre identité, notre mode de vie, nos attentes pour l'avenir et nos instincts plus profonds qui nous poussent à protéger nos enfants et défendre notre tribu.

Le changement climatique n'a rien qu'il nous serait impossible de résoudre. Même s'il se présente sous la forme d'une menace qui se concrétisera à l'avenir, nous avons la capacité d'anticiper les menaces, en leur donnant la forme narrative et culturelle qui s'adresse à notre cerveau émotionnel et en créant des institutions sociales qui soutiennent notre réponse au problème. L'instinct qui nous pousse vers les entreprises collectives est puissant, car elles sont une manière de gérer notre peur de la mort.

Nous avons aussi une capacité presque sans limites à accepter des idées qui pourraient se révéler cognitivement problématiques, une fois qu'elles font partie d'une culture où les convictions sont partagées, qu'elles sont renforcées par les normes sociales et communiquées par des récits qui s'adressent à nos "valeurs sacrées". Ces valeurs pourraient aussi bien nous pousser à agir que nous paralyser.

Il n'y a pas de chemin unique entre l'information et la conviction. Les rétroactions culturelles qui rendent le changement climatique plus distant, plus incertain ou plus désespéré pourraient tout à fait fonctionner dans l'autre sens, en créant une preuve et une légitimité sociales autour de l'acceptation de l'existence du problème et de la nécessité de prendre des mesures pour y remédier. La récompense individuelle de l'action viendrait alors d'un sentiment d'appartenance plus fort et de la satisfaction créée par le fait de contribuer à un projet commun. Le changement climatique est l'une des questions qui pourraient nous rapprocher et nous permettre de surmonter nos divisions historiques. Et c'est cette union, plutôt que l'intérêt personnel pris en compte dans les arguments économiques, qui constitue la véritable récompense de ceux qui agissent.

La preuve finale démontrant que nous ne sommes pas naturellement "programmés" pour ignorer le changement climatique – et qui va de soi – est que la majorité des populations du monde entier acceptent déjà l'idée que le réchauffement de la planète est une menace de premier ordre et sont disposées à opérer les transformations nécessaires dans leur mode de vie. Elles se sentent aujourd'hui isolées, impuissantes, mais pourraient facilement être mobilisées si leurs préoccupations et leurs espoirs étaient validés dans une communauté partageant la même conviction et poursuivant le même objectif. L'histoire de l'humanité offre suffisamment d'exemples de mouvements sociaux ayant surmonté des obstacles qui paraissaient impossibles pour que nous nous sachions capables de relever ce défi, à condition que nous agissions avec détermination.

Mais ce n'est que l'une des nombreuses voies qui s'offrent à nous. Le changement climatique n'est pas une question statique, et nous continuerons d'assister à des phénomènes météorologiques extrêmes, d'une ampleur et d'une durée encore inégalées. Ils ont aujourd'hui lieu dans un contexte culturel et politique empreint de croyances socialement chargées. Les questions critiques qui se posent aujourd'hui sont les suivantes : comment notre expérience des phénomènes extrêmes va-t-elle interagir avec les récits existants ? Allons-nous mieux accepter ou au contraire rejeter davantage l'idée que nous en sommes responsables ?

42

EN RÉSUMÉ

Quelques idées personnelles et hautement subjectives sur les solutions pour nous tirer d'affaire

Le changement climatique existe, c'est un fait scientifique. Les scientifiques se sont tellement épuisés à livrer des batailles politiques qu'ils en sont venus à utiliser une langue beaucoup plus faible, déclarant que le changement climatique est "très probable" ou "sans équivoque". Appelons-le tout simplement "fait", parce que c'est ce qu'il est. Beaucoup de choses restent incertaines quant à la manière dont le climat réagit à ces changements considérables, mais on peut en être sûr sans en être certain.

Les scientifiques sont absolument sûrs que le changement climatique aura des répercussions majeures – ils ne peuvent simplement pas démêler avec certitude la toile des causes et des effets. Le mot "certain" est l'un des nombreux faux amis que les scientifiques utilisent dans un sens spécifique. En ce qui concerne le changement climatique, nous sommes souvent divisés par notre langue commune.

Les obstacles psychologiques sont eux aussi un fait scientifique. Le vaste corpus d'études rigoureuses indique que le changement climatique fait l'objet de nombreux biais sur les menaces qui semblent distantes dans le temps et dans l'espace, biais qu'il nous faut surmonter. Nous devons les mettre au jour et reconnaître que nombre d'entre eux sont sans doute subconscients.

Pour créer un sentiment de proximité, il faut SOULIGNER L'IDÉE QUE LE CHANGEMENT CLIMATIQUE A LIEU ICI ET MAINTENANT. Nous devrions tout particulièrement ÉVITER DE CRÉER DE LA DISTANCE en plaçant le changement climatique dans le cadre d'une menace éloignée pour des populations lointaines, et notamment pour des non-humains, aussi adorables soient-ils.

Notre sentiment de perte est rattaché au passé plutôt qu'à l'avenir, et la recherche a montré que nous avons plus tendance à vouloir rétablir la qualité perdue de notre environnement qu'à améliorer sa qualité actuelle. Il pourrait donc être judicieux de parler du changement climatique comme d'une occasion de RESTAURER CE QUI A ÉTÉ PERDU, que ce soit sur le plan social (communauté, valeurs, sens) ou environnemental (écosystèmes, espèces, beauté). Réponse intéressante aux incertitudes des pertes futures, il existe un mouvement en pleine expansion destiné à rendre aux paysages dégradés leur qualité première d'espaces sauvages.

Nous sommes tout à fait adaptés à répondre aux menaces immédiates mais lents à nous accommoder du changement en évolution. Le changement climatique est un processus, pas un événement, et il a donc besoin que nous reconnaissions LES MOMENTS DE PROXIMITÉ qui demandent notre attention. Il peut s'agir de prises de décision, d'action collective ou de conflit. À mon avis, la bataille autour de l'oléoduc Keystone XL est une tentative légitime de créer un mouvement historique. Les critiques qui affirment que l'oléoduc ne représentera qu'une part infime des émissions globales des États-Unis passent à côté de ce qui importe réellement ici ; cela revient à dire que l'emplacement des sièges dans les bus de Montgomery n'était qu'un exemple insignifiant de la ségrégation raciale. Parfois, l'acte de CRÉER UN MOMENT SYMBOLIQUE est plus important que le phénomène global.

Les événements météorologiques extrêmes créent un moment de proximité et permettent des prises de conscience, mais renforcent aussi la loyauté envers l'endogroupe et les angoisses susceptibles de nous faire carrément rejeter toute considération pour le changement climatique. Même lorsque nous sommes face à des preuves directes des extrêmes climatiques, nous restons principalement influencés par les opinions de ceux que nous connaissons et en qui nous plaçons notre confiance.

L'interférence de personnes extérieures sera probablement contre-productive dans ce contexte, et la meilleure option pour sensibiliser les populations est de fournir les données nécessaires à des communicants locaux respectés afin d'ENTAMER UN DIALOGUE SUR LA NÉCESSITÉ DE SE PRÉPARER AU LONG TERME. La préparation et l'adaptation sont les voies qui permettront de faire accepter la réalité et l'immédiateté du changement climatique – et, comme je l'ai montré, il est possible de lancer des discussions autour de ces sujets même lorsqu'il est politiquement tabou de parler du phénomène lui-même.

Cependant, ces approches seront toujours spécifiques à un contexte donné. Indépendamment des conclusions fournies par les expériences de psychologie menées sur des sujets WEIRD, nous devons garder à l'esprit que nous avons tous envie de protéger le statu quo, d'autant plus ceux qui sont victimes de l'injustice économique ou sociale. Nous avons donc besoin d'un RÉCIT BÂTI AUTOUR DU CHANGEMENT POSITIF, dans lequel notre adaptation au changement climatique défend certes la situation qui existe déjà, mais crée aussi un monde plus juste et plus équitable.

Le changement climatique est un récit, façonné par nos négociations sociales et transmis de pair en pair. Nous fabriquons ensuite notre réponse à ce récit, et non aux données scientifiques, et c'est pourquoi ces réponses SUIVENT DES RÈGLES NARRATIVES, AVEC DES ACTEURS IDENTIFIABLES, DES MOBILES, DES CAUSES ET DES EFFETS. Nous aurons tendance à accorder nos violons sur le récit le plus convaincant, alors soyez sur vos gardes : NE LAISSEZ PAS LE RÉCIT DICTER la manière dont nous pensons ou discutons le changement climatique.

Nous l'interprétons à travers des cadres, qui orientent notre attention mais limitent notre compréhension – ils nous permettent d'exclure ou de négliger les dimensions qui restent hors du cadre. Nous sommes poussés à négliger le changement climatique par des tentatives visant à limiter sa signification ; il s'agit d'une question *environnementale*, d'une *menace* ou d'une *opportunité* (jamais les deux en même temps), d'un problème de *tête de puits* ou d'un problème de *pot d'échappement* (jamais les deux en même temps). Par conséquent, RÉSISTEZ AUX CADRAGES SIMPLISTES ET SOYEZ OUVERTS AUX NOUVEAUX SENS.

Le changement climatique étant un problème pernicieux, sa définition peut facilement se retrouver réduite aux cadres qu'on lui appose et aux solutions qu'on y propose, et les responsables politiques peuvent facilement se limiter au choix des solutions ponctuelles, comme celles trouvées aux problèmes solubles. Nous devons tous VEILLER À CE QU'UNE VASTE GAMME DE SOLUTIONS SOIT EXAMINÉE EN PERMANENCE, selon le processus appelé par les planificateurs "gestion itérative du risque".

Les cadres définissent les champs de bataille, c'est pourquoi des cadres limités peuvent mener à de faux débats. L'argument selon lequel l'énergie renouvelable est source de meilleure sécurité énergétique encourage l'exploitation de combustibles fossiles sur le territoire. L'argument affirmant qu'une économie à basses émissions créera de l'emploi devient vulnérable aux preuves montrant qu'une économie énergivore pourrait bien créer davantage d'emplois. Comme le dit le linguiste cognitif George Lakoff, N'ACCEPTEZ JAMAIS LES CADRES DE VOTRE ADVERSAIRE – "ne les remettez pas en cause, ne les répétez pas, et ne structurez pas votre argumentation en fonction d'eux".

La présence d'ennemis ayant l'intention de faire le mal fait appel à notre cerveau moral et oriente notre indignation. Le récit autour du changement climatique n'a cependant pas d'ennemis clairs : nous contribuons tous à ce problème et en subissons tous les conséquences. Ces données forment ainsi un récit incomplet, peu séduisant, et les militants de tous bords recherchent des ennemis susceptibles d'endosser les rôles vacants du gentil contre le méchant, de David contre Goliath, du plus légitime contre le plus fort.

Il nous faut un changement majeur, et seuls des mouvements sociaux sont capables de donner l'élan nécessaire à cette transformation. Certains affirment que les mouvements ont besoin d'ennemis, et c'est peut-être vrai pour s'assurer d'un changement rapide. Cependant, il y a aussi un prix à payer avec ce système. Nous sommes ici sur un terrain parcouru de nombreuses lignes de faille, alors PRENEZ GARDE À NE PAS LAISSER LES RÉCITS D'ADVERSITÉ ALIMENTER LES DIVISIONS ou raviver des animosités profondément enracinées et distrayantes, à un moment où nous devrions plutôt poursuivre un objectif commun. À mon avis, les récits militants devraient essayer de jouer sur d'autres traditions narratives, comme LA QUÊTE HÉROÏQUE dans laquelle l'ennemi serait nos faiblesses internes plutôt qu'un groupe extérieur.

D'une manière générale, il nous faut BÂTIR UN RÉCIT DE COOPÉRATION capable de rassembler autour d'une cause commune, qui mettrait l'ACCENT SUR LA COOPÉRATION ET NON SUR L'UNITÉ – nul besoin de devenir des clones les uns des autres, et les conservateurs en particulier ont besoin de maintenir des différences nettement marquées plutôt que de fusionner. ACCEPTEZ TOUT LE SPECTRE DES APPROCHES, des écologistes radicaux aux groupes de pression, en passant par les responsables politiques et les divers secteurs, car tous vont dans la même direction, même sans viser exactement les mêmes objectifs.

Dans notre manière de raconter le changement climatique, nous devons ÊTRE HONNÊTES EN CE QUI CONCERNE LE DANGER qu'il représente – mais souvenez-vous que cette alerte ne mobilisera les gens que s'ils l'entendent de la bouche de communicants fiables et qu'on leur donne des solutions pour agir et changer les choses. ENCOURAGEZ LES VISIONS POSITIVES, mais souvenez-vous qu'elles charrient parfois avec elles des codes sociaux qui peuvent en rebuter plus d'un. Par exemple, la pensée positive qui propose un avenir technocratique est élitiste et matérialiste, et attise l'hostilité de ceux qui se sentent d'ores et déjà à l'écart de cette vision.

Lorsque nous disons que le changement climatique doit s'accompagner d'un changement de valeurs, nous sous-entendons systématiquement que les autres doivent adopter nos valeurs. En réalité, toutes les valeurs sont bonnes et, en tant qu'êtres humains, nous avons une capacité extraordinaire d'empathie et d'attention pour le bien-être d'autrui. Le problème est que nous ne mobilisons pas forcément les bonnes valeurs en ce qui concerne cette question bien particulière. L'enjeu est alors de trouver le MEILLEUR MOYEN D'EN APPELER AUX VALEURS DE COOPÉRATION PLUTÔT QU'AUX VALEURS DE CONCURRENCE. SOULIGNEZ LES DÉSIRS QUE NOUS AVONS EN COMMUN : une vie meilleure pour nos enfants, la santé, la sécurité, des communautés prospères.

En revanche, les incitations à passer à l'action qui font appel à l'intérêt personnel sont vouées à l'échec. Contrairement aux hypothèses qui sous-tendent la communication conventionnelle, des études approfondies ont confirmé que l'argent n'était pas un facteur de motivation décisif. Certes, il est important, mais uniquement en ce qu'il permet d'atteindre d'autres objectifs : la sécurité, le bien-être de la famille et un statut social, que l'on pourrait obtenir autrement. Il est beaucoup plus efficace de LIER LES SOLUTIONS AU CHANGEMENT CLIMATIQUE AUX SOURCES DU BONHEUR, et aux rapports que nous entretenons avec nos amis, nos voisins, nos collègues.

Nous sommes plus motivés lorsque nos actions renforcent notre identification et notre sentiment d'appartenance au groupe social. Mettez en avant l'idée que LES MESURES DE LUTTE CONTRE LE CHANGEMENT CLIMATIQUE NOUS RENDENT FIERS D'ÊTRE CE QUE NOUS SOMMES et renforcez-la avec les codes sociaux et la preuve sociale montrant que nos pairs font preuve d'engagement et passent à l'action. Souvent, la communication autour du changement climatique et des modes de vie à basses émissions n'encourage pas l'action collective, car elle repose sur les thèmes de la solitude, de l'isolement et du désespoir. METTEZ EN PLACE DES DIALOGUES FONDÉS SUR DES INTERACTIONS qui peuvent ensuite être reproduites entre d'autres personnes et créer des normes sociales visibles. Nous devons arrêter de considérer le changement climatique comme un exercice intellectuel solitaire et CRÉER DES CONGRÉGATIONS AUTOUR D'UNE MÊME CROYANCE, dans lesquelles nous pourrons faire part de nos doutes et de nos craintes et nous appuyer sur la force de l'engagement collectif.

Le changement climatique est autant une science qu'une croyance. Si l'on se fonde sur la division établie dans notre cerveau entre les deux systèmes, le rationnel et l'émotionnel, il est tout à fait possible d'avoir conscience du changement climatique et, dans le même temps, de ne pas y croire totalement. Devenir croyant, c'est passer par un processus critique par lequel nous intégrons le changement climatique à notre cadre moral et acceptons la nécessité d'agir.

La croyance n'est pas une foi aveugle : nous devons en permanence GARDER L'ESPRIT OUVERT. Les deux camps sont excessivement fermés, et les deux tiers des personnes interrogées au cours d'une enquête déclarent qu'elles ne modifieront jamais leur point de vue sur le changement climatique. Parce qu'il est ambigu et multivalent, il est ouvert à de multiples interprétations. AYEZ DONC CONSCIENCE DE VOS PROPRES BIAIS et de votre propre tendance innée à sélectionner les informations qui confirment votre opinion.

SOUVENEZ-VOUS QUE LES EXPERTS PEUVENT EUX AUSSI ÊTRE BIAISÉS par leur propre spécialisation ou vision du monde. Les personnes cultivées succombent au "biais de confirmation éclairée". Les experts sont des êtres humains qui se débattent eux aussi avec leurs propres conflits intérieurs, qu'ils projettent parfois sur leur manière d'interpréter le changement climatique. Essayez donc d'ÊTRE ATTENTIFS À UNE GRANDE VARIÉTÉ D'OPINIONS.

Écoutez ceux qui ne sont pas d'accord avec vous, et reconnaissez qu'ils peuvent être une source d'information et mettre en lumière vos propres biais. LE DÉBAT EST UTILE, TIREZ DES LEÇONS DES CRITIQUES QU'ON VOUS ADRESSE.

J'ajouterais à l'intention des conservateurs et des climato-sceptiques que vous devriez aussi tendre la main à l'autre camp et RESPECTER LES ÉCOLOGISTES, qui travaillent depuis plus de trente ans pour attirer l'attention du public sur cette question. Si vous n'appréciez pas leurs déclarations, alors vous devriez faire davantage d'efforts pour construire des solutions positives autour de vos propres valeurs plutôt que vous engager dans la guerre perdue d'avance visant à discréditer les fondements scientifiques du problème.

Nous devrions TENIR COMPTE DE CE QUE NOUS ENSEIGNENT LES RELIGIONS et leurs milliers d'années d'expérience dans la création de méthodes visant à entretenir une croyance partagée dans une communauté. Cela ne revient pas à dire que le changement climatique est une religion, pas plus que le droit à la liberté individuelle, la bonne gestion financière ou l'importance de l'armée – trois domaines dans lesquels des engagements, fruits d'idéaux personnels, ont été pris, en l'occurrence par des présidents républicains.

En nous inspirant des religions, nous pourrions PRÉSENTER LE CHANGEMENT CLIMATIQUE COMME UN CHEMINEMENT SPIRITUEL, parfois semé de doutes et d'incertitudes mais aussi jalonné de révélations personnelles et de prises de conscience foudroyantes. Encouragez les gens à expliquer avec leurs propres mots ces moments et le processus par lequel ils en sont venus à accepter les données scientifiques, reconnaissant qu'il n'est pas toujours aisé d'entretenir cette croyance et qu'elle doit être réaffirmée.

Nous devons aussi CRÉER DES OCCASIONS DE NOUS ENGAGER ET CADRER LE CHANGEMENT CLIMATIQUE COMME UN CHOIX ÉCLAIRÉ entre des résultats désirables et des conséquences catastrophiques, présenté de manière à faire comprendre que l'inaction est elle aussi un choix en faveur de l'aggravation du changement climatique.

Pour surmonter l'intérêt personnel vers lequel nous entraînent nos biais cognitifs, et mobiliser entièrement notre cerveau émotionnel, il nous faut INVOQUER LES VALEURS SACRÉES NON NÉGOCIABLES qui nous permettraient de faire des sacrifices à court terme pour le bien collectif à long terme – par exemple, les valeurs qui nous empêchent de détruire un bien culturel précieux, de causer des souffrances aux plus faibles et aux innocents, d'abuser de la création divine, ou d'être cruels envers nos parents ou nos enfants.

Lorsqu'une conviction se forme, la confiance est plus importance que l'information. Les communicants, et particulièrement les scientifiques, doivent apprendre à METTRE EN AVANT LES QUALITÉS QUI INSPIRENT LA CONFIANCE (leur indépendance, leurs valeurs, leur fiabilité) et notamment à RACONTER LEUR HISTOIRE. Les communicants devraient parler de leur cheminement personnel, surtout s'ils ont été convaincus après avoir longtemps douté. Ils doivent être HONNÊTES ÉMOTIONNELLEMENT, et parler ouvertement de leurs espoirs, de leurs craintes et de leurs angoisses.

La cohérence morale est fondamentale pour bâtir la confiance. Si vous voulez parler du changement climatique, vous devez RECONNAÎTRE LE RÔLE DE VOS PROPRES ÉMISSIONS, d'autant qu'il est inévitable qu'un mode de vie énergivore dénature votre jugement, et vous devez faire part de vos propres efforts et réussites pour ce qui est de réduire ces émissions.

Les militants et les responsables politiques se plaisent à imaginer que leurs grands projets de communication finiront par faire rentrer ces idées dans la tête des gens. C'est peu probable. Ce dont nous avons besoin, c'est de VOIX SINCÈRES ET RÉELLES, pas des slogans désinvoltes d'agences publicitaires. Et cela signifie que nous, communicants du changement climatique, particulièrement les écologistes, devons nous préparer à LAISSER LA PLACE À DE NOUVEAUX COMMUNICANTS ET LES ENCOURAGER – et non comme des invités sur notre scène, mais comme des intervenants légitimes.

Allons même un peu plus loin. Le changement climatique n'appartient pas aux écologistes ; ce n'est même pas une question environnementale. Bien sûr, il s'inscrit dans le cadre des préoccupations et incidences sur l'environnement, mais il le dépasse de très loin. Dès que nous le plaçons dans une catégorie, nous limitons la compréhension du problème. Il est évident que les écologistes peuvent en parler autant qu'ils veulent sur leurs propres réseaux mais, pour attirer davantage l'attention et bénéficier d'une meilleure couverture médiatique, je vous le dis, LAISSEZ TOMBER TOUS LES ACCESSOIRES ÉCOLOS, notamment les ours polaires, les "Sauvons la planète" et tout autre élément de langage qui cantonne le changement climatique au domaine culturel exclusif de l'écologie.

Par-dessus tout, il nous faut absolument COMBLER LE FOSSÉ PARTISAN entre la gauche et la droite en ouvrant le changement climatique aux cadrages conservateurs et en leur permettant de s'approprier la question. Il est essentiel pour cela d'AFFIRMER DES VALEURS PLUS UNIVERSELLES, qui, des expériences l'ont montré, rendent les populations bien plus disposées à accepter des informations qui remettent en cause leur vision du monde. Les communicants devront ainsi inverser le courant qui transforme les données scientifiques en valeurs et commencer par comprendre et valider les valeurs, puis trouver des façons de les faire dialoguer avec la problématique du changement climatique.

Selon les enquêtes, les nouveaux cadres suivants pourraient fonctionner : respect de l'autorité, responsabilité individuelle, loyauté envers sa communauté et sa nation, réduction de la dette intergénérationnelle et résolution des dysfonctionnements sociétaux. Je mets ici en garde les écologistes : le succès de cet élargissement à de nouvelles valeurs se traduira immanquablement par l'apparition de nouvelles manières d'aborder le sujet, qui pourraient vous déplaire. De la même manière, NE PARTEZ JAMAIS DU PRINCIPE QUE CE QUI MARCHE POUR VOUS FONCTIONNERA SUR D'AUTRES. D'ailleurs, si vous appréciez réellement quelque chose, c'est sans doute un bon indice que ce quelque chose sera haï des personnes qui ne partagent pas vos valeurs.

Il vous faudra aussi ÊTRE HONNÊTES – CE N'EST PAS FACILE. Les psychothérapeutes estiment que le vrai défi est que le changement climatique suscite des émotions intenses qui, si elles ne sont pas reconnues, nous mènent au désaveu et au déni pur et simple. Nous devons RECONNAÎTRE LES SENTIMENTS DE DEUIL ET D'ANGOISSE DE NOS CONGÉNÈRES, et laisser leur place à la contradiction, à l'ambivalence, à la perte et à l'affliction.

Le point de départ pourrait être de donner aux gens un espace où ils pourraient reconnaître ouvertement leurs sentiments et les partager. Nous devons FAIRE LE DEUIL DE CE QUE NOUS AVONS PERDU ET CHÉRIR CE QU'IL NOUS RESTE. Et je ne parle pas seulement des éléments naturels ; il nous faut FAIRE LE DEUIL DE L'ÂGE DES ÉNERGIES FOSSILES qui, malgré ses souillures et ses dangers, a aussi été exceptionnellement prospère, dynamique et excitant. Le monde à basses émissions aura de nouveaux plaisirs, mais ils seront bien différents du mélodieux rugissement de la Ford Mustang V8.

Nous devrions ÊTRE HEUREUX D'AVOIR L'ESPRIT D'UNE POLLYANNA[1]. La jeune fille est devenue synonyme d'optimisme béat mais à l'origine, dans les romans d'Eleanor H. Porter, c'est un personnage qui doit faire face à une souffrance et à une tristesse immenses, qu'elle surmonte en se montrant reconnaissante de ce qu'elle a : ses amis, sa communauté, sa joie d'être en vie.

Ce qui apparaît clairement est que le changement climatique est en évolution constante et que tout change. Aujourd'hui, cette question existe en grande partie sous forme d'un récit d'anticipation façonné par l'expérience connue et les cadres existants. Mais des évolutions historiques vont avoir lieu dans les systèmes climatiques et les cycles du carbone mondiaux, qui donneront au changement climatique, d'ici à quelques dizaines d'années, toute sa réalité, sa gravité et son inévitabilité. Ce sera un monde nouveau dans lequel les incertitudes passées disparaîtront et où nos biais sociaux et psychologiques auront de plus en plus d'influence sur notre jugement.

C'est pourquoi nos réponses actuelles revêtent une telle importance. SOUVENEZ-VOUS QUE NOTRE MANIÈRE D'INTERVENIR AUJOURD'HUI SERA LE MODÈLE DE NOS RÉPONSES DE DEMAIN. L'acceptation, la compassion, la coopération et l'empathie déboucheront sur des résultats bien différents de l'agression, de la concurrence, des reproches ou du déni. Ces deux options sont entre nos mains et, en choisissant ou non de penser le changement climatique, et comment le penser, nous choisissons aussi ce que nous serons et à quoi ressemblera le monde nouveau que nous sommes en train de créer.

1. Personnage très connu aux États-Unis, protagoniste d'un roman pour la jeunesse publié en 1913, qui raconte les aventures d'une jeune orpheline, Pollyanna, recueillie par sa tante. *(N.d.T.)*

QUATRE DEGRÉS

Pourquoi ce livre est important

Dans mon introduction, j'ai promis que cet ouvrage ne contiendrait pas d'informations sur les incidences du changement climatique avant son dernier chapitre. Plus loin, j'ai raconté que les scientifiques s'efforçaient de garder leur sang-froid malgré les informations à leur disposition. J'ai évoqué notamment leur angoisse face à une possible élévation de quatre degrés Celsius de la moyenne planétaire des températures.

Pendant des années, leur attention s'est portée sur les scénarios partant d'hypothèses d'un réchauffement moindre, notamment celui de deux degrés, niveau adopté par les responsables politiques de manière quelque peu arbitraire comme seuil de réel danger. Ces dernières années, cependant, les scientifiques n'ont pas hésité à affirmer que ce qui se dessine est une hausse de quatre degrés. Robert Watson, coprésident du GIEC, fut le premier à sortir du rang en 2008 en mettant publiquement en garde les gouvernements sur la nécessité d'élaborer des plans d'adaptation pour l'hypothèse des quatre degrés. L'année suivante, des experts internationaux se réunirent pour la première fois en vue de présenter des scénarios détaillés à l'occasion de la conférence "Quatre degrés et au-delà" à l'université d'Oxford. En 2013, le consensus était suffisamment solide pour que Mark Maslin, professeur de climatologie à l'University College de Londres, déclare au cours des négociations de Varsovie sur le climat : "Nous nous préparons déjà à un monde quatre degrés plus chaud parce que c'est la direction que nous avons prise. Je ne connais aucun scientifique en désaccord avec ce constat."

Ces quatre degrés ont aussi fait leur chemin dans l'esprit des principaux responsables politiques. Selon l'Agence internationale de l'énergie, les chiffres des émissions actuelles ouvrent grande la porte à une telle élévation des températures. En 2012, la Banque mondiale, qu'on peut difficilement qualifier d'écologiste, publia un rapport majeur intitulé *Pourquoi nous devons éviter un monde quatre degrés plus chaud*. Dans son introduction, le président de la Banque, Jim Yong Kim, déclarait qu'il allait veiller à ce que "tous nos travaux, toutes nos réflexions soient conçus avec la menace d'un monde quatre degrés plus chaud à l'esprit".

Que signifient donc ces quatre degrés ? Les scientifiques, qui, en tant que groupe, font montre de la plus grande méfiance envers l'exagération, n'ont cependant qu'un mot à la bouche : *catastrophe*. Steven Sherwood, météorologue de l'université de Nouvelle-Galles-du-Sud, en Australie, affirme qu'un tel réchauffement serait "catastrophique" et rendrait la vie "difficile, si ce n'est impossible", dans la plupart des régions tropicales. Kevin Anderson, l'ancien directeur du Tyndall Centre for Climate Change Research, avance qu'il est extrêmement difficile de trouver un scientifique qui considère ces quatre degrés "comme autre chose qu'une catastrophe, tant pour les sociétés humaines que pour les écosystèmes".

Je vais résister à la tentation de vous assommer de statistiques – des sources excellentes et très détaillées sont disponibles en ligne. Voici plutôt quelques instantanés d'un monde quatre degrés plus chaud.

1. *Vagues de chaleur*. Pour reprendre les mots de la Banque mondiale, il y aurait "une nouvelle catégorie de vagues de chaleur, d'une amplitude jamais connue auparavant" – avec des températures que la surface de la Terre n'a pas connues dans les cinq millions d'années qui viennent de passer. Quatre degrés seraient une moyenne mondiale, il est donc probable que de vastes territoires terrestres connaissent un réchauffement bien supérieur, autour de six degrés en Afrique du Nord et au Moyen-Orient, par exemple. Le mois de juillet le plus chaud de la région méditerranéenne pourrait dépasser de neuf degrés le mois de juillet le plus chaud à ce jour.

2. *Extinctions*. 40 % des espèces végétales et animales seraient en voie d'extinction et l'extinction dans certaines régions de la totalité des écosystèmes des récifs de corail surviendrait plus tôt encore. Les forêts seraient en première ligne. Un tiers des forêts tropicales asiatiques serait menacé et la plus grande partie de l'Amazonie risquerait de brûler.

3. *Rendements des récoltes.* Une hausse de trois degrés provoquerait un brutal déclin de toutes les récoltes dans leur région de culture d'origine. Les rendements s'effondreraient d'un tiers en Afrique. Selon certaines estimations, des augmentations de plus de quatre degrés de la température pourraient réduire la production américaine de maïs, de soja et de coton de 63 à 82 %. Et il y aurait d'autres motifs de pression. En Afrique et en Australie, 60 % des récoltes actuelles subiraient des sécheresses extrêmes et récurrentes. Ces problèmes seraient exacerbés par les inondations, les tempêtes et les invasions de parasites et de mauvaises herbes.

D'autres incidences tout aussi désastreuses sont à anticiper. Quatre degrés, c'est la fonte de la totalité de l'inlandsis du Groenland, et probablement celui de l'Antarctique occidental, élevant le niveau des mers de 10 mètres en moyenne. Les échéances sont incertaines, mais non l'issue : les deux tiers des principales villes mondiales ainsi que tout le Sud du Bangladesh et la Floride se retrouveraient sous l'eau. Et rien ne garantit que les températures cesseraient d'augmenter – à ce stade, de puissantes rétroactions et des points de bascule pourraient mener à une hausse des températures de six, voire huit degrés.

Ce champ d'études est en pleine expansion et la manière dont ces changements vont interagir n'est pas encore bien établie. Que se passerait-il en cas de sécheresses, et de tempêtes, et de vagues de chaleur, et d'élévation du niveau des mers à répétition ? Comment une planète portant neuf milliards de personnes surmonterait-elle ces drastiques diminutions du rendement de ses principales régions agricoles ? Qu'adviendra-t-il des populations des régions déjà limites pour la survie de l'être humain quand elles deviendront entièrement inhabitables ?

S'agissant de ces interactions, Rachel Warren, modélisatrice du climat au Tyndall Centre for Climate Change Research, écrit que "les limites de l'adaptation humaine et naturelle vont sans doute être atteintes". La Banque mondiale appuie ce constat en concluant qu'il n'est "aucunement certain que l'adaptation soit possible". Il est malaisé de comprendre exactement ce qui est dit dans cette langue absconse, qui emploie si souvent la voix passive. John Schellnhuber, l'un des climatologues les plus influents au monde, n'y va pas par quatre chemins : intervenant en 2013 à une conférence sur les risques posés par une augmentation de quatre degrés de la température en Australie, il déclara que "la différence entre deux et quatre degrés, c'est la civilisation humaine".

Alors, de quels délais disposons-nous ? Examinant les études réalisées à ce jour, une équipe de chercheurs britanniques en a conclu que nous atteindrons l'étape des quatre degrés supplémentaires d'ici aux années 2070, voire 2060.

Les données scientifiques autour de cette question ne cessent cependant d'évoluer – souvent du côté le plus pessimiste. Un article récent de l'université de Nouvelle-Galles-du-Sud, en Australie, soutient qu'une réduction de la couverture nuageuse dans les tropiques donnera un coup d'accélérateur au réchauffement, au point que les températures mondiales pourraient atteindre quatre degrés de plus d'ici au milieu du siècle, voire huit degrés avant le XXIIe siècle. Qui disait que le changement climatique serait un problème pour les générations futures ?

Ces prévisions sont formulées sous forme de mises en garde et d'incertitudes, mais ces dernières concernent en général davantage les échéances que ce qui nous attend. La variable clé, sur laquelle nous sommes tous d'accord, est le niveau des émissions (notamment celles de la consommation des combustibles fossiles) et la vitesse à laquelle nous les réduisons.

Et c'est ainsi qu'une fois encore nous revenons à l'influence omniprésente de notre réponse psychologique (notre acceptation, notre évitement ou notre déni du problème) sur le choix du chemin que nous allons emprunter. La langue du changement climatique, toujours en évolution, tient compte des preuves toujours plus nombreuses montrant que la décision collective d'ignorer le changement climatique nous mène sur une voie qui aboutira à un cul-de-sac ; nous n'aurons plus ni contrôle ni options à notre disposition. Et c'est pourquoi la reconnaissance, la compréhension et la résolution des questions examinées dans le présent ouvrage revêtent une telle importance.

RÉFÉRENCES, SOURCES ET SUGGESTIONS DE LECTURES

Une liste complète et détaillée des références et des sources est publiée sur le site web de ce livre, www.climateconviction.org. Vous y trouverez une discussion animée et souvent alimentée, et les références sont régulièrement mises à jour, accompagnées de commentaires et de précisions.

Sur les plus de sept cents sources utilisées, j'en ai choisi ici quelques-unes parmi les plus utiles et les plus stimulantes. Le symbole * indique que vous pourrez les trouver et les télécharger sur Internet. J'ai raccourci certains des titres pour faciliter les recherches.

Tour d'horizon de la psychologie du changement climatique

Clive Hamilton a réfléchi aux questions que j'aborde dans cet ouvrage pendant des années, et son livre *Requiem pour l'espèce humaine* (traduit en français par Françoise Gicquel et Jacques Treiner, Les Presses de Sciences Po, 2013) a été pour moi une source d'inspiration majeure. Ses réflexions sont également publiées en ligne, dans l'article qu'il a écrit en 2009 avec Tim Kasser, "Psychological Adaptation to the Threats and Stresses of a Four Degree World"* ("Adaptation psychologique aux menaces et aux stress d'un monde quatre degrés plus chaud").

En ligne, on trouve aussi deux présentations majeures de la psychologie du changement climatique. *The Psychology of Climate Change Communication: A Guide* (Guide de la psychologie de la communication sur le changement climatique)*, de Sabine Marx, est un panorama très bien fait sur cette question. Vous trouverez un récapitulatif plus technique dans *Psychology and Global Climate Change* (Psychologie* *et changement climatique mondial)*, rédigé par une équipe d'experts de l'American Psychological Association.

L'analyse pionnière de Kari Norgaard sur le déni du changement climatique et le silence à ce sujet, dans son ouvrage *Living in Denial (Vivre dans le déni)* (MIT Press, 2011), est une lecture aisée que je recommande. Elle résume ses idées dans un rapport publié en ligne pour la Banque mondiale, "Cognitive and Behavioral Challenges in Responding to Climate Change"* ("Défis cognitifs et comportementaux dans les réactions au changement climatique").

Une autre analyse innovante de la psychologie sous-jacente du changement climatique, cette fois dans la veine psychanalytique, est à lire dans un recueil d'essais, certains très judicieux, intitulé *Engaging with Climate Change: Psychoanalytic and Interdisciplinary Perspectives (Face au changement climatique : perspectives psychanalytiques et interdisciplinaires)*, sous la direction de Sally Weintrobe (Routledge, 2012).

Sur la psychologie cognitive et le processus décisionnel, je recommande chaudement le livre *Système 1 / Système 2 : les deux vitesses de la pensée* de Daniel Kahneman (traduit en français par Raymond Clarinard, Flammarion, 2012). *The Elephant in the Room* d'Eviatar Zerubavel (OUP, 2007) est une excellente introduction au silence socialement construit. J'ai également été très influencé par les écrits de Jonathan Haidt et Daniel Gilbert.

On trouve un récapitulatif des études sur la formation narrative et la résistance aux croyances profondément ancrées face à l'adversité dans l'article peu connu de Stephan Lewandowsky et de ses collègues, "Misinformation and Its Correction: Continued Influence and Successful Debiasing"* ("Mésinformation et sa correction : influence continue et débiaisement réussi"). Malgré son titre intimidant, c'est une étude très accessible et absolument fascinante. Les recherches et billets de blog de Dan Kahan sont disponibles sur le site www.culturalcognition.net, et un bon point de départ est son éditorial pour la revue *Nature*, "Why We Are Poles Apart on Climate Change"*

("Pourquoi nous sommes aux antipodes sur la question du changement climatique").

Dans *Why We Disagree About Climate Change* (Pourquoi nous ne sommes pas d'accord sur le changement climatique)* (CUP, 2009), Mike Hulme parle de l'influence "pernicieuse" du biais culturel sur notre perception des risques et sur les récits relatifs au climat, s'appuyant sur ses vingt-cinq années d'expérience en tant que climatologue mais aussi sur sa solide foi chrétienne.

Vous pouvez lire de bons livres de Dan Gardner et David Ropeik sur la psychologie du risque et, si vous voulez une synthèse des recherches universitaires à ce sujet, je recommande *Risk: A Very Short Introduction (Risque : une brève introduction)* (OUP, 2011). Elke Weber a écrit un résumé des recherches sur le risque climatique dans son article "Why Global Warming Does Not Scare Us (Yet)"* ("Pourquoi le réchauffement planétaire ne nous fait pas [encore] peur").

La question climatique et les arguments pour ou contre la lutte contre le réchauffement

Il y a tellement d'excellents écrits sur le changement climatique, surtout en ligne, que j'aurais du mal à ne choisir qu'une seule source. Je compte parmi mes principales inspirations George Monbiot, Bill McKibben, Naomi Klein, Joe Romm, Dave Roberts et Sharon Astyk. Côté désastre, l'article de McKibben publié en 2012 dans *Rolling Stone*, "Global Warming's Terrifying New Math"* ("Les nouveaux chiffres terrifiants du réchauffement climatique"), mérite bien sa renommée.

Les arguments en faveur d'un message technocratique plus positif sont présentés dans *Sizzle** de Futerra Communications, les documents de Sustainia et les nombreuses publications du Breakthrough Insititute, à commencer par son rapport au titre délibérément provocateur : *The Death of Environmentalism* (La Mort de l'écologie)*.

L'ouvrage de Theda Skocpol *Naming the Problem: What It Will Take to Counter Extremism and Engage Americans in the Fight against Global Warming* (Nommer le problème : jusqu'où faudra-t-il aller pour combattre l'extrémisme et mobiliser les Américains dans le combat contre le réchauffement climatique ?)* est une critique ambitieuse de la campagne visant à faire adopter une législation en matière climatique. Skocpol ne retient pas ses coups, ce qui a mené à quelques échanges en ligne bien sentis avec des militants écologistes.

Des analyses détaillées de la campagne de déni climatique comme mouvement idéologique sont publiées en ligne sur le site www.desmogblog.com et dans deux bons livres : *Les Marchands de doute* de Naomi Oreskes (traduit en français par Jacques Treiner, Le Pommier, 2012) et *Climate Cover-Up (Camouflage climatique)* de James Hoggan (Greystone, 2009). Deux rapports de Greenpeace s'attaquent à Koch Industries : *Secretly Funding the Climate Denial Machine (Les Financements secrets de la machine à déni du changement climatique)* et *Still Fueling Climate Denial (Le Déni climatique toujours financé)*. Si vous avez envie de lire un commentaire sur les personnalités des climatonégationnistes professionnels, je vous conseille la lecture du délicieux article de Joel Achenbach "The Tempest"*, dans le *Washington Post.*

Pour une meilleure compréhension de l'univers moral du conservatisme radical, consultez *The Tea Party and the Remaking of Republican Conservatism* (Le Tea Party et le remodelage du conservatisme républicain)* de Vanessa Williamson *et al.*, ainsi que le rapport de COIN, *A New Conversation with the Centre-Right about Climate Change* (Une nouvelle conversation avec le centre droit sur le changement climatique).*

L'une des rares propositions détaillées en faveur d'une politique climatique internationale qui contrôlerait la production de combustibles fossiles est à trouver dans l'ouvrage essentiel d'Oliver Tickell, *Kyoto2* (Zed Books, 2008), axé sur la vente aux enchères des permis d'extraction du carbone.

J'ai évité de parler de la science elle-même, mais il me semble que le livre *Six degrés. Que va-t-il se passer ?* de Mark Lynas (traduit en français par Pierre Kaldy, Dunod, 2008) reste à ce jour l'ouvrage le plus lisible sur les conséquences du réchauffement à l'avenir. Je me suis principalement inspiré de sources plus absconses : le rapport de la Banque mondiale *Turn Down the Heat: Why a 4 °C Warmer World Must Be Avoided* (Baissez le chauffage : pourquoi il faut à tout prix éviter un monde quatre degrés plus chaud)* et les articles en ligne de la conférence "Four Degrees and Beyond"* ("Quatre degrés et au-delà") de 2009.

Beaucoup de livres critiquent la climatologie, et ils sont généralement très ennuyeux, mais l'attaque la plus distrayante sur le changement climatique en tant que système de croyance est l'ouvrage de James Delingpole, *Watermelons: How Environmentalists Are Killing the Planet (Pastèques : comment les écologistes sont en train de tuer la planète)* (Biteback, 2012). Delingpole ne s'intéresse ni aux données scientifiques ni aux preuves, il ne s'agit donc là que d'un pur déversement de bile.

L'opinion publique

Matthew Nisbet et Teresa Myers, qui ont examiné de manière exhaustive les sondages réalisés de 1987 à 2007, ont élaboré des représentations graphiques des hausses et des baisses dans "Twenty Years of Public Opinion about Global Warming"* ("Vingt ans d'opinion publique sur le réchauffement climatique"). Des études plus récentes sont disponibles dans les fréquentes publications du projet de Yale sur la communication dans le domaine du changement climatique, notamment son projet *American Mind*. Des modèles de segmentation des comportements sont consultables dans les études du projet *Six Americas** de Yale et dans les rapports *American Climate Attitudes* (Attitudes des Américains face au climat)* du Social Capital Project.

Communication climatique

Sur la communication générale du changement climatique, le guide *Climate Crossroads* (Carrefour climatique)*, de l'association Climate Access, est une bonne introduction. De nombreuses ressources sont disponibles en ligne sur les sites www.talkingclimate.org et www.climatenexus.org. Le recueil *From Hot Air to Happy Endings* (Des paroles en l'air aux heureux dénouements)*, de l'association Green Alliance, rassemble des essais écrits par d'éminents théoriciens de la question.

En travaillant sur ce livre, j'ai été fasciné par l'analyse magistrale de Judith Williamson sur la sémiotique du changement climatique, dans sa conférence "Unfreezing the Truth: Knowledge and Denial in Climate Change Imagery"* ("Dégeler la vérité : savoir et déni dans l'imagerie du changement climatique"), et par l'examen de Gill Ereaut des histoires sur le changement climatique dans son essai *Warm Words: How Are We Telling the Climate Story?* (Paroles chaleureuses : comment racontons-nous l'histoire climatique ?)*.

Autres travaux de George Marshall et de COIN

Ma première publication, *Carbon Detox (Se désintoxiquer du carbone)* (Octopus, 2007), présentait certaines des idées que j'expose dans le présent ouvrage sous forme de petit livre de développement personnel. Ces thématiques sont approfondies dans les rapports techniques de mon association, le Climate Outreach Information Network (COIN). Sur notre site web, www.talkingclimate.org, vous trouverez des notes d'information sur les normes et les réseaux sociaux, la modification des comportements et la communication scientifique. Parmi les rapports les plus récents, citons *Climate Silence (and How to Break It)* (Le Silence climatique, et comment le briser)* et *After the Floods: Communicating Climate Change around Extreme Weather**

(Après les déluges : parler du changement climatique à travers les phénomènes météorologiques extrêmes). Des rapports sont fréquemment publiés à l'adresse www.climateoutreach.org.uk/resources/

CONTINUEZ LA DISCUSSION SUR LE SITE WWW.CLIMATECONVICTION.ORG

Cet ouvrage vise à encourager une discussion au long cours sur les raisons pour lesquelles nous avons tant de mal à accepter le changement climatique et sur les manières de nous convaincre de son existence. C'est une conversation animée et parfois houleuse où tout le monde, semble-t-il, a quelque chose à dire. Alors, je vous en prie : participez au débat et faites-nous part de vos propres réflexions et expériences, et, surtout, parlez-en autour de vous.

Sur le site web du livre, vous trouverez tous les détails des références et des sources de ce livre (fréquemment mises à jour pour tenir compte des dernières études et enquêtes d'opinion), des ressources pédagogiques, des rapports et des informations sur les événements à venir.

Vous pouvez contribuer au débat :

– sur Twitter @climategeorge

– sur la chaîne YouTube climategeorge

– sur la page Facebook Don't Even Think About It – How Our Brains Ignore Climate Change

– et sur mon blog www.climatedenial.org

Et, mieux encore, téléchargez la présentation PowerPoint et les notes à l'intention de l'orateur à l'adresse www.climateconviction.org, et lancez vous-même la discussion dans votre groupe, au bureau, à l'université ou au club de lecture. Nous devons briser le silence climatique – je compte sur vous !

REMERCIEMENTS

Je voudrais tout d'abord remercier tous ceux qui ont donné de leur temps pour que je puisse m'entretenir avec eux, et qui ont partagé si librement leurs réflexions et expériences avec moi. Vous avez tous contribué à cet ouvrage, même lorsque je n'ai pas pu vous citer nommément. J'espère avoir transcrit votre pensée ou en avoir rendu compte de manière précise et juste :

Abie Philbin-Bowman, Adam Hochschild, Alya Haq, Andrew Simms, Annie Leonard, Anthony Leiserowitz, Ara Norenzayan, Atossa Soltani, Betsy Taylor, Bill Blakemore, Bill McKibben, Bob Buzzanco, Bob Inglis, Bruce Dobkowski, Bryan George, Cara Pike, Chris Rapley, Clive Hamilton, Courtney St. John, Cyndi Wright, Dan Gilbert, Dan Kahan, Daniel Kahneman, David Buckland, David Hone, David Reiner, Debra Medina et les membres du Tea Party texan, Deyan Sudjic, Dina Long, Eamon Ryan, Erin Biviano, Erin Taylor, Eviatar Zerubavel, Frank Bain, Frank Maisano, Frederic Luskin, Gavin Schmidt, George Loewenstein, Gill Ereaut, Ginny Pickering, James Hansen, Jennifer Morgan, Jennifer Walker, Jeremy Leggett, Jim Riccio, Joanna Macy, Joe Romm, Joel Hunter, John Adams, John Ashton, John Charmley, Juliet Schor, Kalee Kreider, Kert Davies, Kevin Anderson, Kevin Wall, Keya Chatterjee, Kirk Johnson, Laura Storm, Marc Morano, Martin Bursik, Matthew Nisbet, Michael Brune, Michael Dobkowski, Michael Mann, Michael Marx, Michael Salvato, Myron Ebell, Oliver Bernstein, Oliver Tickell, Patrick Reinsborough, Paul Slovic, Peter Kuper, Renee Lertzman, Richard Muller, Ross Gelbspan, Sabine Marx, Sally Bingham, Sam Kazman, Sandy Dunlop, Stephen Lea, Steve Kretzmann, Ted Nordhaus, Thomas Schelling, Tim Nicholson, Tom Athanasiou, Vinay Gupta, Wendy Escobar.

Je suis immensément reconnaissant du soutien que m'ont apporté de nombreuses autres personnes au cours de ce projet et de mes voyages – tous ceux qui m'ont fourni des contacts et conseillé sur des contrats, qui m'ont fait part de leurs idées et de leurs réflexions, qui m'ont motivé, et qui m'ont supporté ! Merci encore de votre générosité.

Alastair McIntosh, Amara Levy-Moore, Andy Croft, Andy Revkin, Annie Leonard, Beth Conover, Bill Day, Brian Tokar, Bruce Rich, Bruce Stanley, Caroline Crumpacker et Roberto Rossi, Caspar Henderson, Chris Shaw, Claire Roberts, Clare Ellis, Cliff Jordan, Daphne Wysham, David Partner, David Rothenberg, Edward C. Chang, Erik Fyfe, Eve Levy, Fred Pearce, le Garrison Institute, Garson O'Toole, Geri et le personnel du Great Oak Café, Graham Lawton, Heart Phoenix, James Marriott, Jennifer Callahan, Jenny Hok, Jo Hamilton, Joanna Kempner, John Fousek, John Houghton, John Passacantando, John Seed, Jonathan Bunt, Jonathan Spottiswoode, Karen Hadden, Kari Norgaard, Katherine Hayhoe, Kathy Geraghty-Acosta, Lafcadio Cortesi, Lawrence Culver, Lisa Orr et Matt Harris, Lorraine Whitmarsh, Louisa Terrell, Lynn Englum, Mark Haddon, Mark Levene, Mark Lynas, Mark et Jan Scott, Matthew Jacobson, Michael Corballis, Mick West, Mike Roselle, Nick Lunch, Nick Pidgeon, Nicola Baird et Pete May, Olga Roberts, Paddy McCully, Pam Wellner et Eugene Dickey, Peter Lipman, Peter Winters, Randy Hayes, Rebecca Henderson, Richard Cizik, Richard Harris, Richard Hering, Robert Wilkinson, Ryan Rittenhouse, Saffron O'Neill, Sally Weintrobe, Sara Smith, Sarah Woods, Scott Parkin, Stephan Lewandowsky, Stuart Capstick, Susanne Breitkopf, Ted Glicke, The Authors Guild, Tom Crompton, Tom "Smitty" Smith, Tzeporah Berman, Zoe Broughton, Zoe Leviston.

Je dois remercier de tout cœur les amis qui ont relu mes brouillons décousus et corrigé mes erreurs : George Monbiot, Hugh Warwick, Patrick Anderson, Paul Chatterton, Roman Krznaric, Vivienne Simon, et mes collègues de COIN, tout particulièrement Adam Corner, Olga Roberts et Jamie Clarke. Par-dessus tout, je tiens à adresser mes chaleureux remerciements à Dan Miller et Jay Griffiths, qui ont méticuleusement commenté le livre et proposé des modifications détaillées. Si cet ouvrage est plaisant à lire, c'est grâce à leurs compétences et à leurs connaissances.

Enfin, je remercie Nancy Miller chez Bloomsbury, qui a pris le risque de charger un obscur auteur britannique d'écrire un livre pour le marché américain sur un sujet que personne n'a envie d'approfondir : ça, c'est du courage éditorial. Et, comme toujours, j'adresse mes remerciements et tout mon amour à ma femme, Annie, qui m'a toujours soutenu, et à mes enfants, Elsa et Ned, auprès de qui je dois m'excuser d'avoir été un père stressé et grognon.

colibris
faire sa part

Colibris est une ONG qui encourage une dynamique de créativité au sein de la société civile. Sa mission consiste à inspirer, relier et soutenir ceux qui veulent construire une société écologique et humaine.

Éducation, économie, agriculture, énergie, habitat..., l'association met en lumière les solutions les plus abouties dans chaque domaine et propose des outils concrets pour favoriser leur mise en œuvre sur des territoires. La méthode Colibris facilite la coopération entre citoyens, élus, entrepreneurs, et permet à chacun d'agir, individuellement ou collectivement, sur son lieu de vie.

Les Colibris, ce sont tous ces individus qui inventent, expérimentent, coopèrent concrètement pour bâtir des modèles de vie en commun respectueux de la nature et de l'être humain.

Fondée sous l'impulsion de Pierre Rabhi en 2007, Colibris appartient au réseau Terre et Humanisme, dont la vocation de chaque structure est d'encourager l'émergence et l'incarnation de nouveaux modèles de société par une politique en actes.

La collection "Domaine du possible", dans laquelle ce livre est édité, est le fruit d'une collaboration et d'une amitié entre Actes Sud et Colibris entamées en 2007.

Pour plus d'information : www.colibris-lemouvement.org

CATALOGUE DU DOMAINE DU POSSIBLE

ÉDUCATION

… Et je ne suis jamais allé à l'école, André Stern, 2011.
La Ferme des enfants, Sophie Bouquet-Rabhi, 2011.
Ces écoles qui rendent nos enfants heureux, Antonella Verdiani, 2012.
Enseigner à vivre, Edgar Morin, 2014.
L'École du Colibri, Isabelle Peloux et Anne Lamy, 2014.
Libre pour apprendre, Peter Gray, 2016.
La paix ça s'apprend, David Van Reybrouck, 2016.
Jouer, André Stern, 2017.

ALIMENTATION

Manger local, Lionel Astruc et Cécile Cros, 2011.
Le Manuel de cuisine alternative, Gilles Daveau, 2014.
Plaisirs cuisinés ou poisons cachés, Gilles-Éric Séralini et Jérôme Douzelet, 2014.
À la recherche du pain vivant, Roland Feuillas et Jean-Philippe de Tonnac, 2017.

AGRICULTURE

L'Agriculture biologique pour nourrir l'humanité, Jacques Caplat, 2012.
Le Manuel des jardins agroécologiques, préface de Pierre Rabhi, 2012.
Permaculture, Perrine et Charles Hervé-Gruyer, 2014.
Changeons d'agriculture, Jacques Caplat, 2014.
L'Agroécologie, une éthique de vie, Pierre Rabhi, 2015.

ÉCONOMIE, MANAGEMENT ET POLITIQUE

Le Syndrome du poisson lune, Emmanuel Druon, 2015.
Equicoaching. L'intelligence émotionnelle au cœur de l'entreprise, Jean-Paul Bérard, Arnaud Camus et Laurence Flichy, 2016.
Écolonomie, Emmanuel Druon, 2016.
Le Pouvoir de faire, Jack Lang et Patrick Bouchain, 2016.

Le Revenu de base, Olivier Le Naire, 2017.
Ces maires qui changent tout, Mathieu Rivat, 2017.
L'Économie symbiotique, Isabelle Delannoy, 2017.
Le Maire qui aimait les arbres, Jean Chalendas, 2017.

ÉNERGIE
Manifeste NégaWatt, Marc Jedliczka, Yves Marignac et Thierry Salomon, 2012.
Changeons d'énergies, Marc Jedliczka et Thierry Salomon, 2013.

INITIATIVES DE LA SOCIÉTÉ CIVILE
Éloge du génie créateur de la société civile, Pierre Rabhi, 2011.
(R)évolutions, Lionel Astruc, 2012.
Pierre Rabhi, semeur d'espoirs, Olivier Le Naire et Pierre Rabhi, 2013.
Vandana Shiva. Pour une désobéissance créatrice, Lionel Astruc, 2014.
Les Incroyables Comestibles, Pam Warhurst et Joanna Dobson, 2015.
Demain. Un monde nouveau en marche, Cyril Dion, 2015.
Le Pouvoir d'agir ensemble, ici et maintenant, Rob Hopkins et Lionel Astruc, 2015.

ÉCOLOGIE ET BIODIVERSITÉ
Du bon usage des arbres, Francis Hallé, 2011.
Plaidoyer pour l'herboristerie, Thierry Thévenin, 2013.
La Biodiversité, une chance, Sandrine Bélier et Gilles Luneau, 2013.
Earthforce, capitaine Paul Watson, 2015.
Arne Næss, penseur d'une écologie joyeuse, Mathilde Ramadier, 2017.

NAISSANCE & PRÉPARATION À L'ACCOUCHEMENT
Mère et père en devenir, Esther Wiedmer, 2015.
Pour une grossesse et une naissance heureuses, Magali Dieux, Patrice Van Eersel et Benoît Le Goëdec, 2015.

Ouvrage réalisé
par l'Atelier graphique Actes Sud.
Achevé d'imprimer
en octobre 2018
par Normandie Roto Impression s.a.s.
61250 Lonrai
sur papier fabriqué à partir de bois provenant
de forêts gérées durablement
pour le compte
des éditions Actes Sud
Le Méjan
Place Nina-Berberova
13200 Arles

Dépôt légal
1re édition : octobre 2017
N° impr. : 1804415
(Imprimé en France)